Max Fürbringer

Die Knochen und Muskeln der Extremitäten bei den schlangenähnlichen Sauriern

unikum

Max Fürbringer

Die Knochen und Muskeln der Extremitäten bei den schlangenähnlichen Sauriern

---

ISBN/EAN: 9783845743783

Erscheinungsjahr: 2012

Erscheinungsort: Bremen, Deutschland

www.unikum-verlag.de | office@unikum-verlag.de

Max Fürbringer

Die Knochen und Muskeln der Extremitäten bei den schlangenähnlichen Sauriern

DIE

KNOCHEN UND MUSKELN

DER

EXTREMITÄTEN

BEI DEN

SCHLANGENÄHNLICHEN SAURIERN.

VERGLEICHEND-ANATOMISCHE ABHANDLUNG

VON

MAX FÜRBRINGER

DR. PHIL.

MIT SIEBEN TAFELN.

LEIPZIG,

VERLAG VON WILHELM ENGELMANN.

1870.

HERRN

PROFESSOR WILHELM PETERS

HOCHACHTUNGSVOLLST

ZUGEEIGNET

VOM VERFASSER.

Inhaltsübersicht.

Vorwort und Einleitung.

Unter den kionokranen Sauriern giebt es mehrere Gattungen, die durch Verkümmerung oder gänzlichen Mangel der Extremitäten und durch eine bedeutende Vergrösserung ihrer Körperlänge in ihrer äussern Gestalt sich den Schlangen nähern. Diese früher auch zu diesen gerechneten[1] Gattungen vertheilen sich auf die beiden Familien der *Chalcidea*[2] (Ptychopleurae Wiegm., Cyclosaures Ptychopleures DB) und Scincoidea (Scincoidiens ou Lépidosaures DB) und sind folgende[3].

I. Chalcidea.

A. Mit 4 Extremitäten.

a. Mit 4 Fingern vorn und hinten[4]

α. An ziemlich entwickelten Extremitäten: *Saurophis Fitz.* (Tetradactylus Mesr.)

β. An sehr verkürzten Extremitäten: *Brachypus Fitz.*

---

[1] Von den frühern Zoologen ist es namentlich Cuvier, der im Règne animal die Gattungen mit sehr verkümmerten Extremitäten und ohne dieselben zu den Ophidiern rechnet, während er die Gattungen mit weniger verkümmerten Extremitäten zu den Sauriern stellt. Nachdem schon früher J. W. Schneider (Leipz. Magaz. f. Naturkunde und Oekonomie 1788, p. 210 und Historia litteraria piscium 1789, p. 313) und C. D. W. Lehmann (Magazin der Gesellschaft naturforschender Freunde, IV, p. 14—33, 1810) auf die Uebereinstimmung des innern Baus der Blindschleiche mit den Eidechsen hingewiesen hatten, wurde von J. Müller (»Ueber die Stelle der Amphibia anguina im System« Trevir. und Tiedemann's Untersuchungen über die Natur des Menschen, der Thiere und der Pflanzen Lpz. 1832, Tom. IV, p. 236) die Sauriernatur der mit Anguis verwandten Gattungen nachgewiesen.

[2] Die Chalcidea können nach den Untersuchungen von W. Peters (»Ueber Cercosaura und die mit dieser Gattung verwandten Eidechsen aus Südamerika«, Abh. der Königl. Akad. zu Berlin 1862, p. 165 f.) nicht mehr als eigene Familie gelten, sondern höchstens als Unterfamilie der Ameivae und Lacertae (Autosaures DB). Bei dem Mangel eines nach diesen Grundsätzen ausgearbeiteten Systems sind wir aber zur Zeit noch genöthigt, der alten Eintheilung zu folgen.

[3] Die folgende Uebersicht berücksichtigt blos die Extremitäten, da die andern unterscheidenden Merkmale für vorliegende Arbeit von keiner Wichtigkeit sind. Die Literaturnachweise für die nach Herausgabe der Erpétologie générale von Duméril und Bibron entdeckten oder anders benannten Gattungen sind in den folgenden Noten enthalten.

[4] Die Gattung Heterodactylus habe ich von der Zahl der schlangenähnlichen Saurier ausgeschlossen. Die vordere Extremität scheint allerdings nur 4 Finger zu enthalten, allein bei genauerer Untersuchung erkennt man die Anlage von 5 Fingern, von denen der erste zu einem nagellosen Rudiment verkürzt ist. Siehe Gray, Reinhardt und Peters (Ueber Cercosaura).

b. Mit 3 Fingern vorn und hinten:	*Microdactylus Tsch.*[5].
c. Mit 3 Fingern vorn und 1 Zehe hinten	
α. Die Zehe ist schmal und spitz:	*Chalcis Merrem.*[6].
β. Die Zehe ist breit:	*Bachia Gray*[7].
d. Mit ungetheilten Extremitäten:	*Caitia Gray*[8].
	Chamaesaura Fitz.[9].
	Panolopus Cope[10].
B. Mit 2 hintern Extremitäten.	
a. Die 2fach getheilt sind:	*Mancus Cope*[11].
b. Die ungetheilt sind:	*Pseudopus Merr.*[12].
C. Ohne Extremitäten:	*Ophisaurus Daud.*
	Dopasia Gray[13].

II. Scincoidea.

A. Mit 4 Extremitäten.	
a. 4 Finger und 5 Zehen:	*Gymnophthalmus Merr.*
	Menetia Gray[14].
	Ristella Gray[15].
	Heteropus Fitz.[16].
b. 5 Finger und 4 Zehen:	*Hagria Gray* (Campsodactylus DB)[17].
c. 4 Finger und 4 Zehen:	*Miculia Gray*[18].
	Tetradactylus Peron.
	Chiamela Gray[19].

---

5 *Microdactylus gracilis Tschudi:* Mus. Leyd. s. Gray, Catalogue of Lizards, London 1845, p. 51 und bei Dum. et Bibr. als Chalcides Schlegelii, p. 457.

6 *Chalcis Merrem* (Chalcides Wiegm.) s. Gray, Cat. of Liz. p. 57 und Herpét. gén. p. 459 als Chamaesaura Cophias.

7 *Bachia d'Orbignyi Gray.* Cat. of Liz. p. 58 und Erpet. gén. p. 456 als Chalcis d'Orbignyi.

8 *Caitia africana Gray:* Ann. of nat. hist. I. 389. — Cat. of Liz. p. 52. — Abbildung in den Illustr. of the Zool. of South Africa by A. Smith. London 1849.

9 Chamaesaura gleicht in der schlangenähnlichen Gestalt Cricosaura Wiegm. unterscheidet sie aber von ihr durch 5zehige Extremitäten, s. Wagler: Handbuch der Zoologie Berl. 1832, p. 185. — Wiegmann, Herp. Mexicana p. 11. — Fitzinger, Systema Rept. 1843, p. 21. — Peters, über Cercosaura etc., Abh. der Berl. Akademie 1852, p. 166 Anm. 2.

10 *Panolopus costatus Cope:* Proc. Phil. 1861, p. 494.

11 *Mancus macrolepsis Cope:* Proc. Phil. 1862, p. 339.

12 Die Angabe Schneider's, der bei Pseudopus eine getheilte hintere Extremität beobachtet haben will, ist von keinem Zoologen bestätigt worden.

13 *Dopasia gracilis Gray:* Ann. of nat. hist. 2 Ser. X, p. 440.

14 *Menetia Greyii Gray:* Zool. Ereb. and Terror Rept. t. und Cat. of Liz. p. 65. Menetia hat keinen eigentlich schlangenartigen Habitus, sondern die Gestalt der Eidechsen, allein der Mangel des fünften Fingers ist ein Zeichen der beginnenden Verkümmerung. Die nahe verwandten Gattungen Ablepharus, Cryptoblepharus und Morethia haben 5 Finger an der vordern und hintern Extremität.

15 *Ristella Gray:* Ann. N. H. II, 333. — Cat. of Liz. p. 86.

16 Die Gattung Heteropus ist von Ristella verschieden und nicht, wie Dum. und Bibr. angeben, mit ihr identisch.

17 *Hagria Vosmaerii Gray:* Ann. of nat. hist. II, 333. — Cat. of Liz. p. 97 und bei Dum. et Bibr. p. 761 als Campsodactylus Lamarrei.

18 *Miculia elegans Gray:* Zool. Ereb. and Terr. Rept. t. — Cat. of Lizards, p. 66.

19 *Chiamela lineata Gray:* Ann. of nat. hist. III, 333. — Cat. of Liz. p. 97.

	Sauresia Gray (Embryopus Weinld.)[20].
	Blephararctisis Hallow.[21].
d. 2 Finger und 4 Zehen:	*Anisoterma Dum.*[22].
e. 3 Finger und 3 Zehen:	*Hemiergis Wagl.*
	Siaphos Gray[23].
	Seps Daudin[24].
	Sepomorphus Peters[25].
f. 2 Finger und 3 Zehen:	*Lerista Bell.*
	Heteromeles Dum. et Bibr.
	Nessia Gray.
g. 3 Finger und 2 Zehen:	*Hemipodion Steind.*[26].
h. 2 Finger und 2 Zehen:	*Chelomeles Dum. et Bibr.*
i. 1 Finger und 2 Zehen:	*Rhodona Gray* (Brachystopus DB, Ronia Gray)[27].
k. 3 Finger und ungetheilte hintere Extremität:	*Anomolopus Dum.*[28].
l. 2 Finger und ungetheilte hintere Extremität:	*Brachymeles. Dum. et Bibr.*
m. Beide Extremitäten einfach:	*Evesia Gray* (Tetrapedos Jan)[29].
	Sepsina Bocage[30].
B. Mit 2 hinteren Extremitäten.	
a. Hintere Extremitäten 2fach getheilt:	*Scelotes Fitz.*
b. Hintere Extremitäten einfach.	
α. breit, ruderförmig oder ziemlich lang:	*Pygopus Fitz.* (Hysteropus DB).

---

[20] *Sauresia sepsoides Gray*: Ann. of nat. hist. 2 Ser. X, p. 281 und als Embryopus Habichii Weinland: Abhandlungen der Senckenbergischen Gesellschaft IV, p. 132 und Tab. V, fig. 1.

[21] *Blephararctisis speciosus Hallowell*: Proc. Phil. 1860, p. 484.

[22] *Anisoterma sphenopsiforme Dum.*: Revue et Mag. de Zool. 1856, p. 421 und genauer beschrieben und abgebildet in Arch. du Museum X, p. 180.

[23] *Siaphos equalis Gray*: Griffith anim. Kingd. IX, p. 72. — Cat. of Liz. p. 88 und bei DB p. 767 als Hemicryis Decrescensis.

[24] Günther hält die Dreizahl der Finger und Zehen nicht für ein bestimmendes Merkmal von Seps, sondern fasst auch in dieser Gattung einfingerige Arten (Seps monodactylus Günther: Proc. zool. soc. 1864, p. 491) zusammen.

[25] *Sepomorphus caffer Peters*: Bericht d. Berl. Akad. 1861, p. 422.

[26] *Hemipodion persicum Steindachner*: Bericht der Wiener Akademie 1867, p. 263.

[27] *Rhodona punctata Gray*: Ann. nat. hist. II, 335. — Cat. of Liz. p. 89, als Brachystopus punctulatus bei DB p. 779, als Ronia catenulata bei Gray in Grey, Trev. Aust. und Ann. of nat. hist. VII, p. 86. — Ausserdem: Rhodona Gerrardii Gray und Rh. punctovittata Günther: Ann. nat. hist. 1867.

[28] *Anomolopus Verreauxii Dum.*: Catal. méthod. de la collection des Reptiles. Paris 1851, p. 185 und *A. Godeffroyi Peters*: Ber. der Berl. Akad. 1867, p. 24.

[29] *Evesia monodactyla Bell*: Ann. of nat. hist. II, 336 und Gray, cat. of Liz. p. 127; als E. Bellii bei DB p. 783 und als Tetrapedos Smithii Jan beschrieben und abgebildet im Archiv f. Naturgeschichte 1860, p. 69.

[30] *Sepsina angolensis Bocage*: Jorn. Scient. Math., Phys. et Nat. de Lisboa 1866, p. 63.

β. klein, stiletförmig:

Delma Gray[31].
Ophiodes Wagl.
Dibamus DB[32].
Aprasia Gray[33].
Lialis Gray.
Soridia Gray (Praepeditus DB)[34].
Pholeophilus Smith[35].
Dumerilia Bocage[36].
Pygomeles Grandid.[37].

C. Ohne Extremitäten:

Anguis L.
Ophiomorus DB.
Acontias Cuv.
Typhlosaurus Wiegm.[38].
Feylinia Gray (Anelytrops Dum., Sphenorrhina Hallowell)[39].
Anniella Gray[40].
Lithophilus Smith[41].
Herpetosaura Pet.[42].
Aparralactus Smith[43].
Typhloscincus Pet.[44].

Alle diese Gattungen unterscheiden sich im Wesentlichen nicht von den Ptychopleuren und Scincoiden mit wohlentwickelten Extremitäten. Auch der Brustschulter- und Beckengürtel sind trotz aller scheinbaren Verschiedenheiten nach demselben Bauplane gebildet, derart, dass sich sämmtliche Knochen und Muskeln der schlangenähnlichen Saurier nach denen der vollkommenen Saurier deuten und mit ihnen vergleichen lassen.

Nach diesen Grundsätzen habe ich meine Untersuchungen ausgeführt. Zur Vergleichung habe ich einige Scincoiden (Euprepes septemtaeniatus und carinatus, Gongylus ocellatus) gewählt.

---

31 *Delma Fraseri Gray*: Zool. Misc. p. 14. — GRAY, Trav. Austr. II, 401. Ann. of nat. hist. VII, p. 86. — Cat. of Liz. p. 68. — Von CHR. LÜTKEN genau beschrieben und abgebildet in Vidensk. Meddel. fra den naturh. Forening i Kjöbenkavn 1862, p. 292.

32 Von Schlegel Acontias subcoecus genannt.

33 *Aprasia pulchella Gray*: Ann. of nat. hist. I 332, 1841, p. 86. Cat. of Liz. p. 68.

34 *Soridia lineata Gray*: Ann. of nat. hist. 336. — Cat. of Liz. p. 89 und als Praepeditus lineatus bei DB p. 788.

35 *Pholeophilus capensis Smith*: Illustr. of the Zool. of South-Africa Appendix p. 15.

36 *Dumerilia Bayonii Bocage*: Jorn. Scient. M. Ph. et Nat. de Lisboa 1866, p. 63.

37 *Pygomeles Braconieri Grandidier*: Revue et mag. zool. 1867, p. 234.

38 Der von WIEGMANN zuerst gebrauchte Name Typhline ist wegen des gleichklingenden Namens einer Schlangenart (Typhlina) zu verwerfen. CUVIER: Acontias coecus.

39 *Feylinia Curreri Gray*: Cat. of Liz. p. 129 als Anelytrops Dum. in Cat. méth., als Sphenorrhina elegans Hallow. in Pr. Philad. 1857, p. 51.

40 *Anniella pulchra Gray*: Ann. of nat. hist. 2 Ser. X, p. 440.

41 *Lithophilus inornatus* und *bicolor Smith*: Illustr. of Zool. of South-Africa, Appendix p. 12—13.

42 *Herpetosaura arenicola Pet.*: Ber. d. Berl. Akad. 1854, p. 619.

43 *Aparralactus capensis Smith*: Illustr. etc. Appendix p. 15.

44 *Typhloscincus Martensii Pet.*: Ber. d. Berl. Akad. 1864, p. 271.

Nach ihren Knochen und Muskeln habe ich sowohl die der von mir untersuchten schlangenähnlichen Scincoiden als auch die der schlangenähnlichen Ptychopleuren zu deuten versucht. Ueberhaupt habe ich die sonst wohlberechtigte Grenze zwischen diesen beiden Familien hier fallen lassen, da sie betreffs der Knochen und Muskeln der Extremitäten (abgesehen vom M. longissimus abdominis der Ptychopleuren) nicht zu existiren scheint. Von den andern Sauriern wurde abgesehen, da sie (bis auf die Autosaurier) den untersuchten Thieren ferner stehen.

Der erste Theil enthält die beschreibende Anatomie der Knochen und Muskeln des Brustschultergürtels, der vordern Extremität, des Beckengürtels und der hintern Extremität. Die untersuchten Arten habe ich getrennt in Saurier mit wohlentwickelten Extremitäten, in Saurier mit verkümmerten Extremitäten und in Saurier ohne Extremitäten[45]. Diese Trennung habe ich nur der bessern Uebersicht wegen gemacht. In Wirklichkeit ist sie nicht vorhanden. Vielmehr finden sich von den Sauriern mit vollkommenen Extremitäten bis zu den Sauriern ohne dieselben allenthalben Uebergänge[46]. In der Osteologie des Brustschultergürtels und der Extremitäten bin ich den bewährtesten Autoritäten gefolgt, für die Knochen des Beckens schien mir eine neue Deutung nöthig. Die Muskeln habe ich doppelt benannt, einerseits mit besondern nach Ursprung und Ansatz gebildeten Namen, anderseits mit den Namen ihrer Homologa beim Menschen. Die frühern nach der Function gebildeten Namen von Meckel, Heusinger u. A. habe ich nicht angenommen. Meine Gründe hierfür finden sich im 5. Kapitel des 2. Theiles. — Der zweite Theil enthält im ersten Kapitel als Resultate der Untersuchungen des ersten Theiles die vergleichende Anatomie des Knochen und Muskeln des Brustschulter- und Beckengürtels nebst Extremitäten der vollkommenen und schlangenähnlichen Saurier unter einander. Die nahe liegende Vergleichung mit den Extremitätenrudimenten der Amphisbänen und Ophidier ist im zweiten und dritten Kapitel gegeben. Das vierte Kapitel enthält die Vergleichung mit Schulter, Becken und Extremitäten des Menschen und soll auch meinen Standpunkt in der vergleichenden Myologie darstellen. Die wissenschaftlich berechtigtere Vergleichung durch die ganze Classe der Wirbelthiere musste unterbleiben, da sie ferner liegt, und weil auch die bisherigen zootomischen Arbeiten dieser Aufgabe noch nicht genügen. Im fünften Kapitel habe ich die Ableitung der Muskeln des Schultergürtels und des Beckens, sowie einiger Extremitätenmuskeln, aus den Rumpfmuskeln gegeben, die gerade bei den schlangenähnlichen Sauriern sehr angezeigt ist. Zugleich schien es mir zweckmässig auf Owen's vergleichend-osteologische und Müller's vergleichend-myologische Arbeiten näher einzugehen, zu wel-

---

[45] Die Saurier mit verkümmerten Extremitäten und ohne dieselben fasse ich zusammen als schlangenähnliche Saurier, indem ich mehr Gewicht lege auf die schlangenartige Körpergestalt als auf das Fehlen oder Vorhandensein der unbrauchbaren Fussrudimente, welche einigen Ophidinen auch zukommen. Ich weiche hierin ausser von Cuvier auch von Rathke (Ueber den Bau und die Entwickelung des Brustbeins der Saurier, Königsbg. 1854) ab, der die Saurier ohne vordere Extremitäten und mit sehr verkümmerten oder fehlenden hintern Extremitäten als atypische Schuppenechsen von den andern (typischen) Schuppenechsen trennt.

[46] Die Grenze zwischen den vollkommenen und schlangenähnlichen Sauriern wird ausgefüllt durch Ecpleopus DB, Iphisa Gray, Perodactylus Reinh. et Lütken, Mochlus Günther, Heterodactylus Spix, Ablepharus Kitaibelii Cocteau u. A. Auch die von Rathke angegebenen Differenzen des Brustbeins der atypischen und typischen Saurier existiren meinen Untersuchungen zufolge nicht.

chen die in diesem Kapitel enthaltenen Untersuchungen als Anhang gelten können. — Der 3. Theil enthält die Zusammenstellung der Ergebnisse.

Einzelne schlangenähnliche Saurier sind schon in früherer Zeit betreffs ihrer Knochen und Muskeln untersucht worden. Namentlich hat MECKEL[47] die beschreibende Osteologie und Myologie von Anguis fragilis, HEUSINGER[48] die von Anguis fragilis und Pseudopus Pallasii, J. MÜLLER[49] die vergleichende Osteologie von Anguis fragilis, Pseudopus Pallasii, Ophisaurus ventiales, Pygopus lepidopus, Acontias meleagris und Typhline Cuvierii gegeben. So verdienstvoll diese Arbeiten auch zu ihrer Zeit waren, so sind sie doch theils nach mangelhaften Präparaten ausgeführt und daher ungenau, theils sind die Deutungen und Benennungen der einzelnen Knochen und Muskeln nur zum Theil richtig. Auch in neuerer Zeit hat RÜDINGER[50] die Myologie des Schultergürtels von Anguis fragilis, Pseudopus Pallasii und Seps chalcides behandelt; einzelne frühere fehlerhafte Angaben sind durch neuere genaue Untersuchungen von PETERS[51] und RATHKE[52] berichtigt worden. — Ich habe die Untersuchungen dieser sowie anderer Anatomen in den Bereich meiner Darstellung gezogen und gewissenhaft mit meinen Resultaten verglichen. Ueberhaupt habe ich die mir zugängliche Literatur nach Kräften benutzt. Zugleich habe ich mich bemüht, die oft überaus abweichenden Beschreibungen und Deutungen unter einander und mit den meinigen in Einklang zu bringen. Dies ist mir nicht immer gelungen, da oft die frühern Beschreibungen zu ungenau und flüchtig waren.

Meine Untersuchungen habe ich mit der möglichsten Genauigkeit auszuführen gesucht und hoffe, nicht allzustrengen Anforderungen zu genügen. Wer die ausserordentlichen Schwierigkeiten bei der Darstellung der winzig kleinen, nur durch die Lupe unterscheidbaren Extremitätenmuskeln von Seps tridactylus und Pygopus lepidopus kennt, wird mich entschuldigen, falls ich hier das Ideal der Genauigkeit nicht erreicht haben sollte.

Herrn Professor Dr. PETERS verdanke ich die erste Anregung zu dieser Arbeit. Derselbe hat mir mit der grössten Güte fast sämmtliches Material zur Untersuchung gewährt und mich in der freigebigsten Weise mit literarischen Hülfsmitteln unterstützt. Es sei mir vergönnt, ihm hierfür meinen wärmsten Dank auszusprechen. Für ein schönes ausgewachsenes und 2 junge Exemplare von Anguis fragilis habe ich Herrn cand. med. P. RUGE zu danken.

---

[47] MECKEL, System der vergleichenden Anatomie, Osteologie II[a] p. 445 § 196, p. 475 § 216. Myologie III, p. 188 f. § 88, p. 37 f. § 123.

[48] C. F. HEUSINGER, Untersuchungen über die Extremitäten der Ophidier. Zeitschrift für organische Physik III, p. 483 f.

[49] J. MÜLLER, Zur Anatomie der Blindschleiche im Vergleich mit Bipes, Pseudopus und Ophisaurus und Zur Anatomie von Acontias meleagris und coecus: TIEDEMANN und TREVIRANUS, Untersuchungen über die Nat. IV, p. 222 f. und p. 233 f.

[50] RÜDINGER, die Muskeln der vordern Extremität der Vögel und Reptilien mit besonderer Rücksicht auf die analogen und homologen Muskeln bei Säugethieren und Menschen, Haarlem 1868.

[51] W. PETERS, Reise nach Mosambique. 3. Band. Amphibien: Entdeckung des Brustschultergürtels bei Acontias niger und Typhlosaurus aurantiacus.

[52] H. RATHKE, a. a. O.: Entdeckung des Brustschultergürtels bei Acontias meleagris, des Episternums bei Anguis fragilis, der Schulterrudimente bei Amphisbaena etc.

Erster Theil.

Beschreibende Anatomie der Knochen und Muskeln des Brustschultergürtels mit den vordern Extremitäten und des Beckengürtels mit den hintern Extremitäten.

Cap. I.

Knochen des Brustschultergürtels und der vordern Extremität.

§ 1.

Bei den Sauriern mit wohlentwickelten Extremitäten.

a. Brustschultergürtel[1].

Die richtige Deutung und Benennung der Knochen des Brustschultergürtels ist zuerst von Cuvier[2] gegeben und durch Gegenbaur[3] zum Abschlusse gebracht worden.

Der Brustschultergürtel ist zusammengesetzt aus einem mittleren unpaaren Theile, dem Brustbeine, und aus zwei seitlichen Theilen, dem Schultergürtel. Das Brustbein wird gebildet durch 2 Knochen, das Sternum und Episternum.

Das *Sternum* (st)[4] ist ein breites, meist rautenförmiges Knorpelstück, das nur wenig und zum Theil verknöchert ist. Es artikulirt mit seinen beiden vordern Seiten mit dem Coracoid, mit seinen beiden hintern Seiten mit den Sternocostalleisten. Diese Leisten sind bei den Scincoiden jederseits 3; ausserdem artikulirt die hintere Brustbeinspitze mit der Vereinigung von 2 Leisten (bei Euprepes) oder 3 Leisten (bei Gongylus)[5].

---

[1] G. Cuvier, Leçons d'Anatomie comparée 1. éd. Tom. I, p. 251 f. 2. éd. Tom. I, p. 253 f. und 352 f. — J. F. Meckel a. a. O. Band II a, § 183 p. 434 f. und § 197 p. 446 f. — G. Cuvier, Recherches sur les ossemens fossiles. 4. éd. Tom. X, p. 79 f. — Duménil et Bibron a. a. O. Tom. II, p. 601 f. — Todd, Cyclopaedia of Anatomy and Physiologie. Tom. IV, Artikel: Reptiles by R. Jones p. 209. — H. Rathke a. a. O. p. 9 f. — H. Pfeiffer, zur vergleichenden Anatomie des Schultergürtels und der Schultermuskeln bei Säugethieren, Vögeln und Amphibien. Giessen 1854, p. 39 f. — H. Stannius, Handbuch der Zootomie. 2. éd. Zootomie der Amphibien p. 27 f. und 74 f.

[2] In den früheren Ausgaben der Leçons etc. und Recherches etc. theilt Cuvier noch die fehlerhafte Anschauung früherer Anatomen, welche das Coracoid mit der Clavicula des Menschen vergleichen. Erst in der 2. éd. der Leçons etc. und 4. éd. der Recherches etc. gibt er zuerst die rechte Deutung.

[3] C. Gegenbaur, Untersuchungen zur vergl. Anatomie der Wirbelthiere. Heft 2: Schultergürtel. Lpz. 1865. Dieses ausgezeichnete Hauptwerk berücksichtigt namentlich auch die Histogenese und eröffnet damit eine Reihe neuer Gesichtspunkte.

[4] Meckel und Rathke: Hinteres Brustbein.

[5] Ueber die Artikulationen bei andern Sauriern gibt Rathke die genauesten Aufschlüsse. Die Zahl der seit-

Das *Episternum* (ep)[6] ist schmäler, von festerem Gewebe (knöchern) und liegt auf der Aussenseite des Sternums und vor demselben[7]. Bei den Scincoiden hat es die Gestalt eines Kreuzes[8].

Der Schultergürtel der Saurier wird gebildet von 3 Knochen, von Scapula, Pars coracoidea und Clavicula. Die ersten beiden bilden die Gelenkhöhle und sind mehr oder weniger innig verwachsen[9]).

Die *Scapula* (sc)[10] ist der aufsteigende Schenkel von knöchernem Gewebe, der sich weiter oben in das knorplige *Suprascapulare* (ss)[11] verbreitert. Scapula und Suprascapulare liegen eingebettet in Muskelmasse und werden nicht durch Bänder an Knochen befestigt.

Die *Pars coracoidea* (cor.)[12] ist der absteigende Schenkel von knorpligem Gewebe, das zum Theil verkalkt ist. Sie ist in ihrem an die Scapula grenzenden Theile am schmälsten, im medianen am breitesten[13]. Median artikulirt sie durch ihren hintern Theil mit dem Sternum; der vordere Theil endet frei und greift meist über den der Gegenseite über.

Die *Clavicula* (cl)[14] heftet sich an den Vorderrand der Scapula oder des Suprascapulare an und zieht sich als ein rundlicher fester Knochen meist gekrümmt an die Spitze oder die obere Querleiste des Episternums[15], an das sie sich befestigt. An dieser Stelle verbreitert sie sich oft bedeutend und wird dann durch eine Oeffnung durchbrochen.

b. Vordere Extremität[16].

Die vordere Extremität setzt sich zusammen aus Oberarm, Vorderarm, Handwurzel (Carpus), Mittelhand (Metacarpus) und Fingergliedern (Phalanges).

Der Oberarm wird gebildet durch den *Humerus*[17], der in der von Scapula und Coracoid

lichen Sternocostalleisten schwankt von 2 (Varanus, Anolis etc.) bis 4 (Uromastix, Iguana etc.), die der hintern von 1 (Varanus, Stellio etc.) bis 3 (Anolis, Gongylus, Calotes etc.). Als zoologisches Merkmal sind diese Zahlenverhältnisse nur von ganz geringer Bedeutung, da sie innerhalb derselben Gattung oft schwanken.

[6] Meckel und Rathke: Vorderes Brustbein.

[7] Innig verwachsen, kaum vom Sternum zu trennen, ist es bei den Ascalobotae, weniger innig verbunden, zum Theil sogar vom Sternum sich abhebend bei den andern Familien der Saurier.

[8] Die Kreuzgestalt theilen die Scincoiden mit den ihnen nahe stehenden Autosauriern und Ptychopleuren. Tförmig ist das Episternum bei Monitor, den Agamae und Iguanoidea; bei den Ascalobotae sind auch die seitlichen Arme bedeutend verkürzt.

[9] Sehr innig ist diese Verwachsung bei den Scincoidea, Ptychopleurae und Autosaurii.

[10] Meckel: Schulterblatt oder erstes und zweites Knochenpaar. Cuvier: Omoplate. Spina und Acromion fehlen, wie Gegenbaur nachweist.

[11] Cuvier: Sur-scapulaire.

[12] Cuvier, Leçons 1. éd. und Recherches 1—3. éd.: Clavicule; Meckel: Hinteres Schlüsselbein oder 3. u. 4. Schulterknochen.

[13] In seinem breiten Theile bildet das Coracoid Fenster in verschiedener Anzahl. Ueber diese Fensterbildung und die dadurch bedingte Bildung des Epicoracoids und Procoracoids s. Gegenbaur a. a. O.

[14] Cuvier, Leçons 1. éd. und Recherches 1—3. éd.: Fourchette. Meckel: Vorderes Schlüsselbein oder fünftes Paar der Schulterknochen.

[15] An die Spitze bei den Sauriern mit kreuzförmigen, an die Querleiste bei den Sauriern mit Tförmigem Episternum.

[16] G. Cuvier, Leçons etc. 1. éd. I, p. 360 f., 2. éd. I, p. 390 f. — J. F. Meckel a. a. O. IIa, § 198—211 p. 449 f. — Duméril et Bibron a. a. O. II, p. 612 f. — G. Cuvier, Recherches etc. 4. éd. X, p. 91 f. — Todd a. a. O. IV, p. 271 f. — Stannius a. a. O. Zootomie der Amphibien, p. 82 f. — C. Gegenbaur, Untersuchungen zur vergleichenden Anatomie der Wirbelthiere. Carpus und Tarsus. Lpz. 1864. Hauptwerk.

[17] Meckel: Oberarmbein.

gebildeten Gelenkhöhle einmündet und darin mittelst Kapselband befestigt ist. Er ist ein langgestreckter, dem Humerus der Vögel sehr ähnlicher Knochen, dessen oberes Ende breit zusammengedrückt ist. Das Capitulum ist querstehend, das ***Tuberculum majus seu externum*** grösser als das ***Tuberculum minus s. internum***. Am untern Ende hat der Humerus 2 Condyli, den ***Condylus externus s. Epicondylus*** an der Radialseite und den ***Condylus internus s. Epitrochleus*** an der Ulnarseite.

Der Vorderarm wird gebildet durch die stärkere ***Ulna*** (*u*)[18] und den schwächeren ***Radius*** (*r*)[19]. Das ***Olecranon ulnae***[20] ist ganz schwach entwickelt, dafür findet sich aber in der Endsehne des Triceps eine wohlausgebildete ***Patella ulnae***[21].

Die Handwurzel (***Carpus***) besteht aus 9 Carpalknochen. Diese sind in zwei Reihen vertheilt. Die erste Reihe wird aus 4 Knochen gebildet, den beiden grösseren 1) ***Os radiale s. scaphoideum***[22] und 2) ***Os ulnare s. triquetrum***[23], die den beiden Vorderarmknochen entsprechen, 3) dem kleinen ***Os centrale***[24] zwischen beiden und 4) dem ***Os pisiforme*** am Rande des Ulnare. Die zweite Reihe besteht aus 5 kleinern Knochen, den Carpalia, von denen das ***Carpale I s. Multangulum majus*** und das ***Carpale II s. Multangulum minus*** die kleinern, ***Carpale III s. Capitatum, Carpale IV s. Pars anterior ossis hamati*** und ***Carpale V s. Pars posterior ossis hamati*** die grösseren sind.

Die Mittelhand (***Metacarpus***) besteht aus 5 Metacarpalknochen von nahezu gleicher Länge und Dicke.

Die Zahl der Pflanzen ist 2 für den ersten, 3 für den zweiten und fünften, 4 für den dritten und 5 für den vierten Finger[25], wodurch eine Ungleichheit der Hand bewirkt wird, die aber bei den Scincoiden weniger bedeutend ist.

§ 2.

Knochen des Brustschultergürtels und der vordern Extremität bei den Sauriern mit verkümmerten vordern Extremitäten[26].

a. Brust-Schulter-Gürtel.

Der Brust-Schulter-Gürtel ist wenig von dem der vollkommenen Saurier verschieden. Namentlich zeigen (bei Seps tridactylus Gerv.) *Scapula* und *Suprascapulare* und *Clavicula* keinerlei Unterschiede abgesehen von der Verminderung ihres Volumens.

---

18 Meckel: Ellenbogenröhre. Cuvier: Cubitus. — Todd's Cyclopaedia: Cubital (bone).

19 Meckel: Speiche. — Cuvier: Radius. — Todd's Cyclop.: Radial.

20 Meckel: Ellenbogenknorren.

21 Meckel: Ellenbogenscheibe. Von Rudolphi zuerst bei Pipa gefunden, von Meckel bei Sauriern.

22 Cuvier: Os radial. — Meckel: Speichenknochen. — Todd's Cycl.: Radial carpal bone. — Stannius: Naviculare.

23 Cuvier: Os cubital. — Meckel: Ellenbogenknochen. — Todd: Ulnar carpal bone. — Stannius: Triquetrum.

24 Cuvier: »Os neuvième placé entre les deux grands du premier rang, le 1., 2., 3. et 4. du second rang.« Todd: Central bone. — Stannius: Os lunatum Dieser letzte Name beruht (nach Gegenbaur, dem wir in der Darstellung der ganzen Handwurzel gefolgt sind) auf falscher Deutung.

25 Einzelne Scincoiden haben nur 4 Phalangen am vierten Finger.

26 Die Literatur, sowie meine Untersuchungen (die sich nur auf Seps tridactylus erstrecken), sind noch sehr

Das *Sternum* articulirt seitlich mit 3 (Chamaesaura) oder 2 (Seps), mit der hintern Spitze mit 2 (Chamaesaura) oder 1 Sternocostalleiste (Seps).

Das *Episternum* ist (bei Seps) kaum noch auf dem Sternum wahrnehmbar, indem sein hinterer Fortsatz sehr verkürzt ist. Dagegen ist der vordere Theil sehr entwickelt und zur Aufnahme der Clavicula gut geeignet.

Die *Pars coracoidea* ist (bei Seps) im Verhältniss zu den andern Theilen des Schultergürtels kurz und dünn. Die beiderseitigen Coracoidea sind so kurz, dass sie weder über einander greifen, noch sich berühren, sondern dass sie einen ca. 1^{mm} breiten leeren Raum zwischen sich lassen.

b. Vordere Extremität.

Humerus, *Ulna* und *Radius* sind bei Seps vollständig, haben aber schwach entwickelte Tubercula und Condyli und sind bedeutend verkürzt und verschmälert.

Der *Carpus* bei Seps[27] besteht aus 5 Knochen, 3 der ersten Reihe (radiale, ulnare und dem kleinen centrale zwischen beiden) und 2 der zweiten Reihe (carpale II und III). Die übrigen Knochen des Carpus fehlen.

Der *Metacarpus* bei Seps. besteht aus 4 Knochen, dem Metacarpale I, II und III und dem sehr reducirten Metacarpale IV. Das Metacarpale V fehlt.

Dia Zahl der Phalangen des ersten Fingers bei Seps ist 2, des zweiten 3 und des dritten ebenfalls 3[28]. Alle Finger sind nageltragend.

Ueber die Zahl der Finger und die Längenverhältnisse derselben finden sich bei Duméril et Bibron, V. eingehendere Angaben:

Bezeichnet man mit a den längsten, mit b den nächst langen Finger etc., so ergibt sich

1. Gattungen mit 5 Fingern.

als Fingerformel für die Saurier mit wohlentwickelten Extremitäten (*Euprepes*): $\begin{matrix} e & c & b & a & d \\ 1 & 2 & 3 & 4 & 5 \end{matrix}$. Die 5fingerigen Gattungen mit etwas verkümmerten Extremitäten zeigen verschiedene Verhältnisse:

Heterodactylus $\begin{matrix} e & c & a & b & d \\ 1 & 2 & 3 & 4 & 5 \end{matrix}$. Der mittelste Finger ist der längste.

2. Gattungen mit 4 Fingern.

Saurophis, *Gymnophthalmus p.* $\begin{matrix} c & b & a & c \\ 1 & 2 & 3 & 4 \end{matrix}$.

---

dürftig und ausgedehntere Arbeiten sehr wünschenswerth. Einzelne Notizen geben: Cuvier, Recherches etc. p. 88: »L'appareil sterno-huméral diminue de volume et de consistance dans les seps, les bimanes«. — J. Müller a. a. O., Treviranus und Tiedemann, Untersuchungen etc. IV, p. 288: »Was nun die Rudimente der Extremitäten bei mehreren schleichenden Eidechsen betrifft, so lässt sich gar keine sichere Grenze ziehen. Die Seps besitzen 4 kümmerliche Extremitäten.« — Mehr Stoff gibt Meckel a. a. O. IIª, p. 441, 451 f., wo er die Extremitäten von Seps beschreibt und Duméril et Bibron a. a. O. V. — Die Dissertatio inauguralis von Sicherer über Seps konnte ich nicht erlangen.

[27] Siehe Gegenbaur: Carpus und Tarsus.

[28] Ebendasselbe Resultat gibt Meckel IIª, p. 469.

Heteropus $\genfrac{}{}{0pt}{}{d\ c\ a\ b}{1\ 2\ 3\ 4}$. Bei allen fehlt der fünfte Finger; der dritte ist der längste.

3. Gattungen mit 3 Fingern.

Seps[29], *Hemiergis*, *Nessia*, *Chalcides*, *Sepomorphus* $\genfrac{}{}{0pt}{}{c\ a\ b}{1\ 2\ 3}$. Die beiden äussern Finger fehlen[30]. Vom vierten ist aber noch ein Metacarpalrudiment erhalten.

4. Gattungen mit 2 Fingern.

Heteromeles, *Brachymeles*, *Lerista*, *Chelomeles* $\genfrac{}{}{0pt}{}{b\ a}{1\ 2}$. Bei Chelomeles ist b nahezu so gross wie a, bei den andern Gattungen ist a weit grösser als b. Ob der erste oder dritte Finger weggefallen ist, ist nicht zu entscheiden, da Untersuchungen dieser seltenen Gattungen noch nicht vorliegen.

5. Gattungen mit 1 Finger.

Ob bei Chamaesaura, Brachystopus, Ronia, Evesia etc. noch Phalangen vorhanden sind und welcher Finger der übrigbleibende ist, oder ob diese und auch Metacarpus und Carpus verkümmert sind, ist noch nicht entschieden. Die Verhältnisse bei Untersuchung der hintern Extremitäten ergänzen zwar die hier gefundenen Ergebnisse; immerhin sind aber directe Angaben über die Verkümmerung der vordern Glieder noch wünschenswerth.

§ 3.

Knochen des Brustschultergürtels und der vordern Extremität bei den Sauriern ohne äussere vordere Extremitäten[31].

a. Ophiodes striatus Wagl.[32].

Das knorplige *Sternum* ist in seiner hintern Hälfte derart verkalkt, dass der incrustirte Theil als ein ziemlich breiter nach hinten convexer und nach vorn concaver Bogen aus der knorpligen Grundmasse sich abhebt. Mit dem Coracoid ist das Sternum innig verwachsen[33], mit den Rippen ist es durch je 2 seitliche und je 1 hintere Sternocostalleiste verbunden.

---

[29] Duméril und Bibron geben an b a a bei Seps. Weder Meckel noch ich können dies bestätigen.

[30] Dieses Wegfallen der Finger ist auffallend und steht z. B. mit dem Verhalten von Heterodactylus, sowie der Verkümmerung der Krallen bei Säugethieren in directem Widerspruche. Die Lage der Finger zu Carpus und Metacarpus lässt keine andere Annahme zu.

[31] Allgemeine Angaben finden sich bei Meckel a. a. O. II[a], p. 407, 455 f. — Cuvier, Leçons etc. I, p. 235, 363 f. — Cuvier, Recherches etc. 4. éd. X, p. 88 f. — Stannius a. a. O. p. 25, 74 f. — Rathke a. a. O. p. 5 f. — Zur eigenen Untersuchung dienten Ophiodes striatus, Pygopus Lepidopus, Pseudopus Pallasii, Lialis Burtonii, Anguis fragilis, Acontias meleagris.

[32] Der Brustschultergürtel von Ophiodes striatus weicht hinsichtlich der Bildung des Episternums von allen Scincoiden ab und nähert sich etwas den Monitores. — Die schlechte Abbildung bei Duméril und Bibron (Atlas, Table VII, fig. 3) ist nach einem unvollkommenen Präparate gezeichnet, dem das hintere Ende des Episternums und Theile des Sternums und Coracoids fehlen.

[33] Diese innige Vereinigung des Sternums und Coracoids ist bisher bei keinem Saurier beobachtet worden.

Das wohlentwickelte, knöcherne *Episternum* hat die Gestalt einer Armbrust mit langen und sehr schmalen Schenkeln. Der hintere Schenkel ist hinten mit dem Vorderrand des Sternums, vorn mit den medianen Enden der Schlüsselbeine verbunden, die seitlichen Arme divergiren unter einem nahezu rechten Winkel nach hinten und aussen, indem sie die Clavicula begleiten.

Die kleine knöcherne *Scapula* ist innig mit dem knöchernen Theil des Coracoids verbunden. Nach oben geht sie in das grössere knorplige Suprascapulare über.

Die *Pars coracoidea* ist nur an dem mit der Scapula verbundenen Theile von Knochen; im Uebrigen besteht sie aus knorpligem und nach vorn zu selbst membranösem Gewebe. Median ist sie mit dem Sternum verwachsen.

Die knöcherne *Clavicula* geht vom Suprascapulare aus nach einer Biegung in der Gegend der Scapula im weitern Verlaufe als ein gerader und dünner Knochenstab nach vorn und zur Mitte, wo sie sich mit der der Gegenseite unter nahezu rechtem Winkel und mit dem Episternum verbindet.

Jede Spur der vordern Extremitäten fehlt.

b. Pygopus lepidopus Merrem[34].

Das *Sternum* ist etwas breiter als lang und nur mit je einer seitlichen Sternocostalleiste[35] verbunden, die der fünften Rippe angehört. Der Zusammenhang mit dem Coracoid ist sehr lose.

Das *Episternum* fehlt als selbständiger, wohl ausgebildeter Knochen.

Die *Pars coracoidea*, welche sich plötzlich sehr bedeutend verbreitert, ragt mit ihrem vorderen Theile über die der Gegenseite über, mit ihrem hintern verbindet sie sich mit dem Sternum. Der der Scapula zunächst liegende knöcherne Theil ragt mit zwei Lappen in die übrige knorplige Masse hinein.

Die *Scapula* ist schmal, das Suprascapulare dreimal breiter, aber sehr kurz.

Die *Clavicula* ist sehr lang und schmal und zieht sich nach vorn, um mit der der Gegenseite unter einem nahezu rechten Winkel sich zu vereinigen. Hierbei ist sie mit dem vordern Theile des Coracoids verbunden.

Die Knochen des Arms fehlen gänzlich.

c. Pseudopus Pallasii Cuv.[36].

Das grösstentheils bewegliche *Sternum*[37] liegt, wie bei den folgenden Gattungen frei in Mus-

---

[34] Cuvier, Règne animal etc.: »n'a que des omoplates et clavicules cachées sous la peau«. Meckel (II^a, p. 446) leugnet die Existenz der Clavicula.

[35] Dieses Verhalten, sowie das von Ophiodes striatus hebt Rathke's Behauptung auf: »bei den atypischen Schuppenechsen entstehen die Sternalknochen fern von den Rippen und gelangen niemals mit einigen derselben in eine innige Verbindung«.

[36] Pallas, Novi comm. etc. Sc. Petropol. Tom. XXIX, p. 442: »Iugum osseum, sterni succedaneum, ipsum compositum lamina lunata, arcuata, subcartilaginea, ossiculis duobus tereliusculis, claviculas referentibus, extremo continuatis cartilagini, quasi scapulam exprimenti; interjectisque lamellis duobus ovali-sublunatis, semicartilagineis, interstitia explentibus.« — Heusinger a. a. O., Zeitschrift für org. Physik III, p. 489 f. — J. Müller a. a. O., Treviranus und Tiedemann, Untersuchungen etc. IV, p. 225. — Rathke a. a. O. p. 5 f. — Rüdinger a. a. O. p. 1 f. Abbildungen gibt: Heusinger a. a. O. Tab. I fig. 4. Müller a. a. O. Tab. XIX, fig. 2. — Duméril et Bibron a. a. O. Atlas Tab. VII, fig. 4. — R. Wagner, Icones zootomicae Tab. XIII, fig. 26.

[37] Heusinger: Brustbein.

kein und Bindegewebe, ohne durch Sternocostalleisten mit den Rippen verbunden zu sein. Es ist breiter als lang (2,5:1) und hat eine biconvexe[38] Gestalt mit abgerundeten seitlichen Spitzen.

Das knöcherne *Episternum*[39] ist von Tförmiger Gestalt und fest mit dem Sternum verwachsen. Der quere Schenkel des T ist der grössere und breitere und liegt auf der Unterseite des Vorderrandes des Sternums, genau dessen Krümmung folgend, der hintere kürzere Schenkel geht median bis zur Mitte des Sternums.

Die *Scapula* hat nahezu die Gestalt eines Quadrates, das längere Suprascapulare ist nur wenig breiter.

Das *Coracoid*[40] ist von ziemlich bedeutender Grösse. Der kleinere knöcherne Theil an der Scapulargrenze grenzt sich in einem runden Lappen gegen den dünnen knorpligen ab. Dieser geht weit nach vorn und wächst median in seiner ganzen Breite mit dem der Gegenseite zu einer dünnen Knorpelplatte zusammen. Beiderseits findet sich auch ein Fenster, welches Coracoid und Procoracoid trennt. Die wohlentwickelte, aber etwas kurze *Clavicula*[41] beginnt am Vorderrande des Suprascapulare, biegt sich dann unter einem stumpfen Winkel nach vorn und zur Mittellinie des Bauches, wobei sie frei läuft, und vereinigt sich unter sehr stumpfem Winkel mit der Clavicula der Gegenseite, wobei sie der Unterseite des bedeutend nach vorn verlängerten Coracoides aufliegt.

Die vordere Extremität[42] findet sich bei Pseudopus angedeutet. Bei dem untersuchten Exemplare zeigte sich am Hinterrande der Verbindungsstelle von Scapula und Coracoid der rechten Seite eine kleine Vertiefung, das Homologon der Gelenkhöhle, in der ein etwa sandkorngrosses Knorpelkörnchen beweglich eingefügt ist. Unter dem Mikroskop zeigt es sich deutlich durch sehniges Gewebe (Rudiment eines Kapselbandes) von dem Schultergürtel getrennt. Der Lage und Anheftung nach ist es Rudiment des Humerus. Der linken Seite fehlte es[43].

c. Lialis Burtonii Gray.

Das freiliegende *Sternum* ist etwas kürzer als bei Pseudopus. Der Vorderrand ist stark convex, der Hinterrand flach concav und hat in der Mitte einen scharfen Vorsprung.

Das *Episternum* scheint zu fehlen.

Die *Scapula* mit dem wenig breiteren Suprascapulare ist sehr kurz.

Das *Coracoid* ist weit breiter als die Scapula. Der dieser am nächsten gelegene knöcherne

---

[38] In den Icones zootomicae ist der Hinterrand concav abgebildet.

[39] Heusinger hält das Episternum für »verwachsene Schlüsselbeine«. Der hintere Schenkel fehlt auf der von ihm gegebenen Abbildung, auf der von J. Müller gegebenen ragt er bis zur Mitte des Sternums (wie bei meinem Präparate), bei Duméril ist er ebenso lang als wie die seitlichen Schenkel und reicht fast bis zum Hinterrande des Sternums.

[40] Heusinger vereinigt Scapula und Coracoid als Scapula. J. Müller lässt die Frage unentschieden, ob das Coracoid Schlüsselbein ist oder zur Scapula gehört.

[41] Heusinger und Müller: Gabelknochen (Furcula). Bei beiden von dem der Gegenseite getrennt.

[42] Dieses kleine Rudiment der vordern Extremität fehlt (oder ist übersehen worden) bei den von Pallas, Heusinger, Cuvier und Müller untersuchten Thieren. Nach Duméril und Bibron scheint es auf beiden Seiten vorzukommen. Er sagt p. 415: »à l'intérieur ils (les membres thoraciques) se trouvent encore réprésentés par un tubercule osseux de chaque côté du sternum«. Auch sind auf der zugehörigen Tafel 2 Höcker abgebildet, die aber mit dem Schultergürtel fest verwachsen scheinen.

[43] Diese ungleichartige Verkümmerung beider Seiten, die sich auch bei dem Beckenrudiment von Lialis und

Theil grenzt sich in zwei Lappen gegen den grössern knorpligen ab, der den der Gegenseite berührt und etwas über ihn weg greift.

Die *Clavicula* geht vom Vorderrand des Suprascapulare in einer langgestreckt Sförmigen Krümmung nach unten und vorn, wo sie sich mit der der Gegenseite unter nahezu rechtem Winkel vereinigt.

Jede Spur der vordern Extremitäten fehlt.

e. Ophisaurus ventralis Daudin[44].

Das *Sternum*[45] ist dem von Pseudopus ähnlich, aber kürzer (Verhältniss der Länge zur Breite wie 1:3,2), und an den seitlichen Enden mit einem mässig tiefen und an dem hintern Rande mit einem seichten Ausschnitte versehen.

Das *Episternum* liegt als ein schmaler langer Querknochen auf dem vordern und untern Rande des knorpligen Sternums. Es ist vorn etwas abgeschnitten und hinten mit einem sehr kurzen abgerundeten und glatten Fortsatze[46] verstehen, der sich nicht über das Niveau des Sternums erhebt.

Die *Scapula* ist im Verhältniss zu dem sehr kleinen Suprascapulare gut entwickelt.

Die *Pars coracoidea* gleicht betreffs des Verhaltens des knöchernen und knorpligen Theils und der Verwachsung der Mitte vollkommen der von Pseudopus, sie ist aber nicht so weit nach vorn ausgedehnt.

Die dünne *Clavicula* geht von dem Vorderrande des Suprascapulare aus direct nach unten und kaum nach vorwärts, wobei sie sich mit der der Gegenseite unter einem gestreckten Winkel vereinigt.

Die Extremitätenknochen fehlen.

f. Anguis fragilis L.[47].

Das knorplige *Sternum*[48] ist biconvex wie das von Pseudopus, aber im Verhältniss zum Schultergürtel kleiner.

Das *Episternum*[49] ist durch eine rauhe Knochenstelle von breiter Herzform am Vorderrand des knorpligen Sternums repräsentirt.

---

und Acontias wiederfindet, ist sehr bemerkenswerth. Bisher kannte man blos eine ungleichmässige Ausbildung der Lungen bei den schlangenähnlichen Sauriern.

[44] Müller a. a. O. p. 451. — Meckel a. a. O. p. 455 § 196. — Rathke a. a. O. p. 5 f. Abbildung bei Duméril und Bibron a. a. O.: Tab. VII, fig. 5.

[45] Von Müller und Meckel wird seine Existenz geleugnet.

[46] Dieser von Rathke beschriebene Fortsatz fehlt auf der Abbildung von Duméril et Bibron.

[47] J. W D. Lehmann, über die Zerbrechlichkeit der Blindschleiche und die Uebereinstimmung ihres innern Baues mit den Eidechsen. Magazin der Gesellschaft naturforschender Freunde zu Berlin 1811, p. 14 f. — Meckel a. a. O. § 174 p. 407 und § 196 p. 445. — Heusinger a. a. O. p. 501 f. — J. Müller a. a. O. p. 227 f. — Gegenbaur, Schultergürtel etc. p. 46 — Rathke a. a. O. p. 5—7. — D. R. Rankin, on the Structure and Habits of the Slow-Worm. Edinb. New Phil. Journ. p. 102 f. Abbildungen haben gegeben Heusinger, Duméril und Bibron und Gegenbaur.

[48] Die Abbildung von DB zeigt das Sternum als ein Dreieck, das die Spitze nach vorn hat. — Meckel beschreibt es ganz richtig, dagegen leugnet Müller seine Existenz.

[49] Das Episternum ist zuerst von Rathke beschrieben worden. Ich kann seine Existenz bestätigen.

Die *Scapula*[50] ist ebenso wie das wenig breitere Suprascapulare kurz und schmal.

Die *Pars coracoidea*[51], die breiter als lang ist, wird durch ein deutliches Fenster in Coracoid und Procoracoid geschieden. Der knöcherne Theil geht mit einem Lappen in den knorpligen über, der median ein wenig über den der Gegenseite übergreift.

Die *Clavicula*[52] ist schwach Sförmig gebogen wie die von Pseudopus. Sie erstreckt sich aber mehr nach vorn und artikulirt mit der der Gegenseite unter kleinerem Winkel.

Die Knochen der vorderen Extremität sind nicht vorhanden.

g. Acontias meleagris Cuv.[53].

Das *Sternum* wird repräsentirt durch zwei sehr kleine Knochentäfelchen[54] von ellipsoidischer Form, die dicht neben einander in einer Schicht fibrösen Gewebes zu beiden Seiten der Linea alba eingebettet liegen.

Das *Episternum* und die *Clavicula* fehlen.

Die *Scapula* und *Pars coracoidea* sind innig mit einander verwachsen. Letztere berührt die der Gegenseite und ist mit ihr durch einen sehr dünnen, aber festen Streifen fibrösen Gewebes verbunden. Mit dem Sternum hat sie keine Beziehung, da die dasselbe repräsentirenden Knochentäfelchen in einiger Entfernung hinter ihr liegen.

h. Acontias niger Peters[55].

Das *Sternum* und *Episternum* fehlt.

Die *Scapula* ist ein sehr dünner langer Knochen, der auf der einen Seite in das kleine knorplige, nicht umgebogene, *Suprascapulare* übergeht, auf der andern mit der *Pars coracoidea* verwachsen ist. Diese hat in der Nähe der Scapula knöcherne Beschaffenheit, in ihrem medianen Theile besteht sie aus sehr dichtem Knorpel, der namentlich an seinem vordern Rande in Knochengewebe

---

50 Heusinger: Schulterblatt. — Meckel: Oberes hinteres Stück des Schultergürtels oder Schulterstück.

51 Meckel: Unteres Stück oder hinteres Schlüsselbein. — Heusinger: Schlüsselbein.

52 Meckel: Vorderes Stück oder vorderes Schlüsselbein. — Heusinger: Gabel (Furcula), ebenso Müller.

53 Der Schultergürtel wird übereinstimmend geleugnet von Müller, Heusinger, Meckel, Cuvier. Rathke hat ihn zuerst beschrieben. Ich habe 2 Exemplare von Acontias untersucht, aber mit negativen Resultaten. Ich fand bei dem einen trotz der grössten Vorsicht keine Spur eines Schultergürtels. Auch ist kaum glaublich, dass er bei seiner Grösse von den frühern Anatomen übersehen worden ist. Es scheint sonach, dass er bei dem einen Exemplare von *Acontias meleagris* fehlt, bei dem andern vorhanden ist. Dieses wunderbare Vorkommen ist nicht alleinstehend. Bei Pseudopus fanden sich bereits bedeutende Varietäten in der Ausbildung des hintern Episternalastes; die Extremität war bald auf beiden Seiten vorhanden (Duméril), bald nur auf einer (Fürbringer), bald fehlte sie vollkommen (Müller und Heusinger). Bei Dibamus novae Hollandiae behauptet Schlegel, dass die Weibchen ohne Extremitäten seien, während die Männchen verkümmerte Rudimente hätten. Bei den peropoden Ophidiern kann nach Berlin's Angaben die hintere Extremität beim Weibchen fehlen, während Peters nur ein Kleinersein annimmt. Rathke hat leider keine Angaben über Alter und Geschlecht seines untersuchten Exemplares gemacht. Bei dem andern von mir untersuchten ♂Exemplare fand sich an der Stelle, wo der Brustschultergürtel hätte liegen sollen, ein dünner Knorpelfaden im M. sterno-cleido-mastoideus eingebettet, der den der Gegenseite nicht berührte und von der Mitte und hinten nach der Seite und mehrern verlief. Ich wage nicht, ihn mit der Scapula zu identificiren.

54 Das Auftreten der Sternalrudimente von Acontias meleagris als Knochentäfelchen ist höchst eigenthümlich, falls Rathke's Angabe genau ist.

55 Der Brustschultergürtel von Acontias niger wurde zuerst von W. Peters entdeckt und (Reise nach Mo-

übergegangen zu sein scheint. Sie ist mit der der Gegenseite zu einem schmalen, aber dicken, nach vorn convexen Bogen vereinigt.

Die *Clavicula* ist als selbständiger Knochen nicht vorhanden; ihr medianer Theil trägt aber vielleicht zur Verstärkung des Coracoides bei[56]. Ebenso wie bei Anguis das Episternum die Mitte des Sternalvorderrandes verdickt, ist dies hier der Fall. Episternum und Clavicula sind überdies, als dem secundären Schultergürtel angehörig[57], 2 Knochen von gleicher Entstehungsweise.

Der ganze Brustschultergürtel, der noch nicht die Breite des Bauches erreicht, liegt weit vorn am Halse vor dem ersten Knorpelbogen, der die Rippen verbindet.

1. Typhlosaurus aurantiacus. Peters[58].

Das *Sternum*, *Episternum* und die *Clavicula* fehlen.

Die *Scapula* ist als kleiner, schmaler Knochen vorhanden.

Die *Pars coracoidea* ist median so verkümmert, dass sie mit der der Gegenseite nicht zusammenstösst, sondern von ihr durch einen breiten Zwischenraum getrennt ist.

Cap. II.

Muskeln des Brustschultergürtels und der vordern Extremitäten.

§ 4.

Bei den Sauriern mit wohlentwickelten Extremitäten[59].

Unter der Haut liegt zunächst ein breiter, aber sehr dünner Hautmuskel (*Subcutaneus colli*), der mit transversalen und ascendenten Fasern vom Nacken nach der Mittellinie der Unterseite des

---

sambique III, Tab. 12) abgebildet. Eine nähere Beschreibung davon lieferte STANNIUS (Zootomie II, p. 25 und 74). Er deutet, ganz abweichend von mir, den medianen Theil des Coracoids als Sternum, die Scapula und den lateralen Theil des Coracoids als Coracoid und das Suprascapulare als Scapula. Der Schultergürtel von Acontias niger ist allerdings schmäler als der Körper, und die bei den typischen Sauriern durch Krümmung des Knochens und Ansatz der Extremität ausgezeichnete Grenze zwischen Scapula und Coracoid ist hier durch Nichts angedeutet. Dieses Verhalten gibt aber noch kein Recht, alle Beziehungen (und namentlich auch die histologischen) der einzelnen Knochen zu vertauschen. Nach STANNIUS' Deutung ist eine Vergleichuug mit den vollkommenen Sauriern ganz unmöglich.

56 Wird histologisch nachgewiesen, dass der Vorderrand des Coracoids Knochenzellen enthält, so ist die Existenz von Clavicularrudimenten in ihm erwiesen.

57 Siehe GEGENBAUR, Schultergürtel a. a. O.

58 Der Schultergürtel von Typhlosaurus aurantiacus wurde von PETERS entdeckt und (Reise nach Mosambique III, Tab. 13) abgebildet. Die Beschreibung von STANNIUS ist der ähnlich, die er von Acontias gegeben hat.

59 Literatur: CUVIER, Leçons etc. 1. éd. p. 263, 279, 299, 329 f. 2. éd. I, p. 378, 399, 421, 456 f. — MECKEL a. a. O. III, p. 170, 193, 211, 225, 235 f. — STANNIUS a. a. O. II, p. 122 f. und p. 126 f. — H. PFEIFER a. a. O. p. 21 f. — G. MIVART, Notes on the Myology of Iguana tuberculata. Proc. of zool. Soc. 1867, p. 766 f. — RÜDINGER a. a. O. p. 14, 59, 98, 104, 112, 118, 129, 148 f. Von diesen berücksichtigen allein STANNIUS und RÜDINGER Scincoiden. RÜDINGER beschreibt die Brustschulter- und Oberarmmuskeln von Gongylus ocellatus. Der Muskulatur des ebenfalls von ihm untersuchten Cyclodus gigas thut er keine nähere Erwähnung. Zur eignen Untersuchung dienten Euprepes carinatus, septemtaeniatus und Gongylus ocellatus. Ueberhaupt ist, wie schon früher erwähnt, in dieser Arbeit nur Rücksicht auf die Muskulatur der Scincoiden genommen. Auf die Vergleichung mit andern Sauriern, namentlich mit der von MIVART genau untersuchten Iguana tuberculata, musste ich hier verzichten. RÜDINGER behandelt

des Halses und Unterkiefers verläuft, unter diesem ein zweiter Muskel (*Cervici-submaxillaris*), der sich von der Kante des Nackens zum Submaxillare zieht. Erst nach Wegnahme dieser beiden Muskeln kommen die eigentlichen Muskeln des Brustschultergürtels und der vordern Extremität zum Vorschein.

a. Muskeln des Brustschultergürtels.

1) *Sterno-cleido-mastoideus*[60]. Ein oberflächlicher Muskel. Er entspringt vom Os squamosum, muskulös mit der stärkern vorderen und sehnig mit der schwächern hinteren Portion. Die vordere Portion zieht sich vom Schädel aus mit descendenten Fasern zum Brustgürtel, wo sie an einer über Pectoralis major, Episternum und Clavicula ausgespannten Aponeurose inserirt. Die hintere Portion, deren Anfangssehne mit den Nackenmuskeln und dem Cervici-submaxillaris verwachsen ist, endet am Scapulartheil[61] der Clavicula mit der tiefen Schicht, während sie mit der oberflächlichen darüber hinweg zu der erwähnten Aponeurose geht.

2) *Dorso-clavicularis s. Cucullaris*[62]. Er entspringt mit breitem Rande (in der Höhe des 8.—15. Wirbels) aponeurotisch von der Rückenkante, zieht sich mit convergirenden, nach unten und vorn verlaufenden (ascendenten) Fasern über das Suprascapulare und inserirt an dem hintern Rande des Scapulartheils der Clavicula. Sein vorderer Theil ist schwer von der hintern Portion des Sterno-cleido-mastoideus zu trennen.

3) *Episterno-cleido-hyoideus sublimis*[63]. Ein breiter Muskel an der untern Seite des Halses. Er entspringt von den seitlichen Aesten des Episternums, von dem Lig. episterno-claviculare und dem lateralen Theil der Clavicula. Er geht mit wenig convergirenden Fasern zum Hinterrande des Zungenbeins. Sein medianer Theil entspricht dem Sterno-hyoideus, sein lateraler dem Omohyoideus.

4) *Episterno-hyoideus profundus*[64]. Er liegt bedeckt von dem vorigen Muskel und ist schmäler als dieser. Er entspringt von den seitlichen Aesten des Episternums unter dem sublimis und endet am hintern Rand des Zungenbeins nach wenig divergentem Faserverlaufe. Während der vorige Muskel eine Inscriptio tendinea hatte, verläuft er ganz glatt.

5) *Collo-scapularis s. Levator scapulae*[65]. Ein tiefer Muskel. Er entspringt vom hintern Theile der Schädelbasis und den Querfortsätzen der beiden ersten Halswirbel und geht, meist in

---

die Muskulatur von Gongylus ocellatus und Seps chalcides zugleich mit der der geschwänzten Batrachier, während er merkwürdiger Weise die eines andern Scincoiden, Cyclodus gigas, zugleich mit der der Saurier behandelt. Meines Erachtens unterscheidet sich die Muskulatur von Gongylus und Seps weit mehr von der eines geschwänzten Batrachiers, als von der der Cyclodus gigas. — In der Beschreibung der Muskeln herrschen bei den verschiedenen Autoren grosse Differenzen, so dass es mir bei den oft ungenauen Angaben nicht immer möglich war, die Synonymen anzugeben.

60 Cuvier u. Mivart: Sterno-cleido-mastoideus. Ebenso Rüdinger. Meckel rechnet die hintere Portion zum Kappenmuskel.

61 Cuvier: Pars acromialis. Da aber (nach Gegenbaur) das Acromion fehlt, habe ich den Namen Scapulartheil gewählt.

62 Meckel: Ungleich dreieckiger Muskel, womit die hintere Portion des Sterno-cleido-mastoideus mit einbegriffen ist. — Cuvier: Trapèze. — Mivart: Trapezius. — Stannius, Pfeifer und Rüdinger: Cucullaris.

63 Rüdinger, Stannius, Pfeifer und Mivart: Sterno-hyoideus und Omohyoideus.

64 Von den frühern Anatomen, ausser Stannius, nicht von Episterno-cleido-hyoideus sublimis getrennt.

65 Meckel: Heber des Schulterblattes. — Cuvier: Acromio-trachélien. — Stannius u. Pfeifer: Levator scapulae. — Mivart: Levator claviculae e. p. — Rüdinger: Levator anguli scapulae. Er lässt ihn blos von der Schädelbasis entspringen.

zwei Portionen getrennt, nach hinten und oben. Im weitern Verlaufe verwachsen beide Portionen zu einem Muskel, der an der Oberfläche des Suprascapulare und am Scapulartheil der Clavicula endet. Von ihm lässt sich ablösen eine Pars profunda[66], die von der vorletzten Halsrippe entspringt und als schwaches Muskelbündel am Vorderrand des Suprascapulare inserirt, wobei es mit dem Serratus major zusammenhängt.

6) *Sternocosto-scapularis*[67]. Ein schräg nach oben und vorn verlaufender Muskel, der von der ersten Sternocostalleiste entspringt und am Hintertheil der Scapula und des Suprascapulare inserirt. Neben ihm, aber medianer und tiefer gelegen, befindet sich ein eigener Muskel (*Costo-sterno-scapularis*), der halb sehnig, halb muskulös von der Sternocostalleiste an die Innenseite des Sternums und an den hintern Rand der Scapula geht und aus seinem sehnigen Theile auch eine Sehne in den Triceps brachii schickt.

7) *Costo-subscapularis s. Serratus anticus major*[68]. Ein unterhalb des Suprascapulare und der Scapula liegender Muskel. Er entspringt mit 3 oder 4 schwer trennbaren Bündeln von der letzten Hals- und den ersten Brustrippen und geht — in seinem hinteren Theile mit ascendentem, in seinem vordern mit querem Faserverlaufe — nach oben, um an dem Rand der innern Fläche des Suprascapulare zu inseriren.

8) *Sterno-coracoideus internus*[69]. Ein wohl entwickelter Muskel, der die ganze Innenseite des Sternums und der dahinter gelegenen Sternocostalleisten bedeckt und an der Innenseite des medianen Theils des Coracoids inserirt.

b. Muskeln des Oberarms.

9) *Costo-episterno-humeralis s. Pectoralis major*[70]. Ein sehr grosser dreieckiger Muskel auf der Unterseite der Brust, der in 2 Portionen zu trennen ist. Die *Portio anterior* entspringt von dem hintern Ast des Episternums, die *P. posterior* von den hinter dem Sternum gelegenen Sternocostalleisten und von diesem selbst. Hinten geht sie mehr oder minder in den Obliq. abd. ext. sublimis über und hat einen ascendenten Faserverlauf, die P. ant. ist kleiner, aber dicker und hat quere Fasern. Beide Portionen inseriren mit breiter gekrümmter Endsehne am Tuberculum majus s. externum humeri.

Ueber dem Pectoralis liegt ein kleiner, dünner Muskel[71] (Suprapectoralis), der von den

---

[66] Mivart: Levator anguli scapulae. Bei Iguana weicht die Entwickelung ab von der bei den Scincoiden.

[67] Meckel: Kleiner gezahnter Muskel oder kleiner Brustmuskel. — Cuvier: Petit dentélé. — Rüdinger: Costo-scapularis. Scheint bei Iguana zu fehlen, während der Costo-sterno-scapularis wahrscheinlich dem Costo-coracoid Mivart's entspricht.

[68] Meckel: Grosser gezahnter Muskel. — Cuvier: Grand dentélé z. Th. — Mivart: Serratus magnus. — Stannius, Pfeifer, Rüdinger: Serratus major. — Bei Euprepes carinatus mit 4, bei E. septemtaeniatus mit 3, bei Gongylus ocellatus mit 2 Zacken.

[69] Stannius: Pectoralis minor. — Mivart: Internal sterno-coracoid. — Von Cuvier, Meckel, Pfeifer und Rüdinger scheinbar übersehen.

[70] Meckel: Grosser Brustmuskel. — Cuvier: Grand pectoral. — Stannius, Mivart, Pfeifer, Rüdinger: Pectoralis major.

[71] Siehe Rüdinger, Seite 16: »Ueber den Pectoralis major geht vom äussern schiefen und geraden Bauchmuskel ein sehnig muskulöses Bündel über ihn hinweg«.

Sterncostalleisten entspringt, sich dann nach vorn zieht und in der Gegend der Clavicula aponeurotisch in der Haut verliert.

10) *Clavi-humeralis*[72]. Ein nebst den drei folgenden vom Pectoralis bedeckter Muskel. Er entspringt von der Vorderfläche des Sternaltheils der Clavicula, schlägt sich um diese herum und zieht sich zwischen Clavicula und Coracoid hindurch zum Tub. majus s. extern. humeri.

11) *Coraco-humeralis primus*[73]. Ein hinter und über 10) liegender Muskel, der vom vordern Rand des Coracoides entspringt und am Tub. maj. hum. endet.

12) *Coraco-humeralis secundus*. Er liegt, zum Theil vom vorigen bedeckt, neben dem hintern Theile von 10), entspringt von der Mitte des Coracoids und der Episternalleiste und inserirt am Tub. maj. hum.

13) *Coraco-humeralis tertius*. Ein kleiner Muskel hinter dem vorigen, der unterhalb des Anfanges des Coraco-radialis am hintern Theil des Coracoids entspringt und am Tub. maj. hum. inserirt.

14) *Acromio-humeralis s. Deltoideus*[74]. Ein schmaler Muskel, der vom Scapularende der Clavicula entspringt und am Tuberculum minus s. internum humeri endet. Er kommt nach Wegnahme des Cucullaris zum Vorschein.

15) *Coraco-humeralis internus*[75]. Er entspringt von der Innenfläche des Coracoids (neben dem Subscapularis) und geht über in eine lange Sehne, die am Condylus internus humeri inserirt.

16) *Suprascapulo-humeralis s. Infraspinatus et Supraspinatus*[76]. Ein grosser Muskel, der von der ganzen äusseren Fläche des Suprascapulare entspringt und am Tub. maj. hum. endet.

17) *Dorso-humeralis s. Latissimus dorsi*[77]. Ein breiter und mächtiger Muskel, der in der Höhe des 8.—19. Wirbels — im vorderen Theile aponeurotisch, im hintern sich von dem gleichfaserigen Ileocostalis abhebend — vom Rücken beginnt und mit ascendenten und queren, stark convergirenden Fasern nach unten sich zieht, um am Tub. min. hum. zu inseriren.

18) *Scapulo-humeralis posterior s. Teres major*[78]. Ein kurzer Muskel der am Hinterrand der Scapula nah an der Gelenkgrube entspringt und am Tub. minus hum., vom langen Kopf des Triceps bedeckt, inserirt.

---

[72] STANNIUS: Vordere Hälfte des Hebers des Armes (Deltoideus). Ebenso MECKEL.

[73] MECKEL: Hakenarmmuskel oder Theil des grossen Brustmuskel. — MECKEL verschmilzt 11), 12) u. 13) zu einem Muskel, RÜDINGER ebenfalls und fasst die drei Muskeln als 3 Portionen des M. Coraco-brachialis proprius auf. — STANNIUS führt blos 2 Muskeln an, die er Homologa eines Pectoralis secundus nennt. — MIVART: Epicoraco-humeral. — Bei andern Sauriern sind die 3 Muskeln weit mehr verwachsen, als bei den Scincoiden.

[74] MECKEL und STANNIUS: Hintere Hälfte des Hebers des Armes (Deltoideus). — CUVIER: Deltoide. — MIVART: Deltoide. — RÜDINGER; Deltoideus.

[75] STANNIUS: Coraco-brachialis. Ebenso MIVART. — RÜDINGER nennt ihn Biceps brachii und behauptet, dass seine Endsehne zum Capitul. radii gehe.

[76] MECKEL: Untergrätenmuskel. — STANNIUS, PFEIFER u. MIVAT: Infraspinatus. — CUVIER: Sus-épineux und Sous-épineux. — RÜDINGER fasst ihn als Dorsalis scapulae auf, der das Homologon des Infraspinatus, Supraspinatus und Teres minor sei. — Der Suprascapulo-humeralis lässt sich künstlich in eine vordere und hintere Partie bei Euprepes trennen. Bei Gongylus ist diese Trennung schon angedeutet.

[77] MECKEL: Breiter Rückenmuskel. — CUVIER: Grand dorsal. — PFEIFER, STANNIUS, MIVART, RÜDINGER: Latissimus dorsi.

[78] MECKEL: Grosser runder Muskel. — CUVIER: Grand rond. — STANNIUS, PFEIFER, RÜDINGER: Teres major.

19) *Subscapulo-humeralis s. Subscapularis*[79]. Er entspringt an der untern Fläche der Scapula gleich neben dem Coraco-humeralis internus und inserirt am Tub. min. humeri. Ein grosser, aus vielen Bündeln zusammengesetzter Muskel.

c. Muskeln des Vorderarmes.

20) *Coraco-humero-radialis s. Biceps brachii*[80]. Ein auf dem Oberarm liegender, zweiköpfiger Muskel. Der eine Kopf entspringt mit einer langen Sehne an dem hintern Theile des Coracoids oberhalb des Coraco-humeralis tertius, der andere Kopf mit kurzem Bauche am Tub. maj. hum. unterhalb der Insertion des Pectoralis major. Beide Theile vereinigen sich im untern Theil der Beugeseite des Humerus zu einer starken Sehne, die am obern Theil des Radius endet. Beide Köpfe können auch als 2 getrennte Muskeln Coraco-radialis und Humero-radialis betrachtet werden, die in ihrem weiteren Verlaufe verwachsen sind.

21) *Scapulo-coraco-humero-ulnaris s. Triceps brachii*[81]. Ein mächtiger Muskel auf der Streckseite des Humerus, der mit 3 Köpfen entspringt. Der erste Kopf hat seinen Ursprung an der Scapula nahe der Gelenkhöhle, der zweite Kopf an der Pars coracoidea, ebenfalls nahe an der Gelenkhöhle. Beide Köpfe vereinigen sich sehr bald. Der dritte Kopf entspringt breit am Capitulum humeri und verwächst erst später (hinter der Insertion des Latissimus dorsi und Teres major, den er bedeckt,) mit dem 1. und 2. Kopfe. Vor dem Ende des Humerus geht er in eine breite Sehne über, die die Ellenbogenscheibe einschliesst und am Olecranon endet.

22) *Epicondylo-radialis s. Supinator*[82]. Er entspringt mit einer starken Sehne an und über dem Condylus externus s. Epicondylus und geht mit stark divergirenden Fasern an die ganze Länge des Radius. Man kann 2 Portionen unterscheiden, einen *Supinator brevis*, der am oberen Dritttheil des Radius inserirt, und einen *Supinator longus*, der an den beiden untern Dritttheilen des Radius inserirt.

23) *Epitrochleo-radialis s. Pronator teres*[83]. Er beginnt am Condyl. int. hum. s. Epitrochleus und geht schräg über die Beugeseite des Radius hinweg, an dessen untern 3 Viertheilen er endet.

24) *Ulno-radialis s. Pronator quadratus*[84]. Er entspringt von den beiden untern Dritteln der

---

[79] MECKEL: Unterschultermuskel. — CUVIER: Sous-scapulaire. — STANNIUS, PFEIFER, MIVART, RÜDINGER: Subscapularis.

[80] MECKEL: langer Beuger. — STANNIUS: Coraco-radialis u. Vorderarmbeuger. — PFEIFER: Biceps. — MIVART: Coraco-radialis u. Biceps so, dass der kurze Kopf Coraco-radialis brevis, der lange Kopf und der Coraco-humeralis internus den Coraco-radialis longus u. Biceps darstellen. — Der lange Kopf geht bei den Scincoiden am ebesten von allen Sauriern in einen Muskelbauch über.

[81] STANNIUS: Streckmuskelmasse des Vorderarms. — MECKEL: Dreiköpfiger Strecker. — CUVIER: Triceps-brachial. — RÜDINGER, PFEIFER u. MIVART: Triceps.

[82] CUVIER: Supinateur. CUVIER leugnet die Existenz zweier getrennten Supinatoren. — MECKEL führt an, dass der lange Rückwärtswender vom kurzen durch den Speichenmuskel getrennt werde. — STANNIUS: Supinator longus u. brevis, da bei den meisten Sauriern vollkommene Trennung beider stattfindet. — RÜDINGER stellt die Existenz des brevis in Frage. — MIVART: Supinator longus u. accessorius.

[83] CUVIER: Rond pronateur s. Epitrochléo-radien. — MECKEL: Langer Vorwärtswender. — STANNIUS, MIVART, RÜDINGER: Pronator teres.

[84] CUVIER: Carré pronateur s. Cubito-radien. — MECKEL: Kurzer Vorwärtswender. — STANNIUS, MIVART, RÜDINGER: Pronator quadratus.

Ulna und geht mit etwas convergirenden Fasern zum Ende des Radius. Sein unterster[85], leicht abgegrenzter Theil inserirt am Ligam. radio-naviculare (Musc. Ulno-navicularis).

d. Muskeln der Hand und der Finger.

Die grösseren Muskeln liegen am Vorderarm, die kleinern an der Hand.

25) *Epicondylo-carpalis radialis s. Extensor carpi radialis*[86]. Ein breiter, auf der Streckseite des Vorderarms gelegener Muskel, der am Condyl. ext. entspringt und am Os naviculare endet.

26) *Epicondylo-metacarpalis ulnaris s. Extensor carpi ulnaris*[87]. Ein schmaler Muskel auf der Streckseite des Vorderarms, der vom Condyl. ext. zum Metacarpus V geht.

27) *Epicondylo-metacarpalis medius s. Extensor digitorum longus*[88]. Eine mächtige Muskelmasse auf der Streckseite des Vorderarms zwischen den beiden vorigen, welche am Condyl. ext. entspringt und in eine Sehne übergeht, die sich in der Hand in 3 Zacken theilt, die z. Th. am Metacarpus II, III und IV enden, z. Th. verstärkt durch

28) *Carpo-digitalis dorsalis communis s. Extensor digitorum brevis*[89] (mehrere kleine Muskelbäuche, die vom Carpus kommen), an die letzten Phalangen der Finger treten.

29) *Ulno-pollicialis dorsalis s. Abductor pollicis longus*[90]. Von der Dorsalseite der beiden untern Drittel der Ulna bis zu den Phalangen des Daumens.

30) *Epitrochleo-carpalis radialis s. Flexor carpi radialis*[91]. Auf der Beugeseite des Radius von dem Condyl. int. zum Os naviculare und zum Metacarpus I.

31) *Epitrochleo-carpalis ulnaris s. Flexor carpi ulnaris*[92]. Auf der Beugeseite der Ulna vom Cond. int. zum Os triquetrum.

32) *Epitrochleo-ulno-digitalis s. Flexor digitorum communis longus*[93]. Er entsteht mit 3 Bäuchen vom Condylus internus, vom Kapselband zwischen Humerus und Ulna und vom obern Theil der Ulna. Diese 3 Bäuche vereinigen sich früh in einen grossen Muskel, der in eine (ein Sesambein einschliessende) platte Sehne ausläuft, die unter dem Ligamentum carpi annulare und in der

---

85 Mivart: Pronator accessorius. — Rüdinger: Pronator quadratus proprius.

86 Cuvier: Radial externe. — Stannius u. Mivart: Extensor carpi radialis. — Rüdinger behauptet, dass bei Lacerta die Insertionssehnen bis zum Daumen gehen und nennt ihn Abductor pollicis longus.

87 Meckel: Ellenbogenstrecker, der vom Ellenbogenbeuger kaum trennbar sein soll. — Cuvier: Cubital externe. — Stannius, Mivart, Rüdinger: Extensor carpi ulnaris.

88 Stannius, Mivart, Rüdinger: Extensor digitorum communis. — Meckel verschmilzt ihn und den Extensor carpi radiculis zu einem Muskel. — Cuvier: Extenseur commun s. Epicondylo-susphalangettien commun.

89 Rüdinger: Extensor digitorum communis brevis. — Meckel: gemeinschaftlicher Strecker. — Stannius führt ihn nicht an, sondern behauptet, dass 27) direct an die Finger gehe.

90 Stannius: Abductor pollicis longus. — Mivart: Extensor ossis metacarpi pollicis. — Rüdinger unterscheidet einen Ext. poll. longus und Ext. pollicis brevis.

91 Meckel: Innerer Ellenbogenmuskel. — Cuvier: Radial interne. — Stannius, Mivart u. Rüdinger: Flexor carpi radialis.

92 Meckel führt ihn nicht an. — Cuvier: Cubital interne. — Stannius, Mivart und Rüdinger: Flexor carpi ulnaris.

93 Meckel: Tiefer gemeinschaftlicher Fingerbeuger. — Cuvier: Fléchisseur profond. — Mivart u. Rüdinger: Flexor digitorum communis profundus. — Stannius: Flexor digitorum communis s. Flexor perforans.

Tiefe der Hohlhand sich in 5 Sehnen spaltet, die die Sehnen des nächsten Muskels durchbohren und zu den Endphalangen der Finger treten.

33) *Carpo-digitalis ventralis communis s. Flexor digitorum communis brevis*[94]. Ein kurzer Muskel, der oberflächlich vom Ligamentum carpi volare proprium entspringt und sich in mehrere Endsehnen (nach RÜDINGER 8) theilt, die an sämmtlichen Phalangen der Finger ausser den End- und Grundphalangen inseriren.

34) *Radio-digitalis s. Flexor profundus*[95]. Ein tiefer vom Radius entspringender Muskel, der zwischen 30) und 31) liegt und sich mit der Endsehne des Flexor digitorum communis longus vereinigt.

35) *Tendini-digitales s. Lumbricales*[96]. Von den einzelnen Endsehnen des Flexor communis longus entspringende kleine Muskeln, die an die Grundphalangen der Finger treten.

36) *Carpo-pollicialis*[97]. Eine gemeinsame Muskelmasse an der Radialseite, die vom Carpus und Metacarpus zum 5. Finger geht und bei den Scincoiden nur künstlich in kleinere Muskeln trennbar ist.

37) *Carpo-digitalis ulnaris*[98]. Eine gemeinsame Muskelmasse an der Ulnarseite der Hand, die vom Os pisiforme entspringt und am Metacarpus V und am 5. Finger (1. Phalanx) endet.

38) *Interossei*[99]. Acht kräftige Muskeln zwischen den Metatorsalknochen, die von diesen entspringen und an den Grundphalangen der Finger enden (1 an der Ulnarseite des Daumens, je 2 an Radial- und Ulnarseite des 2., 3. und 4. Fingers, 1 an der Radialseite des kleinen Fingers).

§ 5.

Muskeln des Brustschultergürtels und der vordern Extremität bei den Sauriern mit verkümmerten Extremitäten[100].

Die Muskulatur (von Seps) zeigt sich am Schultertheile nicht sehr verschieden von der der vollkommenen Saurier[101]. Die Muskeln der Extremitäten sind sämmtllich sehr schwach und klein,

---

[94] MECKEL. Oberflächlicher gemeinschaftlicher Fingerbeuger. — CUVIER: Fléchisseur profond? — STANNIUS: Flexor communis sublimis s. Flexor perforatus. — RÜDINGER u. MIVART: Flexor digitorum communis sublimis.

[95] STANNIUS: Flexor profundus.

[96] MECKEL: Spulmuskeln. — STANNIUS, RÜDINGER, MIVART: Lumbricales.

[97] Bei andern Sauriern ist diese Muskelmasse in mehrere Muskeln zerfallen. RÜDINGER unterscheidet: Abductor, Opponens, Flexor brevis und Adductor pollicis. — CUVIER: Adducteur du pouce. — MIVART: Muskelmasse, die dem Flexor brevis und Opponens pollicis entspricht.

[98] RÜDINGER unterscheidet Abductor, Opponens, Flexor, Adductor digiti minimi. Diese Anzahl ist wohl durch künstliche Trennung hervorgerufen. — CUVIER: Abducteur du petit doigt.

[99] RÜDINGER: Interossei. — CUVIER: Les interosseux. — MIVART unterscheidet bei Iguana: Dorsal interossei (zu dem 2.—5. Finger gehend) und Palmar interossei (zu dem 2.—4. Finger gehend). Zu dem 5. Finger lässt er eine Sehne treten. Der Daumen steht in keinem Zusammenhang mit dem Interosseis.

[100] Literatur: RÜDINGER a. a. O. p. 14. Muskulatur des Schultergürtels und der meisten Muskeln des Oberarms von Seps chalcides. — Zur eigenen Untersuchung diente Seps chalcides.

[101] Wo keine nähern Angaben gemacht worden sind, verhält sich der Muskel normal wie bei den Sauriern mit vollkommenen Extremitäten.

am Vorderarm und namentlich an Hand und Fingern treten Verkümmerungen auf. Viele Muskeln fehlen auch.

Der Hautmuskel (Subcutaneus colli) ist beträchtlich entwickelt, der Cervici-submaxillaris ist nicht unterscheidbar.

a. Muskeln des Brustschultergürtels.

1) *Sterno-cleido-mastoideus*[102]. Ein ziemlich starker Muskel, der in 2 Theile getrennt ist, von denen der hintere ziemlich schmal, und scharf vom Cucullaris getrennt ist.

2) *Dorso-clavicularis s. Cucullaris*[103]. Sehr mächtiger Muskel mit überaus breitem Ursprunge, dessen vorderer Theil auch wohl entwickelt ist.

3) *Episterno-cleido-hyoideus sublimis*[104] und

4) *Episterno-hyoideus profundus*[105], zwei wohl entwickelte Muskeln.

5) *Collo-scapularis s. Levator scapulae*[106] zerfällt deutlich in 2 Bündel, die vom 1. und 2. Halswirbelquerfortsatz entspringen. Die Pars profunda ist nicht wahrzunehmen.

6) *Sternocosto-scapularis*[107]. Ein kräftiger Muskel, der aber allein an der Sternocostalleiste und nicht am Sternalrande beginnt.

8) *Costo-subscapularis s. Serratus anticus major*[108]. Kleiner Muskel, der nur aus 2 Bündeln besteht.

8) *Sterno-coracoideus internus*[109]. Kleiner Muskel, der nur lateral entwickelt ist.

b. Muskeln des Oberarms.

9) *Costo-episterno-humeralis s. Pectoralis major*[110]. Die Portio anterior ist breiter, aber dünner als bei Gongylus, die Portio posterior hebt sich ohne genaue Grenze vom Obliquus abdominis externus sublimis ab. Der ganze Muskel ist viel dünner als bei den vollkommnen Sauriern.

10) *Clavi-humeralis s. Pars anterior Pectoralis majoris.* Der Theil auf der Oberfläche der Clavicula ist ganz verkümmert. Der Muskel entspringt in der Mitte der untern Fläche der Clavicula und inserirt am Condyl. ext. hum.

11—13) *Musculi coraco-humerales*[111]. Diese 3 Muskeln sind schwer zu trennen. Die Ursprünge sind bis zur Mitte des Coracoids zurückgerückt und somit die Muskelbäuche bedeutend verkürzt.

---

102 Rüdinger: Cleido-mastoideus.
103 Rüdinger: Cucullaris.
104 Rüdinger: Omo-hyoideus und Sterno-hyoideus.
105 Von Rüdinger nicht beschrieben.
106 Rüdinger: Levator anguli scapulae.
107 Rüdinger: Costo-scapularis.
108 Rüdinger: Serratus anticus major.
109 Fehlt in der Beschreibung von Rüdinger.
110 Rüdinger: Pectoralis major.
111 Rüdinger: Coraco-brachialis proprius.

14) *Acromio-humeralis s. Deltoideus*[112]. Ein sehr verkürzter Muskel, da die Scapula bei Seps sehr schmal ist.

15) *Coraco-humeralis internus s. Coraco-epitrochleus*[113]. Sehr klein, aber sonst normal entwickelt.

16) *Suprascapulo-humeralis s. Infra- et Supraspinatus*[114]. Ein kleiner Muskel, der nicht die geringste Trennung in 2 Theile zeigt.

17) *Dorso-humeralis s. Latissimus dorsi*[115]. Breiter Muskel, dessen Ursprung aber etwas von der Rückenkante zurückgerückt ist.

18) *Scapulo-humeralis posterior s. Teres major*[116]. Sehr kleiner Muskel.

19) *Subscapulo-humeralis s. Subscapularis.* Die von der Scapula kommenden Bündel sind wegen der Schmalheit derselben sehr klein, die von der Scapular- und Coracoid-Grenze kommenden verkürzt, indem ihr Ursprung bis zur Mitte des Coracoids zurückgerückt ist.

c. Muskeln des Vorderarms.

20) *Coraco-humero-radialis s. Biceps brachii.* Der Ursprung des langen Kopfes ist zur Mitte des Coracoids zurückgerückt, der andere Kopf ist sehr dünn und aus wenigen Fasern bestehend.

21) *Scapulo-coraco-humero-ulnaris s. Triceps brachii.* Er erscheint nur zweiköpfig, indem der Anconaeus longus nur mit einem Muskelkopfe von der Scapula entspringt.

22—24) Die *Pronatoren* und *Supinatoren* sind repräsentirt durch dünne Muskellagen in der Tiefe des Vorderarmes.

d. Muskeln der Hand und der Finger.

25) *Epicondylo-carpalis radialis s. Extensor carpi radialis.* Ein wohl entwickelter Muskel.

26) *Epicondylo-carpalis ulnaris s. Extensor carpi ulnaris.* Er ist verkümmert, da der Insertionsknochen fehlt. Einige Fasern von ihm sind mit dem

27) *Epicondylo-metacarpalis medius s. Extensor digitorum communis longus* verwachsen. Dieser selbst ist ein schwacher, unbedeutender Muskel.

28) *Carpo-digitalis dorsalis s. Extensor digitorum communis brevis* wird nur durch sehnige Zipfel repräsentirt, denen wenige Muskelfasern beigemischt sind.

29) *Ulno-pollicialis dorsalis s. Abductor pollicis longus.* Sehr schwach entwickelt.

30) *Epitrochleo-carpalis radialis s. Flexor carpi radialis.* Ein ziemlich entwickelter Muskel, der aber in der untern Hälfte des Vorderarms eigenthümlicher Weise vom Extensor carpi radialis nicht zu trennen ist.

---

112 Rüdinger: Deltoideus.

113 Von Rüdinger nicht beschrieben.

114 Rüdinger: Dorsalis scapulae. R. behauptet, dass ein Bündel mit der Scapula zusammenhänge. Ich kann das nicht bestätigen. Er liegt allerdings fest auf der Scapula, entspringt aber nur vom obern Rande des Suprascapulare.

115 Rüdinger: Latissimus dorsi.

116 Diesen und die folgenden Muskeln hat Rüdinger nicht beschrieben.

31) *Epitrochleo-carpalis ulnaris s. Flexor carpi ulnaris.* Bis auf wenige Fasern verkümmert.

32) *Epitrochleo-ulno-digitalis s. Flexor digitorum communis longus.* Eine schwach entwickelte Muskelmasse, die keine besonderen Köpfe erkennen lässt. Die Endsehne zeigt keine Ossificationen und ist mit der sehnigen Bildung der Hohlhand verwachsen, die Theilsehnen gehen an die Spitzen des 2. und 3. Fingers.

33—37) Die kleinern Handmuskeln werden durch sehniges Gewebe repräsentirt und haben keine functionelle Bedeutung mehr.

38) *Interossei.* Durch wenige Muskelfasern zwischen den Mittelhandknochen repräsentirt.

§ 6.

Muskeln des Brustschultergürtels und der vorderen Extremität bei den Sauriern ohne vordere Extremitäten[117].

Die Entwickelung der Muskeln ist entsprechend der Ausbildung der Knochen bei den verschiedenen Thieren sehr ungleich. Die Muskeln des Brustschultergürtels sind vorhanden, verkümmert oder fehlen vollständig, die des Oberarms sind bis auf geringe Spuren verkümmert oder fehlen, die des Vorderarms und der Hand fehlen.

a. Ophiodes striatus Wagl.

1. Muskeln des Schultergürtels.

Der Subcutaneus colli ist gross und breit, der Cervici-submaxillaris fehlt oder ist so innig mit dem Subcutaneus verwachsen, dass eine Trennung von ihm unmöglich ist.

1) *Sterno-cleido-mastoideus.* Ein wohlentwickelter, dicker Muskel, der seitlich mit dem Cucullaris ohne Grenzen verwachsen ist. Er inserirt lateral an der vordern Fläche des Scapulartheils der Clavicula, median zieht er sich über das Sternum hinweg und geht in das Homologon des Pectoralis major über, wobei er den der Gegenseite berührt.

2) *Dorso-clavicularis s. Cucullaris.* Ein mächtiger, durch Bündel des Latissimus dorsi verstärkter Muskel, der mit dem Sterno-cleido-mastoideus zusammenhängt. Er entspringt von der Grenze des Ileo-costalis und Longissimus dorsi und inserirt an der hintern Fläche des Scapulartheils der Clavicula, gegenüber dem Ansatze des hintern Theils des Sterno-cleido-mastoideus.

3) *Sterno-cleido-hyoideus subl.* Er entspringt breit von dem vordern Rande des lateralen Theils der Clavicula und vom vordern Theil des Sternums (nicht von dem gleichfalls vorhandenen

---

117 Literatur: J. W. D. LEHMANN a. a. O.: Muskeln des Brustgürtels von Anguis fragilis. — HEUSINGER a. a. O.. Muskulatur von Pseudopus Pallasii (p. 486—89) und Anguis fragilis (p. 499—501). — MECKEL a. a. O.: Muskulatur von Anguis fragilis (p. 158 f. und 240 f.). — RATHKE a. a. O.: Muskeln des Brustschultergürtels von Acontias meleagris (p. 5 f.). — RÜDINGER a. a. O.: Muskeln des Brustschultergürtels von Pseudopus Pallasii und Anguis fragilis. — Zur eigenen Untersuchung dienten Pseudopus Pallasii, Anguis fragilis, Pygopus lepidopus, Lialis Burtonii, Acontias meleagris, Ophiodes striatus.

Episternum) und geht mit convergirenden Fasern zum Zungenbein, an dessen Körpern und grossem Horn er inserirt.

4) *Sterno-hyoideus profundus.* Ein von 3) bedeckter Muskel, der ziemlich schmal von der Vorderseite des Sternums entspringt und mit divergirenden Fasern zum hintern Rande des grossen Horns und des Körpers des Zungenbeins geht.

5) *Collo-scapularis s. Levator scapulae.* Ein wohlentwickelter Muskel, der von dem Querfortsatze des 1. und 2. Halswirbels mit sehr divergirenden Fasern zur Scapula und zum Suprascapulare tritt, an dessen vorderm Rande er sich anheftet, in seinem untern Theile bedeckt von 3).

6) *Sternocosto-scapularis.* Ein grosser und breiter Muskel, der von der ganzen Länge der ersten Sternocostalleiste entspringt und an der ganzen Breite der hintern Fläche der Scapula und des Suprascapulare endet.

7) *Costo-subscapularis s. Serratus anticus major.* Er entspringt, bedeckt vom 5) Collo-scapularis s. Levator scapulae mit nur einem Bündel von der letzten Halsrippe und geht mit schräg nach oben und hinten verlaufenden Fasern zur Innenfläche des Suprascapulare.

8) *Sterno-coracoideus internus* fehlt wegen der Verwachsung des Sternums mit dem Coracoid.

2. Muskeln des Oberarms.

9) *Pectoralis major.* Er wird durch besonders entwickelte mediane Fasern des Obliquus abdominis externus sublimis vertreten, die in 1) Sterno-cleido-mastoideus übergehen.

10) *Dorso-humeralis s. Latissimus dorsi.* Ihm homologe Fasern verstärken den hintern Theil des Cucullaris. Die Insertion am Humerus fehlt wegen Mangels desselben.

Jede Spur der übrigen Extremitätenmuskeln fehlt.

b. Pygopus lepidopus Merrem.

Der Subcutaneus colli ist wohlentwickelt, der Cervici-submaxillaris ist ein überaus starker Muskel.

1. Muskeln des Schultergerüstes.

1) *Sterno-cleido-mastoideus.* Ein bedentend entwickelter langer Muskel, dessen hinterer Theil über die Clavicula und Scapula hinwegtritt und ohne Grenzen in den medianen Theil des Obliquus abd. ext. subl. (Pectoralis major) übergeht, und dessen vorderer Theil an den Vorderrand des Sternums bis zur Medianlinie des Körpers geht und und dann mit dem Rectus abdominis sich vereinigt.

2) *Dorso-clavicularis s. Cucullaris.* Sehr schwach entwickelter und in seinem oberen Theil kaum vom Ileo-costalis zu trennender Muskel. Er tritt mit dem darunter liegenden Sterno-cleido-mastoideus sehnig verwachsen mit ascendenten Fasern zum Scapularende der Clavicula und geht mit einigen darüber verlaufenden Bündeln in den Cervici-submaxillaris über.

3) *Episterno-cleido-hyoideus sublimis.* Ein nicht breiter Muskel, dessen lateraler, vom Scapulartheil der Clavicula beginnender Theil (Omo-hyoideus) wohl entwickelt ist. Endet sehr schmal am hintern Zungenbeinrande.

4) *Episterno-hyoideus profundus.* Ein ziemlich schmaler Muskel. Er entspringt vom vordern Theil des Sternums und geht über die tiefliegende Clavicula hinweg zum hintern Theile des Os hyoideum. Er ist also ein M. sterno-hyoideus. Seine Insertion wird blos an ihrem mittelsten Theile vom Cleido-hyoideus sublimis bedeckt.

5) *Collo-scapularis s. Levator scapulae.* Er geht vom Querfortsatze der beiden ersten Halswirbel zum Vorderrand der Scapula, die blos bis zur halben Höhe des Rumpfes reicht.

6) *Sternocosto-scapularis.* Er hebt sich in der Gegend der ersten Brustrippe (dem morphologischen Aequivalente der ersten Sternocostalleiste) und der einzigen Sternocostalleiste vom Obliquus abd. ext. profundus ab und geht mit sehr breitem Ansatze an den Hinterrand der Scapula und des Suprascapulare.

7) *Costo-subscapularis s. Serratus anticus major.* Ein kleiner Muskel, der vom vorigen kaum trennbar ist, mit einem Bündel von der unterhalb der Scapula gelegenen Rippe entspringend und an den Rand des Suprascapulare inserirend.

8) *Sterno-coracoideus internus.* Blos der seitliche Theil des Muskels ist entwickelt und verläuft von der Seite des Sternums mit ascendenten Fasern an das Coracoid.

10) *Costo-sternalis proprius.* Ein dem Pygopus eigenthümlicher Muskel, der von der Sternocostalleiste gerade nach vorn an das Sternum läuft. Bei den Sauriern mit wohlentwickelten Sternocostalleisten kann er als wirksamer Muskel nicht bestehen. Hier aber, wo der mittlere Theil der Sternocostalleiste aus sehr weichem Knochengewebe besteht, hat er die Fähigkeit, das Sternum nach hinten zu ziehen.

2. Muskeln des Oberarms.

Alle Muskeln fehlen bis auf eine Andeutung des

9) *Pectoralis major.* Von dem vordern Theile des Obliquus externus sublimis, da wo er sich über den Rectus abdominis schlägt, hebt sich als morphologisches Aequivalent des Pectoralis major ein ziemlich breites Muskelbündel ab, das mit schräg nach hinten verlaufenden Fasern in die ihm entgegenkommenden des Sterno-cleido-mastoideus übergeht.

c. Pseudopus Pallasii Cuv.

Der Hautmuskel *Subcutaneus colli* ist wohl entwickelt, der darunter liegende *Cervici-submaxillaris*[118] breit, mit 3 Zipfeln vom Nacken entspringend.

1. Muskeln des Schultergerüstes.

1) *Sterno-cleido-mastoideus*[119]. Sehr deutlich in zwei Portionen getrennter Muskel, von

---

[118] HEUSINGER: Theil des Cucullaris. RÜDINGER fasst Subcutaneus colli und Cervici-submaxillaris zum Latissimus colli zusammen.

[119] HEUSINGER: »Ist er dem Sterno-cleido-mastoideus der höhern Thiere zu vergleichen?« H. lässt ihn direct mit dem Rectus abdominis zusammenhängen. RÜDINGER: Sterno-cleido-mastoideus. Er lässt ihn an dem von Scapula zum Zungenbeinhorn verlaufenden sehnigen Streifenden, welchen er fälschlich als Rudiment des Acromions auffasst, inseriren.

denen die kleinere und kürzere hintere am Scapulartheil der Clavicula, die grössere und längere vordere mit der tieferen Schicht sich an den Episternalrest ansetzt, mit der oberflächlicheren Schicht in den M. obliquus abdominis externus sublimis übergeht.

2) *Dorso-clavicularis s. Cucullaris*[120]. Ein kurzer Muskel, der in der Gegend des 6.—8. Wirbels entspringt und zum Hinterrand der Clavicula geht.

3) *Episterno-cleido-hyoideus sublimis s. Sterno-hyoideus sublimis*[121]. Ein auf der Bauchseite kräftig entwickelter Muskel. Er geht mit seinem schwachen seitlichen Theil an den Scapulartheil der Clavicula, mit seinem medianen Theil über die Clavicula weg in den an der Bauchseite verschmolzenen Obliquus externus sublimis und Rectus über, wobei er mit seinem tieferen Theil am Episternum angewachsen ist.

4) *Episterno-hyoideus profundus*[122]. Ein wohl entwickelter Muskel, der am Vorderrand des Episternums inserirt und in 2 Muskeln zerfällt:

a) *Cleido-hyoideus*, von Clavicula bis Os hyoideum.

b) *Episterno-clavicularis*, von Episternum bis Clavicula, auf dem Coracoid aufliegend.

5) *Collo-scapularis s. Levator scapulae*[123]. Ein einfacher, nicht in zwei Theile zerfallender Muskel, der von den Querfortsätzen des 2. und 3. Halswirbels zum Vorderrand des Suprascapulare geht.

6) *Sternocosto-scapularis*[124]. Von den 2 ersten Rippen hinter dem Sternum entspringend. Diese Rippen sind die Homologa der beiden ersten Sternocostalleisten.

7) *Costo-subscapularis s. Serratus anticus major*[125]. Ein sehr schwacher mit 6) verwachsener Muskel.

8) *Sterno-coracoideus internus*[126]. Blos seitlich entwickelt mit ascendenten Fasern. Nicht weit davon endet am Vorderrand des Sternums der Obliquus internus.

39) *Longissimus abdominis proprius*[127]. Ein dem Pseudopus Pallasii (vielleicht allen Ptychopleuren) eigenthümlicher Muskel. Er beginnt mit longitudinalen Fasern von der Gegend der Gelenkhöhle und verläuft längs der Seitenfurche bis zum Becken.

2. Muskeln des Oberarms.

Entsprechend dem Mangel oder der Verkümmerung des Humerus bis auf einen kleinen der Tubercula entbehrenden Rest fehlen alle Muskeln bis auf geringe Andeutungen des

---

[120] Heusinger lässt ihn zum Theil mit dem Cervici-submaxillaris zum Cucullaris verwachsen, zum Theil führt er ein kleines Muskelbündel an, das ihn repräsentirt. Rüdinger lässt ihn in der Gegend vom Kopf bis zum 7. Wirbel entspringen.

[121] Heusinger und Rüdinger: Omo-hyoideus und Sterno-hyoideus.

[122] Von Heusinger und Rüdinger nicht beschrieben und wahrscheinlich zum Cleido-hyoideus sublimis gerechnet.

[123] Heusinger. Unterer Vorwärtszieher oder Levator scapulae. — Rüdinger: Levator anguli scapulae.

[124] Heusinger: Aeusserer Rückwärtszieher oder Pectoralis major.—Rüdinger: Hinterer Theil des Serratus major.

[125] Heusinger: Innerer unterer Rückwärtszieher oder Pectoralis minor. Rüdinger: Vorderer Theil des Serratus major.

[126] Von Heusinger und Rüdinger nicht beschrieben.

[127] Heusinger und Rüdinger führen ihn nicht an. Dagegen finde ich bei Rüdinger einen Muskel, Pectoralis major, der auch von der Gegend der Gelenkhöhle beginnt, aber an den medianen Theilen der 3 ersten Brustrippen endet.

9) *Costo-episterno-humeralis s. Pectoralis major*[128]. Der mit Rectus abdominis verwachsene mediane Theil des Obliquus abdominis externus sublimis zeigt an seinem vordern Theile eine etwas divergirende Faserung, die mit dem Sterno-cleido-mastoideus zusammenhängt, als Homologon des Pectoralis major.

d. Anguis fragilis L.

Der Subcutaneus colli und Cervici-submaxillaris sind wohl entwickelt.

1. Muskeln des Brustschultergürtels.

1) *Sterno-cleido-mastoideus*[129]. Die hintere Portion setzt sich sehr schmal an den Scapulartheil der Clavicula an, die vordere breite Portion geht mit ihrem lateralen Theile direct in den medianen Theil des Obliquus abdominis externus sublimis über, der mediane Theil, der aber von dem der Gegenseite weit entfernt bleibt, inserirt am Vorderrand des Sternums.

2) *Cucullaris s. Dorso-clavicularis*[130]. Ein wohl entwickelter Muskel, der mit sehr breitem Vorderrande sich vom Ileo-costalis abhebt und ziemlich breit am Hinterrande der Clavicula inserirt. In seinem hintern Theile enthält er Fasern des Latissimus dorsi.

3) *Episterno-cleido-hyoideus sublimis*[131]. Er entspringt seitlich vom Scapulartheile der Clavicula (*Omo-hyoideus*) und median vom Sternalvorderrand (*Sterno-hyoideus*), geht über die Clavicula hinweg und inserirt am Os hyoideum.

4) *Episterno-hyoideus profundus*[132]. Er zerfällt in 2 Muskeln:

a) *Sterno-clavicularis*. Vom Vorderrand des Sternums über das Coracoid zum Hinterrand der Clavicula.

b) *Cleido-hyoideus*. Vom Vorderrand des medianen Theils der Clavicula zum Hinterrand des Zungenbeins.

5) *Collo-scapularis s. Levator scapulae*[133]. Vom Querfortsatze des 2. Halswirbels bis schräg hinauf an den Vorderrand der Scapula.

6) *Sternocosto-scapularis*[134]. Von den beiden ersten Rippen der Brust nach vorn und oben zum Hinterrande des Suprascapulare aufsteigend.

---

[128] Heusinger beschreibt ihn nicht. Rüdinger führt ihn als einen vollkommen getrennten Muskel an und gibt eine Abbildung, worin er als ziemlich mächtiger Muskel erscheint. Diese Angabe halte ich für unwahrscheinlich. Ein Muskel von der angegebenen Grösse müsste an einem wenig verkümmerten Humerus inseriren. Aber der Humerus, der bei dem von mir untersuchten Exemplar noch vorhanden war, wenn auch als ein des Tub. maj. entbehrendes Körnchen, fehlt bei Rüdinger ganz.

[129] Lehmann: Sterno-occipitalis. — Meckel: Oberer Vorwärtszieher oder Kappenmuskel. M. fasst den Subcutaneus colli, den vorderen Theil des Cucullaris und den Sternocleidomastoideus als oberen Vorwärtszieher auf. — Heusinger: Sterno-cleido-mastoideus. — Rüdinger: Cleido-mastoideus.

[130] Lehmann erwähnt ihn nicht. — Meckel: Oberer Rückwärtszieher oder hinterer Theil des Kappenmuskel oder diesen zugleich und den breiten Rückenmuskel darstellend. — Heusinger und Rüdinger: Cucullaris.

[131] Lehmann: Sterno-hyoideus. — Heusinger und Rüdinger: Omo-hyoideus und Sterno-hyoideus.

[132] Lehmann: Sterno-cleideus und Cleido-hyoideus. — Heusinger und Rüdinger erwähnen ihn nicht.

[133] Meckel: Unterer Vorwärtszieher oder Schulterheber. — Heusinger: unterer Vorwärtszieher. — Rüdinger: Levator scapulae.

[134] Meckel: Aeusserer unterer Rückwärtszieher oder Pectoralis major. — Heusinger: Pectoralis major. — Rüdinger: Pars posterior m. serrati antici majoris.

7) *Costo-subscapularis s. Serratus anticus major*[135]. Ein kleiner unbedeutender, aus 2 Bündeln bestehender Muskel, der von der Rippe unter der Scapula und der dieser folgenden entspringt und am obern Rand des Suprascapulare endet.

8) *Sterno-coracoideus internus*[136]. Kleiner seitlicher Muskel mit ascendenten Fasern vom seitlichen Theile des Sternal-Vorderrandes bis zum Coracoid. Nicht weit davon endet der Obliquus abdominis internus am Sternum.

2. Muskeln des Oberarms.

9) *Pectoralis major*[137]. Vom vordern medianen Theile des Obliquus abdominis externus sublimis gehen einige divergente Fasern in den Sterno-cleido-mastoideus über. Sie sind Homologa des Pectoralis major.

17) *Dorso-humeralis*[138] *s. Latissimus dorsi*. Er wird repräsentirt durch den hintern Theil des überaus breit entwickelten Cucullaris. Der Insertionstheil fehlt entsprechend dem Mangel des Humerus.

e. Lialis Burtonii Gray.

Der Subcutaneus colli und der Cervici-submaxillaris sind entsprechend der bedeutenden Länge des Kopfes und Halses sehr breit und wohl entwickelt.

Muskeln des Brustschultergürtels.

1) *Sterno-cleido-mastoideus*. Ein bedeutend entwickelter Muskel. Er beginnt am Hinterkopfe mit 2 Muskelköpfen, die sich nach hinten und unten ziehen und in der Mitte ihres Laufes zu einem Muskel verbinden, der breit bis zur Medianlinie des Körpers oberhalb des Sternums inserirt, wobei er von Rectus abdominis und von Obliquus abdominis externus scharf getrennt ist.

2) *Dorso-clavicularis s. Cucullaris*. Ein kurzer, aber breiter Muskel, der mit steil nach unten und vorn verlaufenden Fasern zur Clavicula geht. Durch diesen transversal-ascendenten Faserverlauf unterscheidet er sich sehr von dem Cucullaris der andern schlangenähnlichen Saurier, welcher ascendent mit dem Ileo-costalis parallelen Fasern verläuft. Er hebt sich scharf vom Ileo-costalis ab.

3) *Episterno-cleido-hyoideus sublimis*. Er entspringt mit sehr breitem Rande von der Clavicula, getrennt von dem der Gegenseite, in einem kleineren lateralen Theil (Omo-hyoideus) und einem breiteren medianen Theil (Sterno-hyoideus). Er inserirt nach convergentem Faserverlaufe am Hinterrand des Os hyoideum.

4) *Episterno-hyoideus profundus*. Ein schwach entwickelter Muskel, der seitlich liegt, ziemlich weit entfernt von der Medianlinie des Körpers. Er beginnt an der Clavicula, indem der von Sternum bis Clavicula verlaufende Theil mit 3) verwachsen ist. Ist also Cleido-hyoideus.

---

[135] Meckel: Innerer unterer Rückwärtszieher oder kleiner Brustmuskel oder ihn zugleich und den grossen Sägemuskel darstellend. — Heusinger: Pectoralis major. — Rüdinger: Serratus anticus major. — Bei Lehmann fehlt die Beschreibung dieses Muskels, ebenso wie die der beiden vorhergehenden und beiden nachfolgenden.

[136] Von Lehmann, Meckel, Heusinger und Rüdinger nicht beschrieben.

[137] Rüdinger: Pectoralis major, eine dünne, aber sehr selbständige Muskelschichte. — Lehmann, Meckel, Heusinger führen ihn nicht an.

[138] Fehlt bei Lehmann, Meckel, Heusinger und Rüdinger.

5) *Collo-scapularis s. Levator scapulae.* Ein schwacher Muskel, der schräg nach oben und hinten verläuft und mit schmalem Ende am Vorderrande des Scapulartheils der Clavicula inserirt.

6) *Sternocosto-scapularis.* Breit von der ersten Rippe hinter dem Sternum entspringend und breit am Hinterrand der Scapula und des an sie angrenzenden Theiles des Suprascapulare inserirend.

7) *Costo-subscapularis s. Serratus anticus major* fehlt.

8) *Sterno-coracoideus internus.* Blos der laterale Theil ist entwickelt und hat longitudinalen Faserverlauf.

10) *Costo-sternalis proprius.* Er entspringt von der zweiten Rippe hinter dem Sternum (dem Homologon der Sternocostalleiste von Pygopus lepidopus) und geht mit longitudinalen Fasern an den seitlichen Hinterrand des Sternums.

Das Pectoralis major ist nicht angedeutet. Der Obliquus abdominis externus sublimis und Rectus abdominis enden mit schiefen und geraden Fasern am Sternum und an den vordern Rippen, scharf getrennt vom Sterno-cleido-mastoideus.

f. Acontias meleagris Cuv.

Der Subcutaneus colli bildet eine sehr breite transversale Faserschicht, der darunter liegende Cervici-submaxillaris ist ein mächtiger Muskel, der in einen obern und untern Theil zerfällt und bis zur Spitze des Unterkiefers geht.

Muskeln des Brustschultergürtels.

Dem Mangel des Brustschultergürtels (oder der bedeutenden Reduction desselben) entsprechend, sind die meisten Muskeln verkümmert oder fehlen ganz.

1) *Sterno-cleido-mastoideus.* Wohl entwickelter, deutlich in 2 Portionen getrennter Muskel. Die hintere Portion geht in den Obliq. abd. ext. subl. über, der den Rectus abdominis zum grössten Theile deckt, und lässt sich bis zur Mittellinie des Körpers verfolgen. Die vordere Portion ist kürzer und endet am Aussenrand des Sterno-hyoideus sublimis, wobei sie sehnige Verwachsungen bildet.

2) *Dorso-clavicularis s. Cucullaris*[139]. Er fehlt als wohlentwickelter Muskel, hat aber als Homologon eine Lamelle, die sich vom Ileo-costalis abhebt.

3) *Episterno-cleido-hyoideus sublimis*[140]. Schwacher Muskel, der eine directe Fortsetzung der oberflächlichen Schichte des Rectus abdominis bildet.

4) *Episterno-hyoideus profundus*[141]. Ein sehr schmaler Muskel, der eine directe Fortsetzung der tieferen Schichte des Rectus abdominis darstellt.

---

139 Rathke: Serratus anticus major.

140 Rathke: Omo-hyoideus.

141 Rathke: Omo-hyoideus. Rathke schreibt beiden Inscriptiones tendineae zu, während meinen Untersuchungen zufolge bei allen Sauriern nur der obere welche hat. Die von Rathke angeführten Levatores scapulae sind bei dem von mir untersuchten Exemplare von Ileo-costalis nicht zu trennen.

Die übrigen Muskeln des Schultergerüstes fehlen. Ebenso sind Muskeln des Oberarms nicht darzustellen.

Cap. III.

Knochen des Beckengürtels und der hintern Extremität.

§ 7.

Bei den Sauriern mit wohlentwickelten Extremitäten.

a. Beckengürtel [142].

Ueber die Deutung des Beckens existiren zwei Ansichten, die ältere von CUVIER vorzüglich vertheidigte, der die meisten vergleichenden Anatomen folgen, und die neuere von GORSKY [143] aufgestellte, die aber zur Zeit noch wenig Eingang in die Lehrbücher der vergleichenden Anatomie gefunden hat.

Der ältern Ansicht zufolge besteht das Becken aus dem Os ilei, Os ischii und Os pubis, die mit deutlichen Nähten verwachsen sind und die Gelenkhöhle bilden.

Das durchweg knöcherne *Os ilei* [144] ist meist mit Kapselband an den Querfortsätzen der beiden Sacralwirbel beweglich angeheftet und steigt von oben und hinten nach unten und vorn zur Gelenkhöhle hinab. An seinem vordern Ende befindet sich ein spitzer Höcker, die Spina anterior.

Von der Gelenkhöhle (Acetabulum) aus steigen die bei den andern Beckenknochen nach unten.

Das *Os pubis* [145] ist ein langer Knochen, der nach vorn und dabei auch ein wenig abwärts gerichtet ist, und mit dem der Gegenseite sich zu einer *Symphysis pubica* vereinigt, in der Weise, dass sich zwischen beide eine Knorpelleiste einschiebt, die in vielen Fällen nur in der vordern Hälfte vorhanden ist. In der Mitte des Vorderrandes liegt eine nach abwärts gerichtete Spina ossis pubis.

Das *Os ischii* [146] ist kürzer als das Os pubis und geht fast gerade nach abwärts, wobei es tiefer hinabsteigt als das Schambein. Mittelst Knorpelleiste vereinigt es sich mit dem der Gegenseite zu einer *Symphysis ischiadica*. Die Knorpelleiste ist häufig nach vorn verlängert, wobei sie auch als Knochen oder als Sehne modificirt sein kann und das durch Scham- und Sitzbein gebildete *Foramen obturatorium* in 2 symmetrischen Hälften theilt. Meist erstreckt sie sich auch nach hinten

---

142 CUVIER, Leçons d'anatomie comparée. 1. éd. I, p. 348 f. 2. éd. I, p. 486. — MECKEL a. a. O. II^a, § 213 und § 217 p. 471 f. — CUVIER, Recherches etc. X, p. 89 f. — DUMÉRIL et BIBRON, Erpétologie etc. II. p. 615 f. — TODD, Cyclopaedia etc. IV, p. 269 f. — STANNIUS, Zootomie 2. éd. II, p. 78 f.

143 C. GORSKY, Ueber das Becken der Saurier. Inauguraldissertation. Dorpat 1852. Präses: B. REICHERT. — C. GORSKY, Einige Bemerkungen über die Beckenknochen der beschuppten Amphibien. Archiv für Anatomie und Physiologie 1858, p. 382 f. — Diese beiden sorgfältigen und genauen Arbeiten verdienen sicherlich nicht die Missachtung, mit der STANNIUS von ihnen spricht.

144 MECKEL: Hüftbein (Os ilium). — CUVIER: Os des iles. — DUMÉRIL et BIBRON: l'iléon. — STANNIUS und TODD's Cyclopaedia: Os ilei. Vom theilweis knorpligen Os ilei der Chamaeleoniden wird hier ganz abgesehen, da diese keine kionokranen Saurier sind.

145 MECKEL: Schambein. — CUVIER: Le pubis. — TODD: The pubis. — STANNIUS: Os pubis.

146 MECKEL: Sitzbein. — CUVIER: L'ischion. — TODD: The ischium. — STANNIUS: Os ischii.

und bildet dann oft ein abgegliedertes Knochen- oder Knorpelstück, das sich an seinem Hinterende schaufelartig verbreitert, das *Os cloacale*[147].

Vom Os ilei (und zwar von der Spina anterior), über die Spina ossis pubis hinweg verläuft bis zur (Schamb.) Sitzbeinfuge ein Band[148]. Ebenso vom Tuber ischii bis zum hintern Ende des Hüftbeins ein anderes Band[149]. Beide sind nicht näher bezeichnet.

Die neuere Ansicht von Gorsky ist besonders durch die Ansätze der Muskeln und Bänder begründet. Gorsky hält »das Os pubis Aut. für ein den Sauriern eigenthümliches *Os ileopectineum*, welches dem Tuberculum ileopectineum hominis[150] morphologisch entspricht, das Os ischii Aut. für ein *Os pubis* und das *Os ileum* Aut. für denjenigen Theil des entsprechenden Knochens der Säugethiere, welcher zur Bildung der Gelenkpfanne beiträgt, hier aber besonders nach hinten entwickelt ist und somit zum Theil die Bedeutung des *Ramus descendens ischii* gewinnt. Das Os ischii fehlt gänzlich und wird zum Theil durch ein ihm homologes Gebilde, nämlich durch das *Ligamentum ischiadicum* vertreten, welches hauptsächlich dem Ramus ascendens ossis ischii entspricht. In Folge dieser Deutung ist das Foramen obturatorium Aut. als ein besonderes *Foramen cordiforme* aufzufassen, während der zwischen dem hintern Theile des Os ilium, dem Ligamentum ischiadicum und dem hintern Rande des Os pubis sich befindende Raum dem *Foramen obturatorium* homolog ist.«

Nach einer genauen Prüfung beider Ansichten gebe ich der von Gorsky den Vorzug. Ich habe Gorsky's Untersuchungen an nahe verwandten Thieren nachuntersucht und kann im Wesentlichen seine Angaben bestätigen. Zugleich aber bin ich durch Untersuchung des Beckens ganz junger Thiere zu etwas abweichenden Ansichten gekommen.

Meine Ansichten sind kurz folgende:

Die Deutung des Os pubis als *Os ileopectineum* ist vollkommen gerechtfertigt und Gorsky's Beweise für seine Ansicht ausreichend[151]. Am Becken von Lacerta agilis juv. war das Os ileopectineum peripherisch bereits knorplig angelegt, während es an seinem der Pfanne zugewendeten Ende noch aus Knorpel bestand. Insofern bildet dies Verhalten den Uebergang zu den Crocodilen, wo das Os ileopectineum gar nicht zur Bildung der Gelenkpfanne beiträgt.

Das *Os ilei* Aut. et Gorsky ist ein Homologon des Os ilei des Menschen. Der Ramus descendens ischii ist ein Analogon, nie aber ein Homologon.

Das Os ischii Aut. (Os pubis Gorsky) ist ein *Os pubo-ischium*, eine Verschmelzung des Os

---

147 Os cloacal Spring et Lacordaire. Notes sur quelques points de l'organisation du Phrynosoma Haslenii etc. Bulletin de l'academie de Bruxelles 1842, IX, p. 8 f.

148 Ligamentum Poupartii Gorsky.

149 Ligamentum ischiadicum Gorsky.

150 Das Tuberculum ileopectineum des Menschen ist bei den Chiropteren, Beutelthieren etc. zu einer ansehnlichen Eminentia ileopectinea entwickelt, die nach Stannius (Zootomie I. Aufl. II, p. 353 Anm. 12) einen eigenen Ossificationskern besitzt. Von hier aus ist der Uebergang zu den Crocodilen gegeben, deren Os ileopectineum auch blos eine sehr grosse, aber bereits vom Os pubis abgegliederte Entwickelung des Tuberculum ileopectineum ist, und zu den Sauriern, wo es zuerst als Pfannenbildner auftritt. Dieses Ileopectineum ist nicht zu verwechseln mit dem viel medianer gelegenen Os marsupiale, wie Wagner (Lehrbuch der Zootomie 1843, I, p. 28) thut. Siehe Gorsky a. a. O. p. 41 f.

151 Namentlich die Verhältnisse bei den Ophidiern (Siehe Theil II, Cap. III meiner Arbeit) geben, wie mir scheint, einen schlagenden Beweis für die Gorsky'sche Ansicht. Aber auch ohne diesen würden die Beweise Gorsky's genügen.

pubis und Os ischii, indem der vordere, breitere, die Symphyse bildende Theil dem Os pubis, der hintere, kleinere, nicht mit dem der Gegenseite sich vereinigende Theil dem Os ischii entspricht. Die Untersuchung des Beckens von Lacerta agilis juv. bestätigt diese Behauptung. Hier ist deutlich eine mit einer zarten Haut (Membrana obturatoria) ausgefüllte Oeffnung (*Foramen obturatorium*) erkennbar, die auch beim Becken der ausgewachsenen Saurier als durchscheinende Stelle von sehr dünnem Knochen wahrzunehmen ist. Bei jüngeren Thieren ist zugleich der dünnere mehr knorplige Ramus ascendens vom Os pubis getrennt, dessen Ramus descendens wenig entwickelt ist, während der stärkere knochige Ramus descendens ischii mit dem Os pubis verschmilzt und mit ihm gemeinsam zur Gelenkhöhle läuft, wo er mit schmalem Ende an das Os ilei grenzt.

Das Foramen obturatorium Aut. ist demnach nicht homolog dem der Säugethiere, sondern mit Gorsky als ein besonderes *Foramen cordiforme* aufzufassen. Das Homologon des Foramen obturatorium des Menschen ist nur bei jungen Thieren als Oeffnung vorhanden, bei ausgewachsenen ist es als durchscheinende Stelle sichtbar.

Das Ligamentum ischiadicum Gorsky ist kein Homologon des Os ischii. Das Eintreten von Bändern für Knochen ist, wie auch Gorsky angibt, möglich. Der Schultergürtel der Chelonier namentlich zeigt dies ausgezeichnet, indem hier das Epicoracoid durch ein Band ersetzt wird, welches den hintern und vordern Schenkel des Coracoids, das Coracoid und Procoracoid, verbindet. In diesen Fällen muss aber das Band direct in das Knochengewebe übergehen, wie dies auch nach Rathke und Gegenbaur bei den Cheloniern geschieht. Das Ligamentum ischiadicum dagegen ist nur am Periost befestigt und lässt sich von diesem abziehen. Ueberdies heftet es sich an das hinterste, oberste und weit vom Acetabulum entfernte Ende des Os ilei an. Als Homologon des Os ischii müsste es zur Bildung der Pfanne beitragen oder wenigstens nicht gar zu weit davon mit dem Os ilei sich verbinden. Die starke Entwickelung des Os ilei nach hinten ist kein hinreichender Grund. Die Annahme von der bedeutenden Verrückung der Pfanne nach vorn ist zu gewagt, um natürlich zu sein, und hat auch sonst keine Bestätigungen in der Wirbelthierreihe. Das Ligamentum ischiadicum, das ich mit Stannius *Ligamentum ileo-ischiadicum* nenne, ist ein gewöhnliches Band, das vom hintern und obern Theil des Os ilei zum hintern Höcker des Os puboischium (dem Tuber ischii) geht. Es ist für den Ursprung der ausserordentlich entwickelten Beuger des Unterschenkels bestimmt, da die Knochenmasse nicht Fläche genug darbietet, und somit z. Th. dem Ligamentum tuberoso-sacrum des Menschen homolog. Denn auch dieses heftet sich zum Theil an das Os ilei oder wenigstens an die Grenze des Os ilei und Os sacrum an und dient als Ursprungsstelle für einige Fasern des Glutaeus maximus. Seine lockere Beschaffenheit ist bedingt durch seine Lage, die Fläche zu gewinnen bezweckt. Es ist ein Analogon des Os ischii zum Theil, ein functionelles Aequivalent desselben, nie aber ein Homologon [152].

Das Foramen obturatorium Gorsky ist demnach als *Foramen ischiadicum* aufzufassen.

[152] Dass die Ansätze von Muskeln wohl die Analogien, nicht immer aber die Homologien bestimmen können, darüber siehe H. Pfeiffer, Schultermuskeln der höhern Wirbelthiere.

Meiner Deutung zufolge besteht also das Becken aus *Os ilei*, *Os puboischium* und *Os ileopectineum*[153].

Vergleichung der Cuvier'schen, Gorsky'schen und meiner Ansicht:

Cuvier.	Gorsky.	Fürbringer.
Os ilei.	Os ilei.	Os ilei.
Os pubis.	Os ileopectineum.	Os ileopectineum.
Symphysis pubica.	Symph. ileopectinea.	Symph. ileopectinea.
Foramen obturat.	Foramen cordiforme.	Foramen cordiforme.
Os ischii.	Os pubis.	Os puboischium.
——	——	Foramen obturatorium (bei jungen Thieren).
	Ligamentum ischiadicum (Os ischii hom.).	Ligamentum ileo-ischiadicum (Homologon z. Th.d.Sacro-tuberosum).
	Foramen obturatorium.	Foramen ischiadicum.

b. Hintere Extremität[154].

Die hintere Extremität ist der vordern sehr ähnlich und ist mit dieser auch schon vielfach verglichen worden[155].

Der lange und gerade *Femur*[156] ist mit dem Becken in der Pfanne durch Kapselband verbunden. Sein Capitulum ist nach vorn und hinten zusammengedrückt, der äussere *Trochanter major*[157] ist geringer entwickelt als der innere, oft noch abwärts gerichtete, *Trochanter minor*[158]. Das untere Ende hat 2 Condylen, den äusseren Condylus externus s. Epicondylus und den grössern inneren Condylus internus s. Epitrochleus.

---

[153] Den nähern Nachweis werde ich Theil II, Cap. IV geben.

[154] Literatur: Cuvier, Leçons etc. 1. éd. I. p. 354 f., 342 f., 381 f., 390 f. — Cuvier: Leçons etc. 2. éd. I, p. 470 f., 474 f., 476 f., 481 f. — Cuvier: Recherches etc. 4. éd. X, p. 91 f. — Meckel: System d. vergl. Anatomie II[a], p. 615 f. — Stannius: Zootomie II, p. 80 — Gegenbaur: Carpus u. Tarsus. Todd, Cyclopaedia etc. IV, p. 264.

[155] Unter der fast zahllosen Literatur sind die wichtigsten Werke: Vicq d'Azyr: Mémoire sur les rapports qui se trouvent entre les usages et la structure des quatre extrémités dans l'homme et dans les animaux. Mémoires de l'Academie royale des sciences 1778, p. 254. — Barclay: The bones of Human Body represented in a Series of Engravings 1824. — Bourgery: Traité complet de l'anatomie de l'homme 1832, p. 133. — Cruveilhier: Anatomie descriptive. 2. éd. 1843, p. 839. — Auzias Turenne: Sur les analogies des membres supérieurs avec les inférieurs. Compt. rend. XXIV, p. 1148. — Flourens: Nouvelles observations sur le parallèle des extrémités dans l'homme et les quadrupèdes. Annal. des Sciences naturelles X, 1838. — M. Richaud: Sur l'homologie des membres supérieurs et inférieurs de l'homme. Compt. rend. XXIX, p. 130, 1840 — Joly et Lavocat: Etudes d'anatomie philosophique sur le pied et la main de l'homme. Mémoir. de l'Academie de Toulouse 1853. — Chr. Martens, Nouvelle comparaison des membres pelviens et thoraciques chez l'homme et chez les mammifères. Ann. de l'Academie de Montpellier 1857. — Bergmann: Vergl. des Unterschenkels mit dem Vorderarm. Müller's Archiv für Anat. u. Physiol. 1841. — Owen: Principes d'ostéologie comparée 1855. — Gegenbaur: Carpus und Tarsus 1864. — Lucae: Hand und Fuss 1865. — Obwohl meist nur die Vergleichung für Menschen und Säugethiere gegeben ist, sind doch so viel allgemeine Gesichtspunkte in ihnen enthalten, dass sie z. Th. auch für die Saurier zu benutzen sind.

[156] Meckel: Oberschenkelbein. — Cuvier: Os de la cuisse oder le fémur.

[157] Cuvier: Trochanter.

[158] Cuvier: Trochantin.

Der Unterschenkel besteht aus Tibia und Fibula.

Die *Patella*[159] ist sehr klein und oft kaum wahrnehmbar in der Sehne des Quadriceps eingewachsen.

Die *Tibia*[160] ist der grössere Knochen mit dreieckigem oberen und zusammengedrücktem unteren Ende.

Die *Fibula*[161] ist der kleinere Knochen, der am untern Ende breiter wird und während seines Verlaufes meist gekrümmt ist.

Der *Tarsus* besteht aus 4 Knochen, die in 2 Reihen stehen. Die erste Reihe wird gebildet von dem grössern *Astragalus*[162] auf der Tibialseite und von dem kleinern *Calcaneus*[163] auf der Fibularseite. Die zweite Reihe besteht aus dem grössern *Cuboideum*[164], das mit Astragalus, Calcaneus, dem 3.—5. Metacarpale artikulirt, und dem kleineren *Cuneiforme*[165], das zwischen Astragalus, Cuboideum und Metacarpale II u. III liegt. Das Tarsale I u. II (Cuneiforme primum et secundum) ist mit dem entsprechenden Metacarpale verwachsen, ebenso zeigt der 3., 4. und 5. Mittelfussknochen Knochentheile an seinem Grunde, die dem Tarsale III, IV und V entsprechen und vom Cuneiforme sich abgetrennt haben.

Der *Metatarsus* besteht aus 5 Knochen, von denen der 1. und 2. mit dem Astragulus, der 3. mit dem Os cuneiforme, der 4. und 5. mit dem Os cuboideum artikulirt. Die 4 ersten Mittelfussknochen sind schmal, aber lang, der 5. ist stark entwickelt, ragt aber nicht so weit hervor, wie die andern.

Die Zahl der *Phalangen* ist dieselbe wie für die Finger der vordern Extremitäten, 2 für die 1., 3 für die 2., 4 für die 3., 5 für die 4. und 3 für die 5. Zehe. Nur sind hier noch viel bedeutendere Längendifferenzen (auch bei den Scincoiden), die dem Fusse eine ungleichere Gestalt geben als der Hand.

---

159 Cuvier: La rotule. — Von Meckel wird ihre Existenz geleugnet.

160 Meckel: Schienbein. — Cuvier: Le tibia.

161 Meckel: Wadenbein. — Cuvier: Le péroné.

162 Stannius u. Gegenbaur: Astragalus, der eine Verschmelzung des Os tibiale mit dem Os intermedium ist. — Cuvier: Os tibial. — Todd's Cyclopaedia etc.: Tibial bone.

163 Cuvier: Os péroné. — Todd: Fibular bone. — Stannius u. Gegenbaur: Calcaneus. — Bei einigen Sauriern sind Astragalus und Calcaneus verwachsen.

164 Das Os cuboideum ist eine Verschmelzung des Tarsale IV und V (nach Gegenbaur). — Stannius: Cuneiforme majus.

165 Das Os cuneiforme entspricht (nach Gegenbaur) dem Os Tarsale III oder Cuneiforme III. — Stannius: Cuneiforme minus.

§ 8.

Knochen des Beckengürtels und der hintern Extremität bei den Sauriern mit rudimentären Hinterextremitäten[166].

a. Seps tridactylus Gerv.[167].

1. Beckengürtel.

Die 3 das Becken bildenden Knochen sind vorhanden, aber weit geringer ausgebildet als bei den Sauriern mit wohlentwickelten Extremitäten.

Das *Os ileopectineum* (*pubis Aut.*)[168] ist ein sehr dünner Knochen, der weit nach vorn geht und sich unter einem spitzen Winkel mittelst Zwischenknorpel mit dem der Gegenseite verbindet [Symphysis ileopectinea (pubica Aut.)]. Die Spina fehlt.

Das *Os puboischium* (*ischii Aut.*)[169] ist ein glatter dünner Knochen, der nach vorn und zur Mitte geht, aber ohne den der Gegenseite zu erreichen und mit ihm eine Symphyse zu bilden. Der Tuber ischii, das Homologon des Os ischii fehlt, das Os puboischium ist hier zum blossen Os pubis verkümmert.

Das *Os ilei*[170] ist der kleinste Knochen des Beckens und steht blos mit einem Wirbelquerfortsatz in Verbindung.

2. Hintere Extremität.

Alle Knochen sind sehr verkürzt und verschmälert.

Der *Humerus* zeigt an Stelle der Trochanteren blos Rauhigkeiten.

Die *Tibia* und *Fibula* zeigen, abgesehen von ihrer Kleinheit, keine Eigenthümlichkeiten.

Die *Patella* fehlt.

Der *Tarsus* besteht aus Calcaneus, Astragalus, Cuboideum und dem sehr kleinen Cuneiforme.

Der *Metatarsus* besteht aus dem 1., 2. und 3. Mittelfussknochen, während der 4. und 5. fehlt.

Die Zahl der *Phalangen*[171] ist 2 für die 1., 3 für die 2. und 3 für die 3. Zehe.

---

[166] Allgemeine Literatur: C. Meyer, über die hintere Extremität der Ophidier. Leop. Acad. 1825. p. 819 f. — Meckel a. a. O. II[a], p 446 f. — Cuvier, Leçons etc. 2. éd. I, p. 486 u. 551 f. — Cuvier, Règne animal. Reptilien, p. 891 f. — Duméril et Bibron II u. V. — Heusinger a. a. O p. 489. — J. Müller a. a. O. p. 227. — Stannius a. a. O. p. 78. — Schneider, historia amphibiorum, II, p. 212. — Zur eignen Untersuchung dienten Seps tridactylus, Pygopus lepidopus, Lialis Burtonii, Pseudopus Pallasii, Ophiodes striatus.

[167] Die Knochen des Beckens und die hintere Extremität haben kurz beschrieben: Cuvier, Meckel u. Heusinger.

[168] Heusinger und Meckel. Schambein.

[169] Heusinger und Meckel: Sitzbein. Der Mangel der Symphyse wird auch von Meckel angegeben. — In Bezug auf Gestalt und Richtung hat das Os puboischium von Seps tridactylus einige Aehnlichkeit mit dem von Gongylus ocellatus.

[170] Heusinger: Darmbein.

[171] Meckel gibt dieselbe Anzahl der Phalangen, während Cuvier (Leçons, p. 551) für die 3. Zehe 4 Glieder beschreibt.

b. Pygopus lepidopus Merrem[172].

1. Beckengürtel.

Das Becken, welches kaum noch mit dem Kreuzbeine in Verbindung steht, setzt sich zusammen aus dem Os ilei, puboischium und ileopectineum.

Das *Os ilei* ist der längste Knochen. Es beginnt oben schmal, wird in der Mitte dicker, verschmälert sich dann wieder und erreicht endlich an der Pfanne seine grösste Breite.

Das *Os puboischium* (*ischii*) ist ein fast quadratischer Knochen, der an seiner untern Seite in einen kurzen und breiten Knorpel ausläuft. Eine Symphysis pubica (ischiadica) fehlt.

Das *Os ileopectineum* (*pubis*) beginnt ebenso breit wie das Os puboischium, wird aber schnell schmäler und geht in einen schmalen und langen Knorpel über, welcher spitz endet. Dem der Gegenseite ist es mehr als das puboischium genähert. Allein auch hier fehlt die Symphyse.

2. Hintere Extremität.

In die Gelenkpfanne mündet der kurze, aber dicke *Femur*, dessen Capitulum und unteres Ende doppelt so stark sind, als sein Körper.

An ihn schliessen sich die weit schwächere *Tibia* und *Fibula* an, die sich in ihrer Grösse nur wenig unterscheiden.

Der knorplige *Tarsus* zeigt eigenthümliche Verhältnisse und steht mit Tibia, Fibula und Metatarsus in inniger Beziehung. Nur ein Knorpel an der Tibialseite ist von den übrigen getrennt. Dieser entspricht einem Theile des Astragalus, während der andere Theil das Knorpelende der Tibia bildet. Das knorplige Fibularende entspricht dem Calcaneus. Das Os (Cartilago) cuneiforme I, II, III und das Os cuboideum sind mit dem Metatarsus verwachsen.

Der *Metatarsus* besteht aus 4 knöchernen Mittelfussknochen. Die beiden mittleren sind doppelt so lang, als die äusseren. An alle 4 Mittelhandknochen schliessen sich 4 sehr kleine längliche Knorpel an, die Rudimente der *Grundphalangen*[173] der ersten bis vierten Zehe. Die beiden mittleren sind grösser als die äusseren.

c. Ophiodes striatus Wagl.[174]

Das Becken von Ophiodes ist vollkommener, die hintere Extremität mehr verkümmert als bei Pygopus.

---

[172] Eine sehr kurze und ungenaue Beschreibung der hinteren Extremität von Pygopus lepidopus gibt Cuvier, Règne animal etc. III, p. 90.

[173] Diese Phalangenrudimente sind von Cuvier übersehen worden. Er sagt (Règne animal a. a. O.): »On trouve par la dissection un fémur, un tibia, un péroné et quatre os du métatarse formant des doigts, mais sans phalanges«. Diese Angaben sind jedenfalls der Untersuchung eines trocknen Skelets entnommen, wo sowohl die knorpligen Phalangen als auch der knorplige Tarsus eingetrocknet und daher leicht zu übersehen waren.

[174] Die Abbildung von Duméril et Bibron (Tab. VII fig. 7) ist unnatürlich und unvollständig (die Symphyse und die Cartilago cloacalis fehlen).

1. Beckengürtel.

Der Beckengürtel besteht aus den 3 Knochen Os ilei, ileopectineum und puboischium.

Das dünne *Os ilei* steht mit den Querfortsätzen zweier verwachsener Kreuzwirbel in Verbindung und geht schräg nach vorn und unten zur Pfanne, wobei es sich ein wenig verbreitert.

Das wenig längere *Os ileopectineum* (*pubis*) geht knöchern vom Acetabulum aus nach vorn und zur Mitte und setzt sich in seinem vordern Viertel in einen schmalen Knorpelfaden fort, der ohne Grenze mit dem der Gegenseite verwächst (Symphysis ileopectinea). Die Spina ossis ileopectinei ist durch einen länglichen, nach unten gerichteten Höcker in der Nähe der Pfanne vertreten.

Das *Os puboischium* (*ischii*) ist durch Verkümmerung des dem Os ischii homologen Theiles zum Os pubis geworden. Es ist der breiteste und kürzeste Knochen des Beckens. Median ist es von dem der Gegenseite entfernt (Mangel der Symphysis pubica), setzt sich aber in einen nach hinten gerichteten Knorpel fort, der in der Mitte seines Verlaufs mit dem der Gegenseite zu einer eigenthümlichen Yförmigen *Cartilago cloacalis* verschmilzt, die in ihrem hintern, wenig breitern und zweilappigen Theile zum Stützpunkt für den Sphincter cloacae dient.

2. Hintere Extremität.

Der *Femur* ist lang und schmal, an ihn schliessen sich sich an *Tibia* und *Fibula*, die wenig schmäler, aber halb so lang sind.

In dem knorpligen *Tarsus* lassen sich Calcaneus, Astragalus, Cuneiforme I und II unterscheiden, die aber weder von einander noch vom Unterschenkel getrennt sind.

Vom *Metatarsus* sind 2 kurze, knorplige, spitz endende Rudimente vorhanden. Das Rudiment des Metatarsus I ist grösser und breiter als das des Metatarsus II.

Die Phalangen fehlen.

d. Lialis Burtonii Gray.

1. Beckengürtel.

Das am Querfortsatze des 86. Wirbels festgeheftete Beckenrudiment ist schräg nach unten und vorn gerichtet. Es besteht aus 2 Knochen, welche die Gelenkfläche bilden, und deren Grenze an der innern Seite deutlich erkennbar ist.

Der obere Knochen, das *Os ilei*, ist lang und schmal, der untere Knochen ist kurz, aber noch einmal so breit als das *Os ilei*. Sein vorderes und unteres Ende, das von dem der Gegenseite um 3 Viertel der Körperbreite der Analgegend von Lialis Burtonis entfernt ist, zeigt in der Mitte eine kleine Einbuchtung, wodurch der Knochen zweilappig erscheint. Die Gelenkhöhle liegt weit nach hinten. Der untere Knochen ist zu deuten als eine Verwachsung des *Os ileopectineum* (*pubis*) und *Os puboischium* (*ischii*), deren nach der Mitte zu divergirende Theile verkümmert und nur in ihren Anfängen durch die Lappen angedeutet sind. Eine Grenze beider ist bei dem untersuchten Thiere nicht wahrzunehmen.

2. Hintere Extremität.

Die nadelförmige hintere Extremität besteht aus dem schlanken cylindrischen *Femur*, an den sich die halb so lange, kegelförmig sich verjüngende *Tibia* anschliesst. Zwischen beiden liegt ein Zwischenknorpel[175]. Die Extremität der linken Seite endet mit der Tibia, während an der rechten Seite sich an diese noch ein kleines Knorpelkörnchen, ein Rudiment des *Astragalus*, anschliesst. Die Fibula fehlt vollkommen, ebenso die Patella.

An dem Querfortsatze des 88. Wirbels ist ein zweiter, ein wenig gekrümmter Knochen locker angehängt, der hinter der Kloakenöffnung liegt und dem der Gegenseite sich nähert, ohne ihn zu berühren. Aeusserlich tritt er als kleiner Höcker hervor. Er geht in querer Richtung, längs dem hinteren Analrande nach der Medianlinie zu, ohne sie zu erreichen, wobei er sich verjüngt und an der Spitze ganz plötzlich kegelförmig dünner wird. Dieser, soweit mir bekannt, bei keinem andern Thiere beobachtete Knochen dient als Ansatz für die Muskeln des Penis und der Kloake und steht jedenfalls mit den Geschlechtsfunctionen[176] in Beziehung. Seiner Lage nach kann er *Os postcloacale* heissen.

e. Pseudopus Pallasii Cuv.[177].

1. Beckengürtel.

Das Beckenrudiment[178] des Sheltopusik ist dem von Lialis Burtonii ähnlich.

Das *Os ilei*[179] ist ein spatelförmiger Knochen, der mit seiner breitesten Stelle an dem Querfortsatze des 55. Wirbels mittelst Kapselband angeheftet ist. Es ragt also, ebenso wie bei Lialis, das oberste Ende über die Anheftung.

Nach unten zu verjüngt es sich und grenzt mit seinem schmälsten Theile an den untern Knochen des Beckens, der so breit ist, wie das *Os ilei* an seiner breiten Stelle, und gegen sein Ende zu schnell schmäler wird. Er ist ein Rudiment des *Os ileopectineum* und *puboischium*, deren Anfänge ohne Grenzen verwachsen sind. Nach der Lage und Richtung aber zu schliessen, ist das Os ileopectineum am meisten verkümmert und nur durch einen ganz kleinen Höcker an der vordern Seite des Puboischium repräsentirt. Das Os ileopectineum ist also wieder zum *Tuberculum ileopectineum*[180] gewor-

---

175 Ueber diese oft bei Sauriern vorkommenden Zwischenknorpel siehe MECKEL a. a. O. Ia, p. 481.

176 Das untersuchte Exemplar war ein Männchen. Spätere Untersuchungen müssen zeigen, ob das Os postcloacale auch bei Weibchen vorkommt oder nicht.

177 Der Beckengürtel und die hintere Extremität des Pseudopus Pallasii ist beschrieben worden von: PALLAS a. a. O. p. 435. Tab. 10. — CUVIER, Règne animal X, p. 96. — MEYER, über die hintere Extremität der Ophidier p. 840. fig. 12. — HEUSINGER a. a. O. p. 491 f. Tab. 12. — MÜLLER a. a. O. p. 227 f. — SCHNEIDER a. a. O. p. 212. — CUVIER, Leçons etc. p. 486. — DUMÉRIL et BIBRON, Erpétologie etc. p. 415.

178 In allen frühern Beschreibungen ist das Beckenrudiment des Pseudopus Pallasii als ein einziger Knochen angegeben, indem die Grenze zwischen Os ilei und Os pubis scheinbar übersehen worden ist. Nur in der (schlechten) Abbildung bei DUMÉRIL et BIBRON (Tab. VII. fig. 13) ist eine Grenze angedeutet, die aber im beschreibenden Texte nicht erwähnt ist. Zugleich ist auf dieser Figur das Becken mit der vorletzten Rippe verbunden, was in Wirklichkeit gar nicht der Fall ist. — MEYER deutet das Becken als »Fussrudiment«, HEUSINGER als »Darmbein oder vielleicht richtiger als Beckenrudiment«, STANNIUS als »Os ileum«, CUVIER als »Iléon«.

179 HEUSINGER: Oberes Ende des Beckens.

180 HEUSINGER: Vorderer Fortsatz des untern Endes.

den. Die Hauptmasse der untern Knochen ist durch das Puboischium (ischii) gebildet, das aber seinen hintern Tuber ischii verloren hat und als ein einfaches *Os pubis*[181] aufzufassen ist.

2. Hintere Extremität[182].

Die hintere Extremität ist verhältnissmässig kürzer und dünner als bei *Lialis*. In die Gelenkhöhle mündet ein der *Femur*[183], welcher gleich hinter dem Capitulum beträchtlich verschmälert ist. An den Femur schliesst sich an ein kleines rundliches Knöchelchen, das einen hornigen Nagel trägt und als Rudiment der *Tibia*[184] aufzufassen ist.

Bei den Gattungen, deren hintere Extremitäten mehrere Finger haben, sind die Grössenverhältnisse derselben von Interesse.

Duméril und Bibron haben im 5. Bande ihrer Erpétologie générale schätzenswerthes Material gesammelt.

Wir bezeichnen wie bei der vordern Extremität die längste Zehe mit a, die nächst lange mit b, u. s. f.

1. Gattungen mit 5 Zehen.

Die Zehenformel für die Scincoiden mit wohlentwickelten Extremitäten ist $\begin{matrix} e & c & b & a & d \\ 1 & 2 & 3 & 4 & 5 \end{matrix}$.

Diese Formel gilt für *Heterodactylus*, *Heteropus*, *Ablepharus*. Bei *Heteropus* ist die erste Zehe nahezu so lang wie die 5., bei Heterodactylus und Ablepharus kürzer.

Für *Gymnophthalmus* kommt $\begin{matrix} d & c & b & a & c \\ 1 & 2 & 3 & 4 & 5 \end{matrix}$.

2. Gattungen mit 4 Zehen.

Campsodactylus, *Tetradactylus*, *Embryopus*, *Sauresia*, *Blephararctisis*, *Anisoterma* haben sämmtlich die Zehenformel $\begin{matrix} d & c & a & b \\ 1 & 2 & 3 & 4 \end{matrix}$.

Bei *Campsodactylus* ist die 4. Zehe fast der 3. gleich, bei den andern ein wenig kleiner.

Die 1. Zehe von *Sauresia* ist sehr klein und undeutlich.

Chalcides Cuvieri[185] hat 4 ausserordentlich kurze Höcker.

Saurophis[186] bildet eine Ausnahme von der allgemeinen Zehenformel. Seine Zehen sind in der Mitte am grössten und seitlich am kleinsten, sie lassen sich durch die Formel $\begin{matrix} c & b & a & c \\ 1 & 2 & 3 & 4 \end{matrix}$ darstellen.

---

181 Heusinger: Hinterer Fortsatz des untern Endes.

182 Die hintere Extremität ist von Pallas übersehen worden. Meyer stellt auf seiner Abbildung einen Anhang des Beckens dar, der mit dem Fussrudiment gar keine Aehnlichkeit hat. Schneider findet, dass die Extremität getheilt sei. Diese Beobachtung ist ganz vereinzelt.

183 Heusinger: Erstes Glied des Fusses. — Cuvier: Os analogue au fémur.

184 Heusinger: Zweites Glied des Fusses. — Von Duméril und Cuvier übersehen.

185 Andere Arten von Chalcides haben weniger Zehen. Chalcides Schlegelii hat 3 Zehen, Ch. cophias und d'Orbigny hat ungetheilte Hinterextremitäten.

186 Bei Saurophis hat der erste Finger 1, der zweite 3, der dritte 4 und der vierte 1 Phalange. Dies lässt auf eine Verkümmerung des ersten Fingers schliessen.

3. Gattungen mit 3 Zehen

Es lassen sich hier 3 Typen aufstellen.

1. Typus: *Seps*, *Sepomorphus*, *Nessia* $\frac{b\ a\ a}{1\ 2\ 3}$.

2. Typus: *Hemiergis* $\frac{c\ a\ b}{1\ 2\ 3}$.

3. Typus: *Heteromeles*, *Lerista* $\frac{c\ b\ a}{1\ 2\ 3}$.

4. Gattungen mit 2 Zehen

Alle folgen der Formel $\frac{b\ a}{1\ 2}$.

5. Gattungen mit ungetheilten Extremitäten.

Diese sind bald

Stiletförmig: *Chamaesaura*, *Panolopus*, *Pseudopus*, *Evesia*, *Sepsina*, *Praepeditus*, *Dumerilia*, *Pygomeles*, *Lialis*, *Aprasia*.

bald

Ruderförmig: *Ophiodes*, *Pygopus*, *Delma*, *Dibamus*[187].

Bei den beiden untersuchten Thieren der ersten Gruppe, *Pseudopus* und *Lialis*, fehlten der Metatarsus und die Phalangen vollkommen, und auch der Tarsus war bei *Lialis* nur einseitig ausgebildet. Bei den untersuchten Arten der zweiten Gruppe, *Pygopus lepidopus* und *Ophiodes striatus*, waren Metatarsus und bei *Pygopus* auch Spuren der Phalangen erhalten.

§ 9.

Knochen des Beckengürtels bei den Sauriern ohne hintere Extremitäten[188].

a. Anguis fragilis L.[189].

Das Beckenrudiment besteht aus einem Knochen, der aus der innigen Verwachsung des Os ilei, puboischium und ileopectineum entstanden ist. Unter dem Mikroscope sind bei sehr jungen Thieren noch die Nähte sichtbar.

---

[187] Schlegel (Bericht der 20. Versammlung deutscher Naturforscher und Aerzte in Mainz im September 1842. Mainz 1843 S. 215) behauptet, dass blos die Männchen von Dibamus mit Fussstummeln versehen seien, dass sie dagegen bei den Weibchen fehlten. Analog ist das Verhalten der vorderen Extremität von Pseudopus, die bald fehlt, bald vorhanden ist, und das Vorhandensein oder der Mangel des Brustschultergürtels von Acontias meleagris, siehe Anmerkung 42 und 53. — Peters (Berichte der Berl. Academie 1864, p. 271) wirft die Frage auf, ob nicht diese sogenannten Weibchen von Dibamus novae Hollandiae einer ganz andern Gattung angehörten und mit der von E. v. Martens neu entdeckten Typhloscincus Martensii zu identificiren seien

[188] Literatur: Meckel a. a. O. p. 474. — Meyer a. a. O. p. 813. — Heusinger a. a. O. p. 501 und 504. — Müller a. a. O. p. 227 und 235. — Cuvier, Règne animal etc. III, p. 691. — Cuvier, Leçons etc. I, p. 486 f.. — Cuvier, Recherches etc. X, p. 91. — Duméril et Bibron V. — Stannius a. a. O. p. 78. — Todd a. a. O. IV, p. 270.

[189] Das Beckenrudiment von Anguis fragilis ist genauer beschrieben worden von Meyer, Meckel, Heusinger, Cuvier, Rankin a. a. O.

Das *Os ilei*[190] ist der breiteste Knochen.

Etwas länger, aber schmäler ist das *Os ileopectineum* (*pubis*). Dieses ist an der Spitze knorplig[191].

Das *Os puboischium* (*ischii*) ist der kleinste Knochen und zeigt sich als hinterer Höcker in der Mitte des Beckens, an den die Endsehne des Ischio-coccygeus inserirt. Danach ist das Homologon des Os ischii nicht verkümmert, der hintere und untere Beckentheil ist nicht Os pubis wie bei den frühern Arten, sondern wirkliches Os puboischium.

Jede Spur einer Extremität fehlt. Eine Vertiefung an der Grenze der 3 Knochen ist auch nicht wahrnehmbar.

b. Ophisaurus ventralis Daud.[192].

Das Beckenrudiment besteht jederseits aus einem kleinen, schräg nach vorn und unten gerichteten Knochen, der an seinem untern Ende am breitesten ist. Diese breite Stelle ist entstanden durch innige Verwachsung des Os ilei und der Rudimente des Os ileopectineum und puboischium. Sie ist an ihrem Rande knorplig.

c. Acontias meleagris Cuv.[193].

Das Beckenrudiment ist ein länglicher und schmaler Sförmig nach vorn und unten zu gekrümmter Knochen, der locker an der letzten, nicht bedeutend verkürzten Rippe, und noch lockerer am Querfortsatze des 79. Wirbels angeheftet ist. Er enthält Elemente aller 3 Beckenknochen, von denen die beiden unteren am meisten verkümmert sind. Das Os puboischium (ischii) ist durch vollkommene Reduction des Tuber ischii zum Os pubis geworden.

Bei dem einen untersuchten Exemplare war das Rudiment der rechten Seite länger als das der linken.

d. Typhlosaurus aurantiacus Pet.[194].

Jeder Beckenknochen geht aus vom Querfortsatze des Kreuzwirbels und steigt schräg nach

---

190 Meyer: Fussrudiment. — Cuvier, Leçons etc.: Iléon. — Heusinger: Beckenrudiment. — Meckel: »Dieser Knochen entspricht nach vorn dem Schlüsselbeine und Schulterblatte, hinten dem Seitenwandbeine der höhern Thiere«.

191 Diese Knorpelspitze bricht leicht ab und zeigt sich dann als separates Knorpelkörnchen. So erwähnt Meyer ein grosses Knorpelkörnchen an der untern Spitze des Beckenrudimentes und das von Cuvier und Jones (in Todd's Cyclopaedia etc.) beschriebene Vestige d'ischion ist künstlichen Ursprunges. Heusinger, der vorsichtiger präparirte, erklärt, dass er es nicht habe finden können. Zugleich aber entging ihm auch die knorplige Beschaffenheit der Spitze des Os ileopectineum. Auf seiner Abbildung ist das Becken durch einen Querstrich in 2 Theile gespalten. Heusinger führt im erklärenden Texte an, dass dieser Querstrich durch ein Versehen des Stechers entstanden sei.

192 Die Beschreibung ist nach den Abbildungen Müller's und Duméril's gegeben. — Cuvier beschreibt das Becken von Ophisaurus ventralis in Recherches etc. p. 94: »Les vestiges du bassin dans l'ophisaure consistent dans un petit os des iles avec un petit vestige d'ischion, mais sans symphyse«.

193 Das Beckenrudiment von Acontias meleagris wird von Cuvier geleugnet. Heusinger hat es zuerst aufgefunden. Peters hat bei einer andern Art, Acontias niger, ebenfalls Rudimente gefunden, die sich von denen des Acontias meleagris wesentlich nicht unterscheiden, ausser durch die Anheftung an 2 Rippen und dem Kreuzwirbelquerfortsatz, der sehr verlängert ist.

194 Von Peters zuerst aufgefunden, s. Reise nach Mosambique. III. Amphibien. Tab. 13. und Stannius, Zootomie. II, p. 78.

vorn und unten hinab, wobei er an den Enden der beiden hintersten Rippen durch Ligament angeheftet ist. Wie bei *Acontias* repräsentirt er das Os ilei und Rudimente des Os ileopectineum (pubis) und des zum Os pubis reducirten Os puboischium (ischii). Alle 3 Knochen sind innig und ohne Grenzen zu einem Ganzen verwachsen.

Cap. IV.

Muskeln des Beckengürtels und der hintern Extremität.

§ 10.

Bei den Sauriern mit wohlentwickelten Extremitäten[195].

a. Muskeln des Beckengürtels.

Das Becken der Saurier ist nur wenig beweglich mit dem Kreuzbeine verbunden. Es hat daher keine selbstständigen Muskeln, sondern steht blos mit den Enden einiger Rumpf- und Schwanzmuskeln in Verbindung.

1) *Ileo-costalis*[196]. Ein Theil beginnt am Vorderrand der obern Hälfte des Os ilei, ein anderer Theil bildet eine directe Fortsetzung der Schwanzmuskelmasse. Die vom Os ilei entspringende bildet den Anfang für den

a) *Ileo-costalis*, der oberhalb der Rippen verläuft, und für den

b) *Quadratus lumborum*[197], der an der Innenseite des vertebralen Theiles der Rippen verläuft.

2) *Obliquus abdominis externus sublimis*[198]. Er entspringt von den Rippen neben den Insertionen des Ileocostalis mit descendenten Fasern in der ganzen Länge des Rumpfes vom Brustschultergürtel an und geht vor dem Becken in eine sehnige Verdickung (Lig. Poupartii) über. Diese ist an der Spina ossis ilei anterior inferior, an der Spina ossis ileopectinei und an der Symphysis pubica (ischiadica) festgeheftet.

3) *Rectus abdominis*[199]. Ein von der medianen Aponeurose des vorhergehenden bedeckter

---

[195] Literatur: MECKEL a. a. O III, p. 152 f., 249 f., 263 f., 274 f., 283 f. — CUVIER, Leçons etc. 2. éd. I, p. 293 f., 488 f., 506 f., 524 f., 543 f., 562 f. — GORSKY, Ueber das Becken der Saurier. — STANNIUS, Zootomie. II, p. 100 f., 133 f. — GEORGE MIVART, Notes on the Myologie of Iguana tuberculata. Proc. zool. soc. 1867. p. 766 f. — Zur eigenen Untersuchung dienten Gongylus ocellatus, Euprepes septemtaeniatus u. carinatus.

[196] STANNIUS. Ileocostalis. — MÜLLER: Sacrolumbaris. — CUVIER: Sacrolombaire. — Die Fortsetzung eines Theiles in die Schwanzmuskelmasse ist nach STANNIUS den Scincoiden eigenthümlich und fehlt bei den andern kionokranen Sauriern

[197] STANNIUS u. MIVART: Quadratus lumborum. — MECKEL: viereckiger Lendenmuskel. — CUVIER: Carré des lombes. — Die vergl. Anatomie des Quadratus lumborum behandelt: V. CARUS, Beiträge zur vergl. Muskellehre, Leipzig 1853.

[198] MECKEL: Aeusserer schiefer Bauchmuskel. — GORSKY: Obliquus abdominis externus — STANNIUS: Auswendige Schicht des Obliquus externus. — MIVART: External oblique.

[199] MECKEL: Gerader Bauchmuskel. — CUVIER: M. droit du bas ventre. — STANNIUS, GORSKY und MIVART: Rectus abdominis.

Muskel, der mit geradem Faserverlaufe von der Brust nach dem Becken geht und sich an der Symphysis pubica (ischiadica) festheftet.

4) *Ileo-coccygeus* und *Ischio-coccygeus*. Der untere Schwanzmuskel endet mit 2 Theilen, welche den Insertionen an den Querfortsätzen und unteren Dornen entsprechen, am Os ilei und Os puboischium.

a) *Ileo-coccygeus*[200]. Er ist der seitliche Theil, der muskulös am Hinterrand des Os ilei inserirt.

b) *Ischio-coccygeus*[201]. Er ist der mittlere Theil, der sehnig am Tuber ischii des Os puboischium endet.

b. Muskeln des Oberschenkels[202].

Die Muskeln des Oberschenkels entspringen theils von den Schwanzwirbeln, theils von dem Becken. Die meisten sind tief liegende Muskeln, während die Muskeln des Unterschenkels die oberflächlicheren Schichten bilden.

5) *Ileo-femoralis s. Glutaeus medius*[203]. Ein tiefliegender Muskel, der vom *Ileo-fibularis* bedeckt wird. Er entspringt mit breiter Basis äusserlich vom untern Rande des Os ilei und endet an der untern Fläche der äusseren Fläche des Femur, noch unterhalb des Vastus externus.

6) *Coccygo-femoralis longus s. Pyriformis*[204]. Er entspringt, als Fortsetzung des tiefen untern Schwanzmuskels, mit dem folgenden Muskel von den Wurzeln der Querfortsätze und untern Dornfortsätze, eingehüllt vom Ischio-coccygeus, und endet mit kräftiger, breiter Sehne an der Beugeseite der obern Hälfte des Femur. Zugleich geht von dieser Endsehne eine längere Sehne (Tendo coccygo-tibialis) aus, die bis zum Condylus externus tibiae verläuft.

7) *Coocygo-femoralis brevis s. Subcaudalis*[205]. Er entspringt neben dem vorigen Muskel und geht nach kurzem Verlaufe in eine Sehne über, die an der Aussenseite des Femur neben der des Pyriformis inserirt. Eine Fortsetzung dieser Sehne geht in den Puboischio-tibialis profundus über, eine andere hängt mit dem inneren Theile des Gastrocnemius zusammen.

---

[200] Meckel: Dritter Zipfel des oberflächlichen untern Schwanzmuskels. — Cuvier: Theil des Ischio-coccygien. — Gorsky: Dritter äusserer Kopf des Ischio-coccygeus. — Stannius: Ileo-coccygeus.

[201] Meckel: Zweiter Zipfel des oberflächlichen untern Schwanzmuskels. — Cuvier: Theil des Ischio-coccygien. — Gorsky: Erster innerster Kopf des Ischio-coccygeus, der auch zum Theil vom Ligamentum ischiadicum entspringt, während der zweite Kopf längs des ganzen Ligamentum ischiadicum sich anheftet. — Stannius: Ischio-coccygeus.

[202] Die Angaben der einzelnen Autoren sind hier, und noch mehr bei den Muskeln des Unterschenkels und Fusses, viel abweichender als bei den Muskeln der vordern Extremität. Ich habe mich möglichst bemüht, Ordnung in die widersprechenden Angaben zu bringen. Dies ist mir nur zum Theil gelungen, da die ungenauen Beschreibungen und der theilweise Mangel an Abbildungen eine Vergleichung der verschiedenen Muskeln unmöglich machten.

[203] Meckel: Erster Auswärtszieher. — Cuvier: Petit fessier. — Gorsky: Glutaeus medius. — Stannius: Abductor femoralis.

[204] Meckel: p. 249, Nr. 2 und 3. — Gorsky: Theil des Femoro-coccygeus. — Stannius: Pyriformis, ebenso Mivart.

[205] Meckel: No. 4. — Gorsky: Theil des Femoro-coccygeus. — Stannius: Subcaudalis. — Mivart: Femoro-caudal.

8) *Ileopectineo* (*Pubo*)*-trochantineus externus*[206]. Er entspringt vom Vorderrand des Os ileopectineum (pubis Aut.) und verläuft unter der Aussenseite desselben zum Trochanter minor.

9) *Ileopectineo* (*Pubo*)*-trochantineus internus*[207]. Er entspringt, dem vorigen Muskel gegenüber, an der Innenfläche des Os ileopectineum (pubis) und verläuft als starker Muskel längs des vorderen Randes des Os ilei und Acetabulum zum Trochanter minor.

Zwischen ihm und dem Knochen verläuft ein von der Symphysis ileopectinea (pubica) entspringender kleiner Muskel[208] zum Trochanter minor.

10) *Mm. ileopectineo* (*pubo*)*-femorales longi s. Pectinei*[209]. Von der Innenfläche des Os ileopectineum (pubis) entspringende und am Femur unterhalb des Prochanter minor inserirende Muskeln. Bei Euprepes kann man deutlich 2, wo nicht 3 Muskeln unterscheiden, die zum Theil auch von der Os ileopectineum (pubis) und puboischium (ischii) verbindenden Sehne entspringen.

11) *Ileopectineo* (*Pubo*)*-femoralis brevis*[210]. Er entspringt vom Os ileopectineum (pubis) mit einer Sehne, welche er mit dem Ileopectineo-tibialis sublimis gemein hat, und inserirt neben dem vorigen Muskel unterhalb des Trochanter minor.

12) *Puboischio* (*Ischio*)*-femoralis s. Adductor*[211]. Er entspringt von der Symphysis pubica (ischiadica) und unterhalb derselben mit breiter Sehne und endet an der Innenseite der Mitte des Femur.

13) *Puboischio* (*Ischio*)*-trochanterius longus*[212]. Ein schmaler, aber ziemlich langer Muskel, der vom Os puboischium (ischii) in der Nähe des hintern Theils der Schambeinsymphyse entspringt und zum untern Theil der Trochanter major verläuft.

14) *Puboischio* (*Ischio*)*-trochanterius brevis*[213]. Ein kurzer, aber dicker Muskel, der vom hintern Rande des Os puboischium (ischii) und dem daran grenzenden Theil des Ligamentum ileoischiadicum entspringt und am obern Theile des Trochanter major inserirt.

---

[206] STANNIUS: Obturator externus oder Pectineus. — MECKEL beschreibt den Ileopectineo-trochantineus externus und internus in No. 8, 9 und 11. p. 251. — CUVIER: Sur-pubien externe. — MIVART beschreibt beide Muskeln als Psoas and Iliacus. — Nach GORSKY entspringt der erste den Iliacus internus repräsentirende Muskel vom hintern obern Rande des Schambeins, verläuft längs dessen oberer Fläche zum Os ileopectineum (pubis Aut.) wendet sich um den vorderen Rand desselben nach hinten uud spaltet sich in zwei Bäuche, wovon der äussere stärkere (α, Ileopectineo-trochantineus externus mihi) die ganze äussere convexe Fläche des Os ileopectineum bedeckt, der innere (α', Ileopectineo-trochantineus internus mihi) am vorderen Rande des Hüftbeins und der Gelenkpfanne verläuft. Beide vereinigen sich endlich am Oberschenkel und heften sich nicht weit vom Trochanter minor an. Bei Euprepes und Ameiva habe ich dieses Verhalten nicht beobachten können, indem der vom Schambein bis zum Os ileopectineum verlaufende Theil hier fehlt.

[207] STANNIUS: Obturator internus. — CUVIER: Sur-pubien interne (?).

[208] Dieser kleine, bei Euprepes sehr schwer darstellbare Muskel entspricht dem zweiten, den Iliacus internus repräsentirenden Muskel (β), welchen GORSKY bei Podinema mächtig entwickelt fand, während er bei Monitor fehlte.

[209] CUVIER: Pectiné (?). — STANNIUS u. GORSKY: Pectineus. — MIVART unterscheidet bei Iguana auch 3 Portionen, die aber mit den von mir bei Euprepes gefundenen nicht übereinstimmen.

[210] STANNIUS: Adductor pubis. — GORSKY: »Kleiner eigenthümlicher Muskel (γ'), der nicht vom Os ileopectineum selbst, sondern von der Sehne des vordern Schenkels eines dem Gracilis analogen Muskels entspringt«.

[211] MECKEL: p. 250, No. 6 und 7. — STANNIUS: Adductor ischiadicus. — GORSKY: Adductor (δ). — MIVART: Adductor magnus.

[212] GORSKY: Obturator. — STANNIUS: Quadratus femoris. — MIVART: Obturator externus.

[213] GORSKY: Obturator. — STANNIUS: Gemellus. — MIVART: Obturator internus. — MECKEL: No. 4 (?). — Ein auf dem Oberschenkel liegender Femoro-tibialis findet sich bei den Scincoiden, aber nicht als selbstständiger Muskel.

c. Muskeln des Unterschenkels.

15) *Ileo-fibularis s. Glutaeus maximus*[214]. Ein schmaler, aber langer Muskel, der an der Aussenseite des Femur über dem Ileo-femoralis liegt. Er entspringt am hintern Rande des Os ilei und inserirt am Capitulum fibulae mit breiter Endsehne.

16) *Ileoischiadico-tibialis proprius*[215]. Ein breiter Muskel, an der hintern Fläche des Femur neben dem vorigen liegend, der im weitern Verlaufe immer schmäler wird. Er entspringt vom Ligamentum ileo-ischiadicum und endet am Condylus externus tibiae.

17) *Puboischio (ischio)-tibialis sublimis posterior*[216]. Ein flacher Muskel, der vom Hinterrand des Os puboischium und dem daran angrenzendenTheile des Lig. ileoischiadicum entspringt und am Condylus externus tibiae inserirt.

18) *Ileopectineo (pubo)-puboischio (ischio)-tibialis s. Gracilis*[217]. Ein sehr breiter Muskel, der mit seinem Hinterrande den vorhergehenden deckt. Er entspringt mit breitem Ansatze von der Symphysis pubica (ischiadica Aut.) und dem zwischen Puboischium und Ileopectineum ausgedehnten Ligamentum ileopectineo-pubicum und inserirt am Condylus internus tibiae.

19) *Ileopectineo (pubo)-tibialis profundus*[218]. Ein vom Hinterrande des Os ileopectineum (pubis) und dem Vorderrande des Os puboischium (ischii) zum Condylus externus tibiae gehender tiefer Muskel.

20) *Puboischio (ischio)-tibialis profundus*[219]. Ein kleiner tiefer Muskel, der vom hintern Rande des Os puboischium zum Condylus externus tibiae verläuft und neben dem vorhergehenden Muskel inserirt. Er nimmt die Endsehne des Subcaudalis auf.

21) *Ileopectineo (pubo)-ileo-bifemoro-tibialis s. Quadriceps femoris*[220]. Ein ausserordentlich mächtiger Muskel, der vom Becken und dem obern Theil des Femur mit 4 (5) Köpfen entspringt, welche in eine gemeinsame Endsehne (Tendo extensorius communis) übergehen, die an der Tuberositas tibiae inserirt, wobei sie die Patella einschliesst[221].

a) Der erste Kopf (*Ileopectineo-tibialis s. Rectus femoris internus*) beginnt an der Spina ileopectinei und oberhalb des Acetabulums am Os ilei.

---

[214] Meckel p. 263 · No. 1. — Gorsky: Glutaeus maximus (*ϰ*). — Stannius: Abductor fibularis. — Mivart: Ileo-peroneal.

[215] Meckel p. 264: No. 2 und 3 (?) — Gorsky: Biceps und Semi-membranosus (*φ*). — Fehlt bei Stannius oder scheint mit dem vorhergehenden einen Muskel zu bilden. Mivart: Semi-tendinosus (?).

[216] Meckel p. 266: No. 5. — Gorsky: Semitendinosus (*λ*) — Cuvier: Demi-nerveux. — Stannius: Oberflächlicher Adductor flexor tibialis s. Semi-membranosus. — Mivart: Semi-membranosus.

[217] Bei Monitor, Iguana, Podinema etc. zerfällt dieser Muskel in 2, die aber an der Basis vereinigt sind. Der vordere Kopf entspricht dann dem Adductor tibialis s. Gracilis (Stannius) oder vordern Schenkel des Gracilis (Gorsky) oder Demi-tendineux (Cuvier). — Meckel und Mivart fassen beide Köpfe zum Gracilis zusammen.

[218] Meckel p. 265: No. 4. — Gorsky: Vorderer Schenkel des 2köpfigen Muskels unter dem Gracilis (*σ*). — Stannius: Vorderer tiefer Flexor tibialis.

[219] Meckel p. 265: No. 4. — Gorsky: Hinterer Schenkel des 2köpfigen Muskels unter dem Gracilis (*ϱ*). — Stannius: Hinterer tiefer Flexor tibialis. — Bei Iguana, Podinema etc. sind 19) und 20) zu einem Muskel vereinigt.

[220] Meckel No. 9, 10 und 11. — Stannius: Quadriceps femoris.

[221] Meckel p. 266: No. 9. — Cuvier: Le droit antérieur. — Gorsky: Theil des Rectus femoris. — Stannius: Abducirender Bauch des Quadriceps. — Mivart: Rectus femoris.

b) Der zweite Kopf[222] (*Ileo-tibialis s. Rectus femoris externus*) entspringt vom vordern Theil des Os ilei.

c) Der dritte Kopf[223] (*Femoro-tibialis externus s. Vastus externus*) beginnt an der Aussenseite des obern Drittheils des Femur.

d) Der vierte Kopf[224] (*Femoro-tibialis internus s. Vastus internus*) entspringt von der Innenseite der Mitte des Femur.

22) *Fibulo-tibialis superior s. Popliteus*[225]. Er schlägt sich vom Capitulum fibulae mit absteigenden Fasern breit um die obere Hälfte der Tibia herum.

23) *Fibulo-tibialis inferior*[226]. Er geht von der untern Hälfte der Fibula mit absteigenden Fasern an das untere Drittel der Tibia.

d. Muskeln des Fusses und der Zehen[227].

24) *Fibio-metatarsalis longus*[228]. Ein langer dicker Muskel, der von der vordern und innern Seite der Tibia entspringt, auf ihrer Streckseite verläuft und am ersten Mittelhandknochen dorsal endet.

25) *Epicondylo-metatarsalis dorsalis medius*[229]. Wohl entwickelter Muskel auf der Streckseite des Unterschenkels. Er entspringt am Condylus externus femoris und inserirt am Grunde der Rückenfläche des Metatarsus III und IV.

26) *Fibulo-metatarsalis dorsalis*[230]. Ein auf der Fibularseite des Unterschenkels neben dem vorigen liegender Muskel. Er geht vom obern Theile der Fibula auf der Streckseite zum Metatarsus digiti V.

27) *Tibio-metatarsalis dorsalis brevis*[231]. Ein sehr kleiner, vom untern Viertel der Tibia bis zum ersten Metatarsus verlaufender Muskel, der von dem Tibio-metatarsalis dorsalis longus bedeckt wird und nicht leicht von ihm zu trennen ist.

28) *Fibulo-tarso-digitalis dorsalis*[232]. Ein grosser auf dem Fussrücken liegender Muskel. Er

---

222 MECKEL p. 267: No 10. — CUVIER: Couturier. — GORSKY: Tensor fasciae latae und Theil des Rectus femoris. — STANNIUS: Abducirender Bauch des Quadriceps. — MIVART: Glutaeus maximus.

223 MECKEL vereinigt Vastus externus und internus in No. 11. — CUVIER: Vaste externe. — GORSKY und MIVART: Vastus externus und Crureus. — STANNIUS: Aeusserer Kopf des Quadriceps femoris.

224 CUVIER: Vaste interne. — GORSKY und MIVART: Vastus internus. — STANNIUS: Innerer Kopf des Quadriceps femoris. GORSKY und MIVART führen noch einen 5. Kopf (Cruralis, Crureus) an, der von der vordern Fläche des Femur entspringt, aber bei Euprepes und Gongylus fehlt.

225 MECKEL: 13. Kniekehlenmuskel. — STANNIUS: Oberer rotirender Muskel. — MIVART: Popliteus.

226 MECKEL: 14. Unterer Vorwärtswender. — STANNIUS: Unterer rotirender Muskel. — MIVART: Peroneo-tibial.

227 Die Muskeln des Fusses und der Zehen sind von STANNIUS und GORSKY mit Ausnahme weniger grosser nicht beschrieben werden Auch CUVIER's Angaben sind sehr dürftig. Von denen MECKEL's weichen meine Untersuchungen oft sehr ab, mit denen MIVART's stimmen sie besser überein.

228 MECKEL p. 274: No. 1ᵃ. Innerer Fussheber oder vorderer Schienbeinmuskel. — MIVART: Tibialis anticus. — STANNIUS vereinigt ihn und den folgenden Muskel zum langen Hebemuskel des Fusses.

229 MECKEL. No. 1ᵇ. Aeusserer Fussheber oder Beuger. — MIVART: Extensor longus digitorum (?)

230 MECKEL p 275: No. 2. Lange Wadenbeinmuskeln. — MIVART: Peroneus primus.

231 MECKEL: No. 4. — MIVART: Peroneus secundus (?)

232 MECKEL unterscheidet (p. 285) eine oberflächliche und tiefe Partie. Die Bäuche der erstern entspringen von der Fibula und sind »überzählige Wadenbeinmuskeln«, die tiefen beginnen am Astragalus und stellen »obere Köpfe

entspringt vom unteren Ende der Tibia und vom Astragalus und theilt sich in 5 ziemlich selbständige Bäuche, von denen der 2., danach der 3. am grössten sind und die zu den Metatarsen und Phalangen der 5 Zehen gehen. Die nach der 1. bis 4. Zehe gehenden Theile werden durch tiefer liegende von den Metatarsalknochen entspringende Bäuche verstärkt.

29) *Epitrochleo-tibio-metatarsarlis ventralis s. Gemellus internus*[233]. Ein dünner breiter Muskel, der ganz oberflächlich auf der Beugeseite des Unterschenkels liegt. Er entspringt vom Condylus internus femoris und vom obern Theil der Tibia und geht in eine Sehne über, die sich mit der des

29') *Epitrochleo-metatarsalis ventralis fibularis s. Gemellus externus*[233] verbindet und zum Metatarsus geht, wo sie sich in eine Aponeurose verbreitert, die an der Tibialseite am 1. und 2. Mittelfussknochen, an der Fibularseite am 5. Metatarsale inserirt. Der Epitrochleo-metatarsalis ventralis fibularis entspringt tiefer vom Condyl. int. fem. und steht mit einer vom Subcaudalis kommenden Sehne in Verbindung.

30) *Tibio-metatarsalis ventralis*[234]. Ein kurzer platter Muskel, der von der untern Hälfte der Tibia (und zum Theil der Fibula) entspringt und zum Grund der Beugeseite der 3 ersten Mittelfussknochen geht.

31) *Epicondylo-metatarsalis digitalis ventralis sublimis s. Flexor perforatus*[235]. Ein grosser Muskel, der vom Cond. ext. fem. entspringt und aus einer oberflächlichen und tieferen Schicht besteht, die aber beide unzertrennbar fest mit einander verwachsen sind. Die oberflächliche Schicht bildet in ihrem ganzen Verlaufe eine breite, aber dünne Muskellamelle, welche namentlich im Anfange mit Sehnenfasern vermischt ist; die tiefe besteht in der obern Hälfte des Unterschenkels aus einer starken Sehne, die aber in der untern Hälfte in ein kräftiges Muskelbündel sich verbreitert, das ohne Grenze in das oberflächliche übergeht. Der Muskel inserirt im unteren Drittel seines Verlaufs mit 2 Sehnen am 1. und 5. Mittelfussknochen, die Hauptmasse geht an alle Glieder der 5 Zehen ausser der Endphalanx, die vom nächsten Muskel eingenommen wird.

32) *Epicondylo-fibulo-tarso-digitalis ventralis profundus s. Flexor perforans*[236]. Er entspringt mit 2 Zipfeln vom Cond. ext. fem. und von der obern Hälfte der Tibia und Fibula, zieht sich längs der Beugeseite des Unterschenkels herunter und geht in eine breite Endsehne über, die meist Ossificationen trägt und sich in 5 Zipfel spaltet, welche die Sehnen des Perforatus durchbohren und an den Endphalangen der 5 Zehen inseriren[237].

---

der herabgedrückten Zehenstrecker« dar, während die vom Metatarsus kommenden accessorischen Bäuche »die kurzen Zehenstrecker« repräsentiren. — Mivart: Extensor brevis digitorum.

[233] Meckel: No. 5 und 6. Fussstrecker, dem Sohlenmuskel entsprechend. — Mivart: Theil des Gastrocnemius. 29 und 29' lassen sich auch als Epitrochleo-metatarsalis ventralis auffassen, der vom Puboischio-tibialis subl. post. in seinem oberen Theile durchbohrt ist. Die Gemelli der Scincoiden sind viel unbedeutender und weit mehr verkümmert, als der mächtige Gastrocnemius bei Iguana z. B. s. Mivart.

[234] Meckel: No. 7. Hinterer Schienbeinmuskel. — Mivart: Tibialis posticus.

[235] Meckel: Durchbohrter Beuger. — Stannius: Flexor perforatus. — Mivart: Plantaris. Bei andern Sauriern häufig in 2 Theile, zur 1.—3. Zehe und zur 4. und 5. Zehe, getrennt.

[236] Meckel: Durchbohrender Beuger. — Stannius: Flexor perforans. — Mivart: Flexor longus digitorum; die Flexores accessorii fehlen bei den Scincoiden.

[237] Auch der Perforatus ist bei andern Sauriern in 2 Theile, einen zur 1. — 4. Zehe, einen andern zur 5. Zehe, gespalten.

33) *Tendini-digitales s. Lumbricales*[238]. Von der Endsehne des Perforatus entspringende kleine Muskeln, die an beide Seiten der Grundphalangen der 2., 3. und 4. Zehe gehen.

34) *Tarso-hallucialis ventralis*[239]. Eine von Tarsus und Metatarsus zur Grundphalanx der grossen Zehe gehende Muskelmasse.

35) *Tarso-digitalis ventralis medius*. Kleine, bei Gongylus und Euprepes schwer darstellbare Muskeln, die vom Calcaneus mit schräg gehenden Fasern an die Grundphalangen der 2., 3. und 4. Zehe gehen.

36) *Tarso-digitalis ventralis fibularis*[240]. Muskelmasse an der 5. Zehe, die vom Calcaneus und Metatarsale V. an die Grundphalanx der kleinen Zehe geht.

37) *Interrossei*[241]. Schwach entwickelte Muskeln zwischen den Mittelfussknochen.

§ 11.

Muskeln des Beckens und der hintern Extremität bei den Sauriern mit rudimentären Extremitäten[242].

a. Seps tridactylus Gerv.

1. Muskeln des Beckens.

1) *Ileo-costalis*. Der am Os ilei beginnende Theil ist viel schwächer entwickelt, als der in die Schwanzmuskelmasse fortgesetzte. Danach ist der *Quadratus lumborum* auch ganz unbedeutend.

2) *Obliquus abdominis externus sublimis*. Wohlentwickelter Muskel, der breit an der Spina ossis ileopectinei und am Os puboischium endet. Die Insertion an der Spina ossis ilei fehlt.

3) *Rectus abdominis*. Er endet schmal und median am Vorderrande der Symphysis pubica (ischiadica), die bei Seps durch Bandgewebe vertreten ist.

4) *Ileo-coccygeus*. Ein mächtiger, von den Kloakenmuskeln nicht trennbarer Muskel, welcher mit einigen Fasern am Hinterrande des Os ilei inserirt.

Ischio-coccygeus. Er endet mit langer Sehne an der Mitte der hintern Seite des Os puboischium an einer dem Tuber ischii homologen Rauhigkeit.

2. Muskeln des Oberschenkels

5) *Ileo-femoralis s. Glutaeus medius*. Vom Glutaeus maximus nicht trennbar, sondern mit diesem einen einzigen Muskel bildend.

---

238 MECKEL: Spulmuskeln. — MIVART: Lumbricales.

239 MIVART: Abductor hallucis. — MECKEL unterscheidet (bei Iguana) 2 kleinere Beuger, einen kurzen Anzieher und einen kleinen Abzieher. Bei Euprepes und noch mehr bei Gongylus ist die Trennung dieser Muskeln unmöglich.

240 MIVART: Flexor digiti minimi.

241 MIVART: Interossei.

242 Literatur: HEUSINGER a. a. O. Becken- und Extremitätenmuskeln von Pseudopus Pallasii p. 495 f. Die sich auf Seps beziehenden Abbildungen zeigen nur die Knochen, nicht aber die Muskeln der hintern Extremität. Zur eigenen Untersuchung dienten Seps tridactylus, Pygopus lepidopus, Lialis Burtonii, Pseudopus Pallasii, Ophiodes striatus.

6) *Coccygo-femoralis longus s. Pyriformis.* Tiefliegender Muskel, dessen Endsehne am Unterschenkel inserirt. Die Insertion am Femur ist nicht erkennbar.

7) *Coccygo-femoralis brevis s. Subcaudalis.* Er entspringt gemeinsam mit Pyriformis und Ileococcygeus und bildet mit diesen verbunden eine mächtige Muskelmasse an der Seite der Kloake. Endet am Femur.

8) *Ileopectineo* (*Pubo*)-*trochantineus externus* und

10) *Ileopectineo* (*Pubo*)-*femoralis longus s. Pectineus.* Beide bilden einen Muskel, dessen Ursprung an den Hinterrand der Symphysis ileopectinea (pubica) zurückgerückt ist. Der oberflächliche und vordere Theil legt sich in seinem Verlaufe über das Os ileopectineum hinweg und endet an einer dem Trochanter minor homologen Rauhigkeit; der tiefere und hintere Theil (Pectineus) zieht sich zwischen dem Ileopectineum (pubis) und dem weit nach vorn gerückten Puboischium (ischii) hindurch und inserirt mit dem vordern Theile unterhalb des Trochanter minor.

9) *Ileopectineo* (*Pubo*)- *trochantineus internus.* Ein wohlentwickelter Muskel auf der Innenseite des Os ileopectineum (pubis).

11) *Ileopectineo-femoralis brevis* fehlt.

12) *Puboischio-femoralis* oder richtiger *Pubo-femoralis*, weil der Tuber ischii bei Seps fehlt. Kleiner tiefer Muskel.

13 und 14) *Puboischio* (*ischio*)-*trochanterii* sind nicht darstellbar.

3) Muskeln des Unterschenkels.

15) *Ileo-fibularis s. Glutaeus maximus.* Ein wohlentwickelter Muskel mit breitem Ansatze am Hinterrande des Os ilei, der mit dem Glutaeus medius zu einem Muskel verschmolzen nach dem Kniegelenk läuft und an der Fibula endet.

16) *Ileoischiadico-tibialis.* Er entspringt vom Hinterrande des an das Os ilei angrenzenden Theiles vom Os puboischium (ischii) oder pubis, da das Ligamentum ischiadicum fehlt. Er würde danach besser Puboischio-tibialis lateralis zu benennen sein.

17) *Puboischio* (*Ischio*)-*tibialis sublimis posterior s. Semimembranosus et Semitendinosus.* Ein kleiner neben 16) entspringender und kaum von ihm zu trennender Muskel.

18) *Puboischio* (*ischio*)-*ileopectineo* (*pubo*)-*tibialis sublimis anterior s. Gracilis.* Ein breiter Muskel, dessen Ursprung von den Symphysen bis zur Mitte des Os puboischium und ileopectineum seitlich zurückgerückt ist.

19) *Ileopectineo* (*pubo*)-*tibialis profundus* und

20) *Puboischio* (*ischio*)-*tibialis profundus* fehlen oder sind mit den oberflächlichen Muskeln verwachsen.

21) *Ileopectineo* (*pubo*)-*ileo-bifemoro-tibialis s. Quadriceps femoris.* Er ist auch im Verhältniss zu den andern Muskeln des Oberschenkels und Unterschenkels weit schwächer entwickelt, als bei den Sauriern mit wohlentwickelten Extremitäten. Auch sind seine vom Os ileopectineum und Os ilei entspringenden Köpfe soweit zurückgerückt, dass sie hinter dem Pectineus und Ileopectineo-

trochanterius longus beginnen, die bei den Sauriern mit vollkommenen Extremitäten sich zwischen beide einschieben. Die am Femur entspringenden Köpfe sind äusserst schwach entwickelt.

22) und 23) *Fibulo-tibialis superior* und *inferior* sind als Muskeln nicht erkennbar.

4) Muskeln des Fusses und der Zehen.

24) *Tibio-metatarsalis dorsalis longus* und

25) *Epicondylo-metatarsalis dorsalis medius* bilden zusammen einen breiten Muskel auf der Rückenseite des Unterschenkels, der oberhalb des Tarsus in dem sehnigen Gewebe des Fussrückens endet.

26) *Fibulo-metatarsalis-digitalis dorsalis.* Kleiner dünner Muskel, der in dem sehnigen Gewebe des Fussrückens endet.

27) *Tibio-metatarsalis dorsalis brevis* ist nicht darzustellen.

28) *Fibulo-tarso-digitalis dorsalis.* Ein breiter, aber sehr dünner Muskel, der zum grossen Theile aponeurotisch geworden ist.

29) *Epitrochleo-tibio-metatarsalis ventralis* und

31) *Epicondylo-digitalis ventralis sublimis.* Sie verbinden sich, obwohl von verschiedenen Punkten entspringend, sehr bald zu einem breiten Muskel auf der Beugeseite des Unterschenkels, der noch die Fähigkeit hat, Fuss und Zehen zu beugen.

30) *Tibio-metatarsalis ventralis* und die kleinen auf dem Fusse gelegenen Muskeln fehlen oder werden durch sehniges Gewebe ersetzt.

b. Pygopus lepidopus Merrem.

1. Muskeln des Beckens.

Das Becken ist sehr locker angeheftet und liegt in Muskeln eingebettet.

1) *Ileocostalis.* Ein sehr dicker Muskel, der sich über das Os ilei hinwegzieht, ohne von ihm zu entspringen. Danach fehlt auch der Quadratus lumborum.

2) *Obliquus abdominis externus sublimis.* Er endet seitlich am Os ileopectineum (pubis), noch an dessen knochigem Theile.

3) *Rectus abdominis* geht über das Os ileopectineum und die auf ihm liegenden Muskeln, um sich an dem medianen Ende des Puboischium anzuheften. Er ist verhältnissmässig viel breiter, als bei Seps.

4) *Ileo-coccygeus.* Starker Muskel, der fleischig am untern Theile des Hinterrandes des Os ilei endet.

Ischio-coccygeus endet mit wenig starker Sehne am Hinterrande des Os puboischium.

2. Muskeln des Ober- und Unterschenkels.

Die Muskeln des Oberschenkels und Unterschenkels zeigen in ihrem Verhalten so bedeutende

Abweichungen von denen der vollkommenen Saurier und stehen wegen der Kürze des Femur in so engen Beziehungen zu einander, dass sie mit diesen zusammen behandelt werden.

5) und 15) *Ileo-femoralis s. Glutaeus.* Ein oberflächlicher Muskel, der vom hintern Rande des Os ilei entspringt und z. Th. am Femur endet, z. Th. ohne alle Insertion an Knochen in sehniges Hautgewebe ausläuft. Der am Femur endende Theil entspricht dem Glutaeus medius, der im Hautgewebe auslaufende Theil dem Glutaeus maximus, dessen Insertion an der Fibula fehlt.

6) und 7) *Coccygo-femorales s. Pyriformis et Subcaudalis.* Sie sind zu einem tiefliegenden schwachen Muskel vereinigt, der noch eine Endsehne zum Unterschenkel schickt.

8) *Ileopectineo (Pubo)-trochantineus externus.* Ein wohlentwickelter Muskel, dessen Ursprung an den dem Acetabulum nahe gelegenen Theil des Os ileopectineum (pubis) zurückgerückt ist und der am Capit. femoris endet, da der Trochanter minor fehlt.

9) *Ileopectineo (Pubo)-trochantineus internus.* Er geht unmittelbar in den der Gegenseite über und bildet so einen halbmondförmigen Muskel, der nur zum kleinsten Theile am Capitulum femoris, zum grössten aber am innern Theile des Os ilei sich anheftet und so mehr die Functionen eines Sphincter cloacae, als die eines Schenkelmuskels übernommen hat.

10) *Ileopectineo (Pubo)-femoralis longus.* Ein schmaler Muskel, der von dem medianen Knorpeltheile des Os ileopectineum entspringt.

11) *Ileopectineo (Pubo)-femoralis brevis* fehlt.

12) *Puboischio (Ischio)-femoralis s. Adductor*, 16) *Ileo-ischiadica tibialis*, 17) *Puboischio-tibialis sublimis posterior*, 19) *Ileopectineo (pubo)-tibialis profundus* und 20) *Puboischio-tibialis profundus.* Diese 5 Muskeln sind vertreten durch eine unbedeutende Muskelmasse (*Adductor*), die vom Os puboischium nahe der Gelenkpfanne beginnt und am Femur und der Tibia inserirt.

13) und 14) *Puboischio-trochanterici* fehlen.

18) *Puboischio (Ischio)- ileopectineo (pubo)-tibialis sublimis s. Gracilis.* Ein breiter Muskel, der auch Elemente des Pectineus enthält. Er beginnt am Knorpeltheile des Os ileopectineum und puboischium und endet an dem Femur und dem Kapselbande auf der Tibialseite. Er bedeckt die tiefen Muskeln an der Innenseite des Oberschenkels.

21) *Ileopectineo (Pubo)-ileo-bifemoro-tibialis s. Quadriceps femoris.* Ein sehr kleiner Muskel, der, ohne besondere Köpfe erkennen zu lassen, vom Hinterrand des Os ilei nahe der Vereinigung mit dem Os puboischium und vom Kopfe des Femur entspringt.

22) und 23) *Fibulo-tibialis sup.* und *inf.* fehlen.

3. Muskeln des Fusses.

24) *Tibio-metatarsalis dorsalis longus*, 25) *Epicondylo-metatarsalis dorsalis medius* und 26) *Fibulo-metatarsalis-digitalis dorsalis* sind vereinigt zu einem dünnen breiten Muskel, der in dem Sehnengewebe am Metatarsus endet.

29) *Epitrochleo-tibio-metatarsalis ventralis* und

31) *Epicondylo-digitalis ventralis sublimis* bilden einen gemeinsamen breiten Muskel auf der

Beugeseite des Unterschenkels, der seine Sehnen bis an die knorpligen Rudimente der Grundphalangen schickt.

Die übrigen bei den typischen Sauriern beschriebenen Muskeln fehlen.

c. Ophiodes striatus Wagl.

1. Muskeln des Beckens.

1) *Ileo-costalis*. Er zieht sich mit seinem oberflächlichen Theile über das Becken hinweg, während er mit der tiefern Schicht vom Vorderrand des Os ilei entspringt.

2) *Obliquus abdominis externus sublimis*. Ein kräftiger Muskel, der an der Spina ossis ileopectinei und am Os puboischium endet.

3) *Rectus abdominis*. Er endet neben und median vom Obliquus am Os puboischium mit kräftiger Endsehne, die mit der des Obliquus verbunden ist.

4) *Ileo-coccygeus* inserirt breit und fleischig am Hinterrand des Os ilei,
Ischio-coccygeus schmal und sehnig am Hinterrand des Os puboischium.

2. Muskeln des Ober- und Unterschenkels.

5) und 15) *Ileo-femoralis s. Glutaeus*. Vom Os ilei bis zum Hinterrand des Femur mit seiner tiefern Schicht (Gl. medius) und zum sehnigen Hautgewebe des Unterschenkels mit der oberflächlichen Schicht (Gl. maximus).

6) *Coccygo-femoralis s. Pyriformis*. Er endet mit der Hauptmasse kräftig am obern Theil des Femur und schickt eine sehr zarte Sehne nach dem Unterschenkel, die am Cond. int. tibiae inserirt.

7) *Subcaudalis* scheint zu fehlen.

8) *Ileopectineo-trochantineus externus*. Ein wohlentwickelter Muskel, der am vordern Rande des Os ileopectineum anliegt und am Trochanter minor inserirt.

9) *Ileopectineo-trochantineus-internus* fehlt oder ist im Sphincter cloacae (Transversus abdominis) enthalten.

10 und 11) *Ileopectineo-femorales s. Pectinei*. Sie bilden eine wohlentwickelte Muskelmasse, die von einem besonderen Lig. puboischio-ileopectineum entspringt und am Femur unterhalb des Trochanter minor endet.

12) *Puboischio-femoralis s. Adductor*. Ein verkürzter Muskel mit zurückgerücktem Ursprunge, der vom Os puboischium zum obern Theil des Femur geht, wo er neben Pectineus inserirt.

Die Muskeln 13), 14), 16), 17), 18), 19) und 20) fehlen.

21) *Ileopectineo-ileo-bifemoro-tibialis s. Quadriceps femoris*. Er ist durch 2 Bäuche vertreten, einen innern (Rectus internus c. Vasto interno), der vom hintern Theil des Ileopectineum und der Innenfläche des Femur entspringt, und einen äussern (Rectus externus c. Varto externo) von der Wurzel des Os ilei und der Aussenfläche des Femur. Beide enden vereinigt am Capitulum tibiae.

22) und 23) *Fibulo-tibialis superior et inferior* scheinen durch einige Muskelfasern zwischen Fibula und Tibia vertreten zu sein.

Die Muskeln des Fusses fehlen oder sind durch sehniges Gewebe ersetzt.

d. Lialis Burtonii Gray.

1. Muskeln des Beckens.

1) *Ileo-costalis.* Er heftet sich (im Gegensatze zu Pseudopus) mit seiner Hauptmasse an den Vorderrand des Os ilei an, während nur ein kleiner Theil über das Becken hinweg in die Schwanzmuskeln übergeht.

Der *Quadratus lumborum* ist vorhanden, ist aber von dem Ileo-costalis nicht zu trennen.

2) *Obliquus abdominis externus sublimis.* Er heftet sich gemeinsam mit dem

3) *Rectus abdominis* an die vordere Seite des untern Beckenknochens, wobei er von dem der Gegenseite sich entfernt.

4) *Ileo-coccygeus* endet mit starker Muskelmasse am Hinterrande des Os ilei.

Ischio-coccygeus, mit langer Endsehne am Tuber ischii inserirend.

2. Muskeln der hintern Extremität.

Die schwachen Extremitätenmuskeln sind hier so einfach, dass die Namen der Muskeln bei den wohlentwickelten Sauriern nicht mehr auf sie anwendbar sind. Die Durchführung dieses Princips der exacten Vergleichung hatte schon bei Pygopus grosse Schwierigkeiten, würde aber hier gar keinen wissenschaftlichen Sinn mehr haben, da die Vergleichung nur ganz hypothetisch sein würde.

Die Extremität von Lialis, ebenso wie die von Pseudopus hat in der Ruhe eine ganz eigenthümliche Lage[243], die wesentlich von der bei den typischen Sauriern abweicht. Sie ist nach oben gerichtet. Dadurch erklären sich auch die veränderten Grössenverhältnisse der Muskeln, da ihre Functionen in ihrer Stärke sich vertauscht haben.

Bei Lialis habe ich blos 2 Muskeln beobachten können, die am Femur inserirten, während Tibia und Astragalus ohne alle Verbindung zu ihnen standen.

6) *Ileo-femoralis.* Ein kräftiger Muskel (im Verhältniss zur Kleinheit der Extremität), der am Os ilei und auch an der Grenze des Os ileopectineum entspringt. Er entspricht dem Glutaeus und Quadriceps der vollkommenen Saurier.

7) *Puboischio-femoralis.* Ein kräftiger Muskel, der vom Os puboischium zur Innenseite des Femur geht. Er entspricht dem Gracilis, Pectineus und Adductor. Vielleicht enthält er auch Elemente der tiefen Adductoren.

---

243 Bereits Seps unterschied sich darin von den typischen Sauriern, obwohl nicht so bedeutend, wie Lialis und Pseudopus. Bei ihm waren die Extremitäten horizontal gerichtet.

e. Pseudopus Pallasii Cuv.

1. Muskeln des Beckens.

1) *Ileo-costalis.* Er geht über das kurze Os ilei hinweg, ohne mit einer Sehne von ihm zu entspringen[244]. Demnach fehlt auch der Quadratus lumborum[245]. Er weicht hierin bedeutend vom Ileo-costalis bei Lialis ab.

2) *Obliquus abdominis externus sublimis*[246] und

3) *Rectus abdominis*[247] verhalten sich ganz wie bei Lialis.

4) *Ileo-coccygeus*[248]. Ein wohlentwickelter Muskel, der sich fleischig an den Hinterrand des Os ilei ansetzt.

Ischio-coccygeus[249]. Er endet sehnig am Hinterrande des Os puboischium, an einer dem Tuber ischii homologen Rauhigkeit.

39) *Longissimus abdominis proprius.* Dieser vom Schultergürtel entspringende (und schon oben beschriebene) lange tiefe Bauchmuskel endet am Vorderrand des Beckens an der Grenze von Os ilei und Os ileopectineum oder dem dasselbe repräsentirenden Tuberculum ileopectineum, bedeckt vom Obliquus abdominis externus sublimis.

2. Muskeln der Extremität.

Die Extremität von Pseudopus hat eine ähnliche Lage, wie die von Lialis. Danach verhalten sich auch die Muskeln ähnlich. Sie sind aber hier kleiner als bei Lialis und drei an der Zahl, also um einen vermehrt. Heusinger führt sogar 4 Muskeln an. Sollte er vielleicht nicht den einen Muskel künstlich getrennt haben, verführt durch die allerdings verlockende Annahme eines kreuzweise stattfindenden Antagonismus des Auswärtsziehers und Einwärtsziehers, Vorwärtsziehers und Rückwärtsziehers?!

5) *Ileo-femoralis s. Glutaeus*[250]. Er entspringt von der Fläche des Os ilei und inserirt an der innern Seite des Femur. No. 5) und 15) der typischen Saurier sind seine Homologa.

6) *Ileopectineo (Pubo)-femoralis s. Rectus femoris*[251]. Vom Tuberculum ileopectineum entspringend und zur Spitze des Femur tretend. Entspricht No. 8), 10) und 21) der Saurier mit wohlentwickelten Extremitäten.

---

[244] Anstatt einer Sehne entspringen einige unbedeutende Muskelfasern vom Os ilei.

[245] Der Mangel des Quadratus lumborum wurde schon früher von V. Carus a. a. O. und Stannius a. a. O. betont.

[246] Heusinger: 1) Acusserer schiefer Bauchmuskel (fig. II, 4) H. gibt auch an, dass 2) der innere schiefe Bauchmuskel von dem oberen Rande des untern Endes des Beckenrudimentes entspringt. Ich kann dies nicht bestätigen.

[247] Heusinger: 3) Gerader Bauchmuskel. Der Rectus abdominis ist bei Pseudopus ein Muskel von bedeutender Dicke. Ebenso, wenn auch in geringerem Grade bei den meisten andern kriechenden Sauriern. In wie weit Hautmuskeln dazu beitragen, kann hier nicht entschieden werden. Die Hauptmasse des Rectus zieht sich über das Beckenrudiment zur Cloake, während nur der innere tiefere Theil am Beckenrudiment inserirt.

[248] Heusinger: 5) Sehne vom äussern untern Schwanzmuskel.

[249] Heusinger: 4) Innerer unterer Schwanzmuskel.

[250] Heusinger: 4) Einwärtszieher.

[251] Heusinger: 4) Vorwärtszieher. — 5) und 6) entsprechen dem Ileo-femoralis von Lialis Burtonii.

7) *Puboischio-femoralis-tibialis s. Gracilis, Pectineus* und *Adductor*[252]. Er ist ein breiter Muskel, der vom ganzen untern Rande des Os puboischium entspringt und am Femur und an der Tibia inserirt. Er ist ein Homologon der Muskeln No 12), 17) und 18) bei den typischen Sauriern.

§ 12.

Muskeln des Beckengürtels bei den Sauriern ohne Hinterextremitäten[253].

1. Anguis fragilis.

1) *Ileo-costalis*. Er zieht sich in der Hauptmasse über das Os ilei hinweg, wird aber auch durch einige vom Vorderrand des Hüftbeins kommende Fasern verstärkt. Der Quadratus lumborum fehlt.

2) *Obliquus externus sublimis*[254] und

3) *Rectus*[255] inseriren an der Spitze des Beckenrudimentes, der erste mehr lateral, der zweite mehr median.

4) *Ischio-coccygeus*[256] endet sehnig an dem Tuber ischii.

Ileo-coccygeus[257] endet wie bei *Pseudopus* muskulös am Hinterrand des Os ilei.

5) *Ileo-costalis profundus*[258]. Ein ziemlich breiter Muskel, der vom Vorderrande des Os ilei zur vorletzten Rippe geht und dem Gebiete des Obliquus abdominis externus profundus angehört. Er ersetzt den Quadratus lumborum.

2. Acontias meleagris.

1) *Ileo-costalis*. Sein Verhalten ist dem bei *Lialis* ähnlich, indem er sich in seiner Hauptmasse an das Os ilei ansetzt und nur mit seiner oberflächlichen Schicht darüber hinwegzieht.

2) *Obliquus abdominis externus sublimis* und

3) *Rectus abdominis* ziehen sich über das Becken hinweg an die Cloake, ohne mit den Knochen in Verbindung zu stehen.

---

252 HEUSINGER: 1) Auswärtszieher und 3) Rückwärtszieher. Der Auswärtszieher ist seiner Anheftung nach Adductor, da aber das Extremitätenrudiment nach oben gerichtet ist, so vertritt er die Functionen eines Auswärtsziehers.

253 Literatur: Die Muskulatur von Anguis haben behandelt MECKEL und HEUSINGER. Zur eigenen Untersuchung dienten Anguis fragilis und Acontias meleagris.

254 MECKEL: Grösserer unterer Vorwärtszieher. — HEUSINGER: Aeusserer schiefer Bauchmuskel (Tab. III, fig. VI, 3).

255 HEUSINGER: Gerader Bauchmuskel (Tab. III, fig. II, 6).

256 MECKEL: 4. Unterer Rückwärtszieher. — HEUSINGER: No. 7.

257 HEUSINGER: No. 8. — Fehlt bei MECKEL, der dagegen einen obern Rückwärtszieher anführt, der vom obern Schwanzmuskel sich an die innere Fläche des Beckenknochens begibt; weder HEUSINGER noch ich können diese Angaben bestätigen.

258 Entspricht wahrscheinlich MECKEL's 2) oberem Vorwärtszieher, den dieser schon an der letzten Rippe enden lässt. HEUSINGER: No. 3 (Tab. IV, 9).

4) ***Ileo-coccygeus*** und

Ischio-coccygeus verhalten sich wie bei ***Anguis fragilis***, nur inserirt der letztere Muskel an einer dem Tuber ischii homologen Rauhigkeit.

5) ***Transversus abdominis.*** Unterhalb des Beckenrudimentes.

Extremitätenmuskeln fehlen sowohl bei ***Anguis*** als bei ***Acontias***.

Zweiter Theil.

Vergleichende Anatomie der Knochen und Muskeln des Brustschultergürtels, der vordern Extremität, des Beckengürtels und der hintern Extremität.

Cap. I.

Vergleichung der Knochen und Muskeln des Brustschulter- und Beckengürtels und der Extremitäten bei den Sauriern mit wohlentwickelten, mit verkümmerten und ohne Extremitäten.

Dieses Capitel enthält die Ergebnisse der anatomischen Untersuchungen des ersten oder beschreibenden Theiles.

Allen untersuchten Thieren und, höchst wahrscheinlich, überhaupt allen schlangenähnlichen Sauriern liegt ein gemeinsamer Bauplan mit den typischen Sauriern zu Grunde, so dass bei allen die homologen Knochen und Muskeln sich finden[1] und vergleichen lassen.

Die Differenzen unter einander beruhen, wenn wir einen Saurier mit wohlentwickelten Extremitäten zum Ausgangspunkte wählen, auf Verkümmerung[2]), d. h. auf Verminderung der Festig-

---

[1] Die wenigen Mm. proprii können dies allgemeine Gesetz nicht beeinträchtigen.

[2] Es ist hier der Ort nachzuweisen, dass die von andern Anatomen und von mir vielgebrauchten Worte »Verkümmerungen, Rudimente« ihre Berechtigung haben. MECKEL sagt p. 446: »sehr ähnlich verhalten sich auch bei manchen nur mit Hinterfüssen versehenen Sauriern die Rudimente der vorderen Gliedmassen«, p. 474: »Bei den höhern Ophidiern finden sich Rudimente der hinteren Gliedmassen.« — HEUSINGER: »Beckenrudimente«. — CUVIER, Recherches etc. p. 91: »Il *subsiste des vestiges* du bassin«. — J. MÜLLER a. a. O. p. 227: »Rudimente des Beckens und der Extremitäten«, »Bei Bipes lepidopus und Pseudopus Oppelii sind auch diese Fussrudimente bis auf 2 Stützen vor dem After reducirt« etc. — H. STANNIUS p. 77: »Das Becken dieser Schlangen ist immer nur abortiv« p. 78: »Diese verkümmerten Beckentheile« etc. — Diese Autoren nehmen die Verkümmerung der Extremitäten, d. h. die Rückbildung aus vollkommeneren Bildungen als selbstverständlich an und halten eine Begründung ihrer Ansicht nicht für nothwendig. So bleibt sie nur eine Hypothese. Die Begründung lässt sich aber geben und zwar erstens durch die Untersuchung von älteren Embryonen (wo bereits alle Extremitätentheile vorgebildet sind) oder sehr jungen Thieren und die Vergleichung dieser mit dem ausgewachsenen Thiere. Entspräche das Becken z. B. einer Anguis fragilis der niedern Stufe einer Entwickelung, die erst im Becken der Saurier mit wohlentwickelten Extremitäten ihren Höhepunkt erreicht, so müsste dasselbe beim Embryo oder dem sehr jungen Thiere noch geringer entwickelt sein, als beim ausgewachsenen Thiere. Nun aber zeigt das Becken einer eben erst geborenen Anguis fragilis eine verhältnissmässig weit bedeutendere Entwickelung, als dies im spätern Alter der Fall ist. Das Os ilei ist gross, das Os ileopectineum zeigt anstatt des kleinen Knorpelendes eine lang ausgezogene Spitze, ähnlich wie bei Pygopus. Die Entwickelungscurve hat also ihr Maximum im frühesten Alter (wenn nicht schon im spätern embryonalen Zustande), während sie später nach abwärts steigt. Das Becken entfernt sich also im Alter immer mehr von der ursprünglichen, vollkommeneren Bildung: es verkümmert. Nun entspricht aber einem morphologischen Grundsatze zufolge die Entwickelung eines Individuum vom embryonalen bis zum ausgewachsenen Zustande der ganzen Entwickelungsreihe der Art. Es zeigt somit die mit dem Alter zunehmende Verkümmerung des Beckens bei einem Individuum ein ziemlich getreues Abbild der im Laufe

keit und Grösse der homologen Theile. Die Verminderung der Festigkeit zeigt sich in dem Eintreten von Knorpel oder noch weicherem Gewebe für das festere Knochengewebe, die Verminderung der Grösse kann bis zum vollständigen Mangel der einzelnen Knochen und Muskeln fortschreiten.

§ 1.

Knochen des Brustschultergürtels und der vordern Extremität.

Die Verkümmerung beginnt gleichzeitig an allen Theilen, aber in sehr verschiedener Stärke. Während sie am Brustschultergürtel kaum merklich ist und sich anfangs höchstens durch Verminderung der Festigkeit des Gewebes offenbart, tritt sie an den Extremitäten mit aller Macht auf, so dass diese sehr verkümmern, ja sogar fehlen können, ehe am Brustschultergürtel eine merkliche Aenderung sich zeigt.

a. Vordere Extremität.

Die Verkümmerung beginnt an den Fingern, indem die Endphalangen wegfallen. Bei *Euprepes* ist die normale Zahl (2 am ersten, 3 am 2. und 5., 4 am 3. und 5 am 4. Finger) vorhanden, bei *Gongylus* ist die 5. Phalanx des 4. Fingers weggefallen u. s. w. Der Wegfall aller Phalangen eines Fingers bedingt die gänzliche Verkümmerung desselben. Hierbei zeigen sich verschiedene Verhältnisse: bei *Heterodactylus* sind alle Phalangen des ersten Fingers bis auf ein kleines Knötchen[3] weggefallen, bei allen andern Gattungen verkümmern die Phalangen zuerst des 5., dann die des 4. Fingers u. s. f., während die des 1. Fingers ziemlich unversehrt bleiben.

Die Metacarpalknochen fallen (bei *Seps*) ebenfalls von aussen her weg[4]. Bei *Seps* fehlt der 5. vollkommen, vom 4. ist noch ein kleines Rudiment vorhanden.

Die Carpalknochen verkümmern eher in der 2. Reihe als in der 1. Bei *Seps* ist Carpale IV und V der 2. Reihe und Pisiforme der 1. Reihe weggefallen, während die übrigen noch vorhanden sind.

Die *Ulna*, *Radius* und *Humerus* sind bei *Seps* noch vorhanden, wenn auch sehr verkümmert.

---

der Zeiten durch Nichtgebrauch fortschreitenden Verkümmerung bei der ganzen Folge aller Individuen dieser Art, zu dem das eine Individuum gehört. — Aehnlich lässt sich auch bei Anguis die Verkümmerung des Brustschultergürtels nachweisen. — Ein weiterer Beweis lässt sich geben durch die Vergleichung von embryonalen oder jungen typischen Sauriern mit ausgewachsenen schlangenähnlichen Sauriern. Würden die Knochen der letzteren und der ersteren Uebereinstimmung zeigen, so könnte man sie für niedere (vorangehende) Entwickelungszustände halten. Die Untersuchung zeigt aber gerade das Gegentheil. Bei Lacerta agilis juv. liegt die härteste Stelle des Os ileopectineum (die dem Ossificationspunkte beim Embryo entspricht) in der Nähe der Symphysis ileopectinea, während der dem Acetabulum näher liegende Theil knorplig ist. Bei Pygopus (und Anguis) dagegen ist die bei Lacerta juv. härteste Stelle die weichste und aus Knorpel gebildete, während die bei Lacerta juv. weichste Stelle hier aus Knochen besteht. Es entspricht also das Becken von Pygopus ganz und gar nicht einer niederen Stufe. Dafür zeigt es deutlich die Verhältnisse einer peripherisch beginnenden Verkümmerung eines ursprünglich hoch entwickelten Beckens

[3] Diese Angabe von Duméril und Bibron kann auch auf falscher Beobachtung beruhen, indem ein besonders vortretender Carpal- oder Metacarpalknochen für ein Daumenrudiment angesehen worden ist. In diesem Falle würde Heterodactylus der allgemeinen Regel folgen, und die Annahme des Wegfalls des 5. Fingers wäre auch hier bestätigt.

[4] Die Ergebnisse beziehen sich nur auf Seps und sind daher äusserst dürftig. Ich verweise zur Vervollständigung auf § 3.

Bei den Sauriern ohne vordere Gliedmassen ist die ganze vordere Extremität weggefallen, mit Ausnahme von *Pseudopus*, wo ein kleines Knötchen das Rudiment eines *Humerus* repräsentirt.

b. Brustschultergürtel.

Das *Sternum* ist wohlentwickelt von rautenförmiger Gestalt und artikulirt seitlich mit 3, an der hintern Spitze mit 3 (*Gongylus*) oder 2 (*Euprepes*) Sternocostalleisten. Bei *Chamaesaura* ist es dünner geworden, artikulirt aber seitlich noch mit 3, an der hintern Spitze mit 2 Sternocostalleisten. Bei *Ophiodes* artikulirt es mit blos 2 Sternocostalleisten jederseits und 1 an der Spitze. — Verkürzungen treten zuerst ein bei *Pygopus*. Zugleich hört hier die Articulation an der Spitze auf und wird nur noch durch je eine Sternocostalleiste an der Seite vermittelt. Vollkommen unverbunden mit den Rippen ist es bei *Pseudopus*, *Lialis*, *Ophisaurus*, *Anguis*, *Acontias*, wo es frei in Muskeln liegt. Damit ist auch eine theilweise Verkümmerung seiner hintern Hälfte verbunden, so dass der Hinterrand flach convex bei *Pseudopus*, *Anguis* und *Ophisaurus* (bei letzterem mit einem seichten mittleren Ausschnitt) und flach concav bei *Lialis* und hier zugleich mit einem medianen Vorsprunge versehen ist[5]. — Bei allen diesen Gattungen besteht das Sternum aus einem Stücke, bei *Acontias meleagris* aus 2 kleinen paarigen Platten, die durch einen kurzen Zwischenraum von einander getrennt sind. Bei *Acontias niger* und *Typhlosaurus* fehlt es.

Das *Episternum* hat bei den typischen Scincoiden die Gestalt eines Kreuzes, das mit seinem hinteren Schenkel auf dem Sternum festlagert, mit seinem vorderen Schenkel die beiden Claviculae aufnimmt und mit seinen seitlichen Schenkeln frei hervorragt. Die einzige Ausnahme, soweit bekannt, macht *Ophiodes striatus*, dessen wohlentwickeltes Episternum die Gestalt einer Armbrust hat. Bei den schlangenähnlichen Sauriern beginnt eine Verkümmerung entweder des hinteren oder des vorderen Schenkels. Der hintere Schenkel ist bei *Seps* der Art verkürzt, dass das Episternum vor das Sternum zu liegen kommt. Der vordere und die seitlichen Schenkel sind hierbei ganz normal. Der vordere Schenkel fehlt vollkommen bei *Pseudopus*, das Episternum hat hier eine Tförmige Gestalt erhalten und lagert mit seinen seitlichen, etwas nach hinten gebogenen Schenkeln fest auf dem Vorderrand des Sternums auf. Die Verbindung mit der *Clavicula* fehlt bei ihm und den folgenden Gattungen vollkommen[6]. Bei *Ophisaurus* ist ausserdem noch der hintere Schenkel bis auf einen kurzen Rest geschwunden, bei *Anguis* sind auch die seitlichen Schenkel verkümmert. Bei letzterem und bei *Pygopus* geht es ohne Grenzen in das Sternum über, bei *Lialis*, *Acontias* und *Typhlosaurus* fehlt es gänzlich.

Die *Scapula* ist bei *Euprepes* und *Seps* ein länglicher Knochen, der in das breite, etwas nach hinten gewendete knorplige Suprascapulare ausläuft. Dieses ist bei *Seps* verhältnissmässig kleiner als bei *Euprepes* und *Gongylus*. Bei *Pseudopus*, *Lialis*. *Ophisaurus*, *Anguis* ist die Scapula verkürzt,

---

[5] Dieser Vorsprung hat Aehnlichkeit mit dem Brustbeinfortsatze von Chirotes.

[6] Allerdings verbinden sich auch dann noch beide Schlüsselbeine mittelst eines kleinen Zwischenknorpels. Diesen möchte ich aber nicht für das Rudiment der vorderen Spitze des Episternums ansehen, da dasselbe bei den Sauriern ein durchweg knöchernes Gebilde ist.

bei *Pygopus* und *Ophiodes* verschmälert, bei *Acontias* und *Typhlosaurus* verkürzt und verschmälert. Vollkommen fehlt sie mit dem Suprascapulare bei gewissen Exemplaren von *Acontias meleagris.* — Das *Suprascapulare* ist stets breiter als die Scapula, ausser bei *Ophisaurus*; sie ist wohlentwickelt bei *Pseudopus*, *Ophiodes* und *Pygopus*, mehr verkümmert bei *Acontias*, *Anguis*, *Lialis*, *Ophisaurus* und *Typhlosaurus*.

Die *Pars coracoidea* ist nächst der Scapula der beständigste Theil des Schultergerüstes. Sie ist bei *Euprepes*, *Gongylus* und *Seps* noch zum grossen Theile knöchern, bei den andern schlangenartigen Sauriern in ihrer Hauptmasse knorplig. Stets bleibt aber ein knochiges (oder vielmehr aus verkalktem Knorpel bestehendes) Stück an der Grenze der Scapula, das bei *Pygopus* und *Lialis* (vielleicht bei allen ophiophthalmen Scincoiden) mit zwei Lappen, bei *Ophiodes*, *Anguis*, *Ophisaurus*, *Pseudopus*, *Acontias* und *Typhlosaurus* mit einem Lappen in die Knorpelfläche ausläuft, die bei *Ophiodes* und *Typhlosaurus* sehr reducirt ist. — Die medianen Ränder des rechten und linken Coracoids liegen bald über einander bei *Euprepes*, *Gongylus*, *Pygopus* und *Lialis* in absteigendem Grade, bald berühren sie sich und sind an der Berührungsstelle verwachsen bei *Pseudopus* und *Ophisaurus* (wo sie dünne Platten) und bei *Acontias niger* (wo sie einen schmalen, aber dicken convexconcaven Bogen darstellen), bald sind sie von einander getrennt bei *Seps*, *Ophiodes* und *Typhlosaurus*. — Eine Articulation mit dem Sternum ist vollkommen bei *Euprepes*, *Gongylus*, *Seps*, wird durch blosse Angrenzung ersetzt bei *Pygopus*, *Pseudopus*, *Ophisaurus*, *Anguis* und *Lialis* und fehlt gänzlich bei *Acontias* und *Typhline*, wo das Sternum entweder vom Coracoid weit entfernt ist oder fehlt; bei *Ophiodes* ist das Coracoid mit dem Sternum verwachsen.

Die *Clavicula* ist ein schmaler rundlicher Knochen, der sich bei *Euprepes*, *Gongylus* und *Seps* an der Vereinigungsstelle mit dem Episternum auffallend verbreitert. Bei den andern atypischen Sauriern fehlt mit der Verbindung (mit dem Episternum) auch die Verbreiterung: die Clavicula bildet einen gleichmässig rundlichen und dünnen Knochen, der mit der Gegenseite durch ein Knorpelstück articulirt und nur bei *Ophiodes striatus* der Spitze und dem vordern Rande der seitlichen Schenkel des Episternums anlagert. Bei *Pseudopus* und *Ophisaurus* ist sie gestreckt Sförmig gebogen und wenig nach vorn gewendet, so dass sie sich mit der der Gegenseite unter einem stumpfen bis gestreckten Winkel vereinigt; bei *Ophiodes*, *Pygopus*, *Anguis* und *Lialis* zieht sie sich mehr nach vorn und bildet mit der auf der andern Seite gelegenen einen rechten bis spitzen Winkel. — Die Verbindung mit dem primären Schultergürtel findet statt bei allen am Vorderrande des Suprascapulare und des diesem zunächst gelegenen Scapulartheiles. — Bei *Anguis*, *Ophiodes* und *Pseudopus* liegt sie z. Th. vor dem Coracoid, bei den andern atypischen Sauriern auf dem Vorderrande dieses Knochens. — Bei *Acontias* und *Typhlosaurus* fehlt sie, doch enthält das Coracoid von *Acontias niger* Bestandtheile von ihr.

Mit der theilweisen und gänzlichen Verkümmerung einzelner Knochen ist eine Grössenveränderung des Brustschultergürtels im Ganzen verbunden. Bei *Euprepes*, *Gongylus* und *Seps* nimmt er nahezu die ganze Breite des Körpers ein und geht mit dem Scapulartheile bis zur halben Höhe desselben, bei *Pseudopus*, *Ophiodes* und *Pygopus* ist er wegen Verkümmerung des Hinterrandes vom Sternum kürzer als breit, bei den übrigen schlangenähnlichen Sauriern ist er auch schmäler, namentlich bei *Acontias niger* ist er schmäler als die Breite des Leibes und liegt lediglich auf der Bauchseite. Bei den von HEUSINGER, CUVIER und MÜLLER untersuchten Exemplaren von *Acontias meleagris* fehlt er, ebenso bei denen, die ich zur Verfügung hatte, bis auf 2 fragliche Rudimente bei dem einen Exemplare.

Von den Knochen des Brustschultergürtels verkümmern der Reihe nach:

Episternum,
Sternum,
Clavicula,
Coracoid,
Scapula.

§ 2.

Muskeln des Brustschultergürtels und der vordern Extremität.

Die Verkümmerung beginnt entsprechend der der Knochen vorzugsweise peripherisch, während die dem Rumpfe näher liegenden Muskeln erst später in merklicher Weise verkümmern.

a. Muskeln der Hand und der Finger.

Diese sind bei *Euprepes* noch vollständig entwickelt, wenn auch weniger scharf getrennt wie bei den Autosauriern. Bei *Gongylus* sind sie noch mehr unter einander verschmolzen. Bei *Seps* verkümmern die kleinen auf der Hand liegenden Muskeln und werden durch sehniges Gewebe ersetzt, die zwischen den Mittelhandknochen liegenden Interossei sind sehr schwach entwickelt. Die grösseren längs des Vorderarms gestreckten Muskeln der Finger und des Metacarpus: 26) Extensor carpi ulnaris, 27) Extensor digitorum communis longus, 28) Abductor pollicis longus und 32) Flexor digitorum communis longus sind vorhanden, wenn auch mit sehr wenigen Muskelbündeln und zurückgerückten Insertionen, die theilweise mit denen der Karpalmuskeln verwachsen sind. Diese 25) Extensor carpi radialis und 30) Flexor carpi radialis sind weniger verkümmert als die Muskeln des Metacarpus.

b. Muskeln des Vorderarms.

Abgesehen von den nicht darstellbaren Pronatoren und Supinatoren sind diese Muskeln bei *Seps* ziemlich wohl entwickelt. 20) Der Coraco-humeralis radialis hat einen zurückgerückten Ursprung, der Triceps brachii ist nur 2köpfig. Die andern Muskeln sind nicht wesentlich von denen bei *Euprepes* und *Gongylus* verschieden.

c. Muskeln des Oberarms.

Die Muskeln des Oberarms sind bei *Euprepes* und *Gongylus* wohl entwickelt, bei *Seps* wenig verkümmert, bei den Sauriern ohne Vorderextremitäten nur zum Theil in geringen Spuren angedeutet.

Die **kleineren**, von der Schulter zum Humerus gehenden Muskeln sind bei *Seps* verkürzt, theils wegen der Kleinheit der Knochen, von welchen sie entspringen [10) Clavi-humeralis, 14) Acromio-humeralis s. Deltoideus, 16) Suprascapulo-humeralis, 18) Teres minor, 18) Subscapularis] theils, weil ihre Ursprungsstellen zurückgerückt sind [10—13) Mm. coraco-humerales, 15) Coraco-humeralis internus].

Die **grösseren**, vom Sternum und vom Rumpfe entspringenden, Muskeln sind auch z. Th. bei den Sauriern ohne vordere Extremitäten angedeutet, mit Ausnahme von *Lialis* und *Acontias*.

17) *Dorso-humeralis s. Latissimus dorsi.* Er ist bei *Euprepes* und *Gongylus* ein breiter mächtiger Muskel, der an der Rückenkante beginnt, bei *Seps* kleiner mit zurückgerücktem Ursprunge, bei *Anguis* und *Ophiodes* verstärkt er mit wenigen Fasern den Cucullaris, bei den übrigen schlangenähnlichen Sauriern fehlt er.

9) *Episterno-costo-humeralis s. Pectoralis major.* Bei *Euprepes* und *Gongylus* ist er ein grosser dreieckiger Muskel, der in die schmale[7], aber dicke, quer verlaufende Portio anterior und in die breite, schräg verlaufende Portio posterior zerfällt, die sich deutlich vom Rectus und Obliquus abdominis ext. subl. abhebt. Die *Portio anterior* ist bei *Seps* breit, aber dünn, bei *Ophiodes* und *Pygopus* wird sie durch ein breites, sich vom Mediantheil des Obliquus abhebendes Bündel repräsentirt, bei *Pseudopus* und *Anguis* bilden einige seitlich divergirende Fasern des Obliquus ihr Homologon. Die *Portio posterior* hebt sich bei *Seps* noch vom Obliquus ab, aber ohne deutliche Grenze, bei *Pygopus*, *Pseudopus* und *Anguis* fehlt sie. Bei *Acontias* und *Lialis* fehlt der ganze Pectoralis.

d. Muskeln des Brustschultergürtels.

Die Muskeln des Brustschultergürtels sind bis auf wenige Ausnahmen allen Sauriern gemein.

8) *Sterno-coracoideus internus.* Bei *Euprepes* und *Gongylus* ein breiter Muskel, der vom ganzen Sternalrande zum ganzen Hinterrande des Coracoid geht, bei *Seps*, *Pygopus*, *Pseudopus*, *Anguis* und *Lialis* schmal, blos seitlich entwickelt, bei den 4 ersten mit ascendentem Faserverlaufe, bei *Lialis* longitudinal verlaufend. Bei *Acontias* fehlt er ebenso wie bei *Ophiodes*, bei diesem wegen inniger Verwachsung des Sternums und Coracoids, bei jenem wegen Mangels (resp. sehr weit vorgeschrittener Verkümmerung) des Brustbeines.

7) *Costo-subscapularis s. Serratus anticus major.* Bei *Euprepes* ein grosser aus 3 oder 4 Bündeln bestehender Muskel, der ausserdem noch durch eine Pars profunda des Levator scapulae verstärkt wird, bei *Gongylus* wohlentwickelt, aber nur aus 2 Bündeln bestehend und wie bei den Folgenden ohne Pars profunda, bei *Seps* und *Anguis* sehr schwach, aus 2 Bündeln, bei *Pseudopus*, *Ophiodes* und *Pygopus* aus 1 Bündel bestehend. Bei *Lialis* und *Acontias* fehlt er.

6) *Sternocosto-scapularis.* Bei *Euprepes* und *Gongylus* ein ziemlich breiter, bei *Seps* ein breiter Muskel, der von der ersten Sternocostalleiste entspringt. Bei *Ophiodes*, *Pygopus*, *Pseudopus* und *Anguis* ist er viel grösser. Er entspringt bei *Pygopus* von der Sternocostalleiste und der davor

---

[7] Bei Gongylus breiter als bei Euprepes.

liegenden Rippe (den Homologen der 2 ersten Sternocostalleisten). Bei *Lialis* ist er klein und beginnt blos an der der ersten Sternocostalleiste homologen Rippe, bei *Acontias meleagris*[8] fehlt er. Bei *Pseudopus* und *Anguis* entspringt er von den 2 ersten Rippen hinter dem Sternum (den Homologen der 2 ersten Sternocostalleisten), bei *Ophiodes* von der 1. Sternocostalleiste.

5) *Collo-scapularis s. Levator scapulae.* Er beginnt bei *Euprepes* am hintern Theil des Schädels und den Querfortsätzen der beiden ersten Halswirhel, bei *Gongylus* blos von der Schädelbasis, bei *Seps* blos von den beiden ersten Halswirbeln. Bei allen dreien entspringt er mit 2—3 Bündeln und ist in 2 Partien trennbar. Einfach ist er bei *Pseudopus*, wo er vom 2. und 3., bei *Anguis* und *Lialis*, wo er vom 2. Halswirbel entspringt, bei letzterem als sehr schmaler Muskel, bei *Ophiodes* und *Pygopus*, wo er vom 1. und 2. Halswirbel entspringt. Er fehlt als getrennter Muskel bei *Acontias*, entsprechend der fehlenden Scapula[9].

4) *Episterno-hyoideus profundus.* Er beginnt bei *Euprepes*, *Gongylus* und *Seps* von den seitlichen Armen des Episternums und endet am Hinterrand des Zungenbeins. Bei *Ophiodes*, *Pygopus*, *Pseudopus* und *Anguis* beginnt er am Sternum, und zwar geht er bei *Ophiodes* und *Pygopus* ohne Unterbrechung über die tief liegende Clavicula zum Os hyoideum (Sterno-hyoideus profundus), während er bei *Pseudopus* und *Anguis* durch die Clavicula in 2 Muskeln (Sterno-clavicularis und Cleido-hyoideus prof.) getheilt wird. Bei *Lialis* beginnt er erst hinter der Clavicula (Cleido- hyoideus profundus), bei *Acontias* geht er in die untere Schicht des Rectus über. Bei *Lialis* und *Acontias* ist er sehr schmal und von dem der Gegenseite durch einen Zwischenraum getrennt.

3) *Episterno-cleido-hyoideus sublimis.* Bei *Euprepes*, *Gongylus* und *Seps* ein breiter Muskel, der von den lateralen Aesten des Episternums über 4), von dem Ligam. episterno-claviculare und dem lateralen Theile der Clavicula entspringt und mit convergirenden Fasern zum Zungenbein geht, wobei er dem Omo-hyoideus und Sterno-hyoideus entspricht. Bei den Sauriern ohne Extremitäten ist der laterale Theil (*Omo-hyoideus*) wohl entwickelt bei *Ophiodes* und *Pygopus*, weniger bei *Lialis* und *Anguis*, sehr wenig bei *Pseudopus*, er fehlt bei *Acontias*.

Der mediane Theil (*Sterno-hyoideus*) beginnt am Episternum oder der diesem homologen Rauhigkeit bei *Pygopus*, *Lialis* und namentlich *Anguis* getrennt vom Rectus abdominis, bei *Pseudopus* in ihn übergehend. Bei *Acontias* ist er eine directe Fortsetzung der oberen Schichte des Rectus. Bei *Ophiodes* nimmt er seinen Ursprung vom Sternum und nicht von dem ebenfalls wohlentwickelten Episternum.

2) *Dorso-clavicularis s. Cucullaris.* Bei *Gongylus* und *Seps* entspringt er sehr breit, bei *Euprepes* etwas schmäler von der Rückenkante. Bei den andern Sauriern ist sein Ursprung zurückgerückt. Am grössten ist er bei *Ophiodes* und *Anguis*, breit, aber kurz bei *Pseudopus*, klein bei *Lialis* und *Pygopus*, kaum vom Ileo-costalis sich abhebend bei (dem schulterlosen Exemplare von) *Acontias*.

---

[8] So bei den Exemplaren ohne Schultergerüst und merkwürdiger Weise auch bei dem von RATHKE untersuchten Exemplare mit wohlentwickelter Scapula.

[9] Bei dem Exemplare mit Scapula hat RATHKE Levatores scapulae beschrieben.

1) *Sterno-cleido-mastoideus*. Ein bei allen entwickelter Muskel, der mit 2 Portionen am Schädel entspringt.

Die vordere, grössere und muskulös entspringende Portion endet bei *Gongylus*, *Euprepes* und *Seps* oberhalb des Episternums, schon vor der Insertion die der Gegenseite berührend, bei *Pseudopus* mit der tiefen Schichte am Episternum, während die oberflächliche sich in den Obliquus und Rectus fortsetzt, wobei sie sehnige Verwachsungen bildet. Bei *Ophiodes* und *Pygopus* ist sie ein wohlentwickelter Muskel, der bei der Insertion am Sternum die Gegenseite berührt, bei *Anguis* ist sie mehr seitlich entwickelt und geht mit ihrem lateralen Theile in den Obliquus (Pectoralis major) über, während der mediane am Episternalrest und an der vordern Kante des Sternums inserirt, ohne den Rectus abdominis zu berühren, bei *Acontias* endet sie am Aussenrande des Sternohyoideus, bei *Lialis* ist die vordere Portion mit der hintern zu einem Muskel verschmolzen, der am Sternum inserirt, ohne in den Rectus abdominis überzugehen.

Die hintere Portion entspringt sehnig am Schädel, bei *Gongylus* und *Seps* vom Cucullaris getrennt, bei *Euprepes* mit diesem und den Nackenmuskeln verwachsen. Bei allen dreien endet sie am Scapulartheil der Clavicula. Bei *Ophiodes* und *Pygopus* inserirt sie (bei gleich starker Entwickelung mit *Euprepes*) nur mit ihrer tiefern Schichte an der Clavicula, während die oberflächlichere in den Obliquus (Pectoralis) übergeht, bei *Pseudopus* und *Anguis* endet sie als kleines Bündelchen an der Clavicula, bei (dem schulterlosen Exemplare von) *Acontias* geht sie in den Obliquus über.

Bei *Ophiodes* ist er mit dem Cucullaris verwachsen.

Musculi proprii sind vorhanden:

Longissimus abdominis bei *Pseudopus* (vielleicht bei allen Ptychopleuren).

Costo-sternalis proprius bei *Lialis* und *Pygopus*.

Eine Stufenreihe der Entwickelung der Schultermuskeln ist nur annähernd zu geben, da die einzelnen Muskeln bei der einen Art und bei der andern bald mehr, bald weniger entwickelt sind.

Die höchste Entwickelung kommt *Euprepes* zu, dann folgt *Gongylus*, dann *Seps*. Zwischen ihnen und den folgenden liegt eine grosse Kluft, die erst durch weitere Untersuchungen ausgefüllt werden muss. Dann folgen *Ophiodes*, *Pygopus*, *Pseudopus* und *Anguis*, die eine nahezu gleiche Stufe der Entwickelung einnehmen, der Art, dass bei *Pygopus* die vor dem Brustschultergürtel, bei *Pseudopus* die an der Bauchseite und bei *Anguis* die an der Seite des Körpers liegenden Brustschultermuskeln die bedeutendste Entwickelung zeigen. Nach diesen folgt *Lialis* und dann *Acontias*.

Ausnahmen von dieser Stufenfolge macht vorzüglich der *Cucullaris*, der bei *Euprepes* schwächer entwickelt ist, als bei *Gongylus* und *Seps*, der *Sternocosto-scapularis* und die *Cleido-hyoidei*, die bei *Pygopus*, *Pseudopus* und *Anguis* grösser sind, als bei *Euprepes*, *Gongylus* und *Seps*. Diese letztere Ausnahme ist, ebenso wie das Auftreten des *Costo-sternalis proprius* bei *Lialis* und *Pygopus* bedingt durch die grössere Beweglichkeit des Sternums und der Clavicula, die von der Verkümmerung des Sternocostalleisten und der Verminderung der Dichtigkeit des Gewebes des Coracoids und der Scapula abhängt. Bei unbeweglicher Clavicula würde der Sterno-clavicularis ebenso wenig Sinn haben, als der Costo-sternalis bei unbeweglichem Sternum. Es sind also mit der Verkümmerung von Knochen nicht immer Verkümmerungen von Muskeln verbunden. Es können im Gegentheile erst Muskeln sich bilden, wenn die Knochentheile verkümmern, welche ihrer Wirksamkeit antagonistisch waren.

§ 3.

Knochen des Beckens und der hinteren Extremität.

Wie bei der vordern Extremität und dem Brustschultergürtel beginnt die Verkümmerung gleichzeitig an allen Theilen, aber in verschiedener Stärke. Doch sind die Differenzen zwischen der Verkümmerung der hintern Extremität und des Beckens nicht so bedeutend wie die zwischen der Verkümmerung der vordern Extremität und des Brustschultergürtels, und das Becken erfährt schon bedeutende Reductionen, z. B. Wegfall der Symphysen, während noch Phalangen vorhanden sind. Auf einem gewissen und nicht allzu niedrigen Standpunkt der Verkümmerung angelangt, erhält es sich dann, ohne zu schwinden, während die Extremitäten schon früher verloren gegangen sind.

a. Hintere Extremität.

Die Verkümmerung beginnt an den Fingern.

Die Zahl der Phalangen beträgt bei *Euprepes* 2 für die 1., 3 für die 2. und 5., 4 für die 3. und 5 für die 4. Zehe. Bei *Gongylus* ist die Endphalanx der 4. Zehe weggefallen. Durch Verlust aller Phalangen der 5. Zehe entstehen die 4zehigen Arten. Von diesen hat *Saurophis* 1 Phalanx an der 1. Zehe, 3 an der 2., 4 an der 3. und 1 an der 4. Fällt die übrigbleibende Phalanx der 4. Zehe (mit oder ohne Metatarsus) weg, so entstehen die 3zehigen Arten. Von diesen hat *Seps* 2 Phalangen an der 1., 3 an der 2. und 3. Zehe.

Seps und *Saurophis* zeigen ein verschiedenes Verhalten. Bei ersterem ist die Verkümmerung sehr ungleich. Sie erstreckt sich bei gewissen Fingern bis zu deren Wegfall, während die andern Finger ziemlich gut erhalten bleiben. Bei letzterem ist die Verkümmerung gleichmässiger. Sie bedingt eine mehr oder weniger gleiche Verkürzung[10] aller Finger. Die erstere, die verschmälernde Verkümmerung führt zu den 2- und 1zehigen Arten, resp. den Arten mit langen spitzen Hinterextremitäten, die 2., die abstumpfende Verkümmerung zu den Arten mit breiten ruderförmigen Extremitäten. Ein ausgezeichnetes Beispiel für diese Abstumpfung bietet *Pygopus*, dessen Phalangen bis auf 4 nahezu gleiche Rudimente verkümmert sind. Eine Folge der weiter fortschreitenden abstumpfenden und verschmälernden Verkümmerung zugleich ist die Extremität von *Lialis* und *Pseudopus*, der bereits die Phalangen und Metatarsalknochen fehlen.

[10] Diese Gleichheit ist nicht streng aufzufassen. An den äusseren Zehen ist immer die Verkümmerung bedeutender, als an den innern. Bei Saurophis z. B. hat die 4. Zehe 4 Phalangen verloren, während die 1. bis 3. gleichmässig nur 1 Phalanx. Bei Pygopus ist vollkommene Gleichheit der Zahl der Phalangen, allein ihre Grösse ist verschieden, indem die äussern Rudimente kleiner sind als die innern.

Metatarsus. Er besteht bei *Euprepes* und *Gongylus* aus 5, bei *Saurophis* und *Pygopus* aus 4, bei *Seps* aus 3, bei *Ophiodes* aus 2 Metatarsalien. Die mittleren sind bei *Pygopus* die grössten.

Tarsus. Der Tarsus der Saurier mit wohlentwickelten Extremitäten ist nicht regelmässig. Er besteht blos aus 4 Knochen (Astragalus, Calcaneus, Cuboideum und Cuneiforme), die von einander und von den umliegenden Knochen der hintern Extremität getrennt sind. Die übrigen Knochen sind mit dem Mittelfuss verwachsen. *Seps* zeigt dieselben Verhältnisse, des Cuboideum ist aber ausserordentlich verkleinert. Bei *Pygopus* ist die Verschmelzung der Knochen, die hier nur noch durch Knorpel repräsentirt werden, noch weiter gegangen. Allein der Astragalus ist ein isolirter Knorpel, die übrigen sind verwachsen, Calcaneus mit Fibula, Cuboideum und Cuneiforme mit dem Mittelfuss. Bei *Ophiodes* ist kein Tarsalknorpel vollständig frei. Bei *Lialis* trägt die rechte Extremität das Rudiment eines Astragalus. Bei *Pseudopus* fehlt der Tarsus.

Unterschenkel. Er wird bei *Euprepes*, *Gongylus*, *Seps*, *Ophiodes*, *Pygopus* durch 2 niemals mit einander verwachsene Knochen, die grössere *Tibia* und die kleinere *Fibula*, gebildet. Bei *Lialis* und *Pseudopus* besteht er nur aus der Tibia. Das Rudiment derselben ist bei *Lialis* spitz und länglich, bei *Pseudopus* weit kleiner, kurz und rundlich.

Oberschenkel. Der Femur findet sich bei *Euprepes*, *Gongylus*, *Seps*, *Pygopus*, *Ophiodes*, *Lialis* und *Pseudopus*. Bei *Euprepes* und *Gongylus* ist er wohlentwickelt mit deutlichen Trochanteren, bei *Seps* ist er klein und dünn, ohne wahrnehmbare Höcker, bei *Ophiodes* ist er doppelt so lang und dick als die Tibia, bei *Pygopus* hat er eine ganz abweichende Gestalt. Er ist hier bedeutend verkürzt bei grosser Verdickung. Sein Kopf und sein Ende ist doppelt so dick, als sein Körper. Bei *Lialis* und *Pseudopus* ist er schmal und kurz. *Anguis* und *Acontias* zeigen keine Spur von hinteren Extremitäten.

Ebenso wie bei der vordern Extremität hat jeder Endknochen die Fähigkeit, Nägel (Krallen) zu tragen. Diese kommen nicht allein den letzten Phalangen der Finger zu, auch der Tarsus (*Lialis*), die Tibia (*Pseudopus*) und der Femur (einige Ophidier) kann von ihnen umkleidet sein.

b. Beckengürtel.

Das *Os ilei* ist bei *Euprepes* und *Gongylus* ein kurzer und ziemlich breiter Knochen, der mittelst Kapselband fest an den Querfortsätzen zweier Sacralwinkel festgeheftet ist. Bei den Sauriern mit rudimentären Extremitäten ist er bald schmal und klein und steht blos mit einem Wirbelquerfortsatz in Verbindung (*Seps*), bald ist er länger, wobei er sich in der Mitte und an seinem untern Ende verbreitert (*Pygopus*) oder blos an der Grenze mit den andern Beckenknochen breiter wird (*Ophiodes*). Bei *Pseudopus* und *Lialis* bildet er den Hauptknochen des Beckens. Bei ersterem ist er spatelförmig und steht mit 2 Wirbeln in Verbindung, bei letzterem ist er in seiner ganzen Länge gleich schmal und nur mit 1 Wirbel verbunden. Kurz und schmal zugleich ist er bei *Ophisaurus*, *Anguis*, *Acontias* und *Typhlosaurus*. — Die Art der Anheftung an die Wirbel ist verschieden. Bei *Acontias* und *Typhlosaurus* ist das Os ilei sehr locker mit dem Sacralquerfortsatz und ausserdem noch durch sehnige Fasern mit 1 oder 2 letzten Rippen verbunden, indem es sich wegen Verkümmerung seines oberen Theiles von der Verbindung mit dem Sacralwirbel befreit und nachträglich an den letzten Rippen einen Stützpunkt gewonnen hat. Bei *Pygopus* ist diese Loslösung vom Querfortsatz des Sacralwirbels weit vollkommener: das Beckenrudiment liegt frei in Muskeln und Bindegewebe[11]. Bei den andern Sauriern ist die Anheftung an dem Sacralquerfortsatz deutlich.

Das *Os ileopectineum* (*pubis*) ist bei *Euprepes* und *Gongylus* ein langer, nach vorn gerichteter Knochen mit einer wohlentwickelten Spina, der mit dem der Gegenseite durch ein Knorpelstück sich zu einer Symphysis ileopectinea (pubica) verbindet. Bei *Ophiodes* ist der vordere, die Symphysen bildende Theil zu einem dünnen Knorpelfaden verkümmert, der hintere ist knöchern und hat eine wohlausgebildete Spina. Bei *Seps* fehlt die Spina und der Knochen ist bedeutend verschmälert, bildet aber noch eine Symphyse. Diese fehlt bei den andern. Bei *Pygopus* besteht das lange Os ileopectineum aus einer knöchernen, an das Os ilei und puboischium angrenzenden Hälfte, an welche sich eine schmale, lange Knorpelspitze ansetzt, die nach vorn geht und mit ihrer Spitze der der Gegenseite sich nähert, aber ohne sie zu erreichen und eine Symphyse zu bilden. Weniger entwickelt ist das Os ileopectineum bei den übrigen schlangenähnlichen Sauriern, wo es beim erwachsenen Thiere entweder mit dem Os puboischium oder mit diesem und dem Os ilei zu einem einzigen Knochenstück verwachsen ist. Das Erstere ist der Fall bei *Lialis* und *Pseudopus*, das Letztere bei *Anguis*, *Acontias*, *Ophisaurus* und *Typhlosaurus*. Bei *Ophiodes* und *Anguis* ist es grösser als das Os puboischium, bei *Acontias*, *Typhlosaurus* und *Lialis* ist es kaum grösser oder ebenso gross, bei *Ophisaurus* und namentlich bei *Pseudopus* kleiner.

Das *Os puboischium* (*ischii*) ist bei *Euprepes* ein kurzer, breiter, quer verlaufender Knochen, der an seiner Hinterseite einen ansehnlichen Höcker, Tuber ischii (Homologon des Os ischii), hat und mit dem der Gegenseite eine Symphysis pubica (ischiadica) bildet, zu welcher nur der dem Os pubis homologe Theil beiträgt. Bei *Gongylus* ist das Os puboischium etwas nach vorn gerichtet und der Tuber ischii nur schwach entwickelt. Bei *Seps* ist es ein schmaler und kurzer nach vorn gerichteter Knochen, dessen Tuber verkümmert ist, und der sich dem der Gegenseite nähert, aber ohne mit ihm eine knöcherne oder knorplige Symphyse zu bilden. Bei *Pygopus* ist es quadratisch, breit, aber kurz, mit Knorpelsaum und weit von dem der Gegenseite entfernt. Bei *Ophiodes* ist es länger und median mit einer eigenthümlichen Yförmigen Cartilago cloacalis verbunden, bei *Lialis* und *Pseudopus* ist das Os puboischium mit dem Os ileopectineum verwachsen, bei *Anguis*, *Acontias*, *Typhlosaurus* und *Ophisaurus* mit diesem und dem Os ilei zu einem Knochen vereinigt. Bei *Anguis* ist namentlich der hintere Theil zu einem ansehnlichen Tuber für die Sehne des Ischio-coccygeus entwickelt, bei *Ophisaurus*, *Acontias* und *Typhlosaurus*, in geringerem Maasse bei *Pseudopus*, *Lialis* und *Ophiodes* ist dieser Tuber verkümmert, während allein das Homologon des Os pubis dem hintern Theile der untern Hälfte des Beckenrudimentes entspricht.

---

[11] Dieses Verhältniss bildet einen Uebergang zu den Verhältnissen bei Amphisbenoiden und Schlangen. Namentlich ist das Verhalten bei Lepidosternon sehr ähnlich.

Eine Reihenfolge der Verkümmerung ist hier weit schwerer zu geben, als beim Schultergürtel.

Zuerst fällt die Symphysis pubica, dann die Symphysis ileopectinea hinweg. Die Verkümmerung der 3 Knochen geschieht in der Weise, dass das *Os ilei* am constantesten bleibt, während das *Os ileopectineum* und *Os puboischium* weit mehr verkümmern. Doch sind hier die ausserordentlichsten Verschiedenheiten bei den verschiedenen Gattungen. Bei den einen fällt der Tuber ischii am frühesten weg, bei den andern (*Anguis*) bleibt er bestehen. Bei den einen verkümmert das Os ileopectineum mehr als das Os puboischium, bei den andern findet das umgekehrte Verhältniss statt. Auch das Os ilei wird bei den einen kaum verändert, bei den andern hat es namentlich auch an seinem obern Ende bedeutende Reductionen zu erleiden. Nie aber fällt einer von den 3 Knochen ganz aus. So lange ein Beckenrudiment vorhanden ist — und bis jetzt gibt es keine bekannte Gattung, der es fehlte — besteht es aus den 3 Knochen *Os ilei*, *ileopectineum* und *puboischium*, das häufig zum *pubis* reducirt ist. Darin liegt ein wesentlicher Unterschied vom Brustschultergürtel, wo die einzelnen ihn zusammensetzenden Knochen der Reihe nach, bis zum gänzlichen Fehlen des Brustschultergürtels, wegfallen. Ueberdies ist auch bei allen schlangenähnlichen Sauriern stets die hintere Extremität mehr ausgebildet, als die vordere. Wenn sie auch bei einigen Gattungen weniger Zehen hat, als jene, so ist sie ihr doch an Grösse und Stärke der Knochen überlegen.

§ 4.

Muskeln des Beckengürtels und der hinteren Extremität.

Ebenso wie bei der vorderen Extremität beginnt die Verkümmerung peripherisch an den Endtheilen der hintern Extremität, zum Theil aber auch gleichzeitig am Becken, wo sie sich namentlich durch Zurückrücken der Ursprünge kennzeichnet.

a. Muskeln des Fusses und der Zehen.

Die Muskeln des Fusses und der Zehen sind entwickelt bei *Euprepes* und *Gongylus*, verkümmert bei *Pygopus* und *Seps*, sie fehlen bei *Pseudopus*, *Lialis*, *Anguis* und *Acontias*.

Die kleinen auf dem Fusse liegenden Muskeln sind bei *Euprepes* noch darstellbar (wenn auch weit schwieriger als bei andern Sauriern z. B. Iguana, Ameiva), bei *Gongylus* sind sie z. Th. unter einander verwachsen [12], bei *Seps* werden sie — bis auf den noch theilweise musku-

[12] Die in diesem Paragraph angegebenen Verwachsungen oder Verschmelzungen sind nicht so aufzufassen, als ob 2 oder mehr wohl bestimmte Muskeln sich zu einem vereinigten. Dies ist nur selten der Fall. Meist existirt bei den schlangenartigen Sauriern irgend ein Muskel, der verschieden ist von den Muskeln der typischen Saurier, der aber als ein Homologon dieser Muskeln aufgeführt werden kann. Wie viel der eine oder der andere Muskel zu der Bildung dieses neuen eigenthümlichen Muskels beiträgt, ob er mit seiner Hauptmasse oder nur mit einigen Fasern, oder ob er sich überhaupt daran betheiligt, ist mit Sicherheit nicht zu bestimmen. Denn die bei vollkommenen Thieren ziemlich constanten Verhältnisse des Ursprunges, Ansatzes und der Lagerung der Knochen variiren hier in der ausserordentlichsten Weise. Bei Pseudopus und Lialis ist überhaupt die ganze Vergleichung noch sehr fraglich.

lösen 28) Fibulo-tarso-digitalis dorsalis — durch sehniges Gewebe ersetzt, bei *Pygopus*, *Pseudopus* und den andern fehlen sie.

Die grösseren auf dem Unterschenkel liegenden Muskeln sind bei *Euprepes* und *Gongylus* wohl erhalten und von einander leicht trennbar, bei *Seps* und *Pygopus* dagegen sehr verkümmert und zum Theil mit einander verschmolzen, bei *Ophiodes* fehlen sie.

Von den 3 grösseren Streckern: 24) *Tibio-metatarsalis dorsalis longus s. Tibialis anticus*, 25) *Epicondylo-metatarsalis dorsalis medius*, 26) *Fibulo-metatarsalis digitalis dorsalis s. Peroneus primus* sind bei *Seps* die beiden ersten zu einem breiten Muskel verwachsen, während der dritte für sich einen kleinen dünnen Muskel darstellt, bei *Pygopus* sind alle drei zu einer breiten, aber dünnen Muskelschichte vereinigt, die schon am Metatarsus endigt. Auch sind die Endsehnen weder bei *Seps* noch bei *Pygopus* bis zum Knochen zu verfolgen, die Muskeln enden schon früher in dem sehnigen Gewebe des Fussrückens.

Die beiden grossen Beuger 29) *Epitrochleo-tibio-metatarsalis s. Gemellus internus* und 31) *Epicondylo-digitalis ventralis sublimis s. Flexor perforatus* sind bei *Seps* an ihren untern Enden verwachsen zu einem Muskelbauche, der Fuss und Zehen beugen kann. Bei *Pygopus* ist diese Vereinigung noch viel bestimmter und findet auch im oberen Theile statt. Bei *Seps* geht die Endsehne des Flexor perforatus an allen Phalangen, bei *Pygopus* an die kleinen knorpligen Rudimente, die durch den Muskel noch gebeugt werden können.

b. Muskeln des Unterschenkels.

Sie sind vorhanden bei *Euprepes* und *Gongylus* und zwar sämmtlich, in der Mehrzahl bei *Seps*, wo sie meist von den Muskeln des Oberschenkels getrennt sind, und bei *Pygopus*, wo sie sich zum Theil mit denen des Oberschenkels vereinigt haben. Einzelne sind entwickelt bei *Ophiodes*, *Pseudopus* und *Lialis*. Sie fehlen bei *Anguis* und *Acontias*.

Die am Unterschenkel gelegenen 22) *Fibulo-tibialis superior* und *inferior* sind bei *Euprepes* und *Gongylus* wohl entwickelt, dagegen bei *Seps* und *Pygopus* nicht darstellbar, bei *Ophiodes* ist ihre Existenz fraglich.

21) Der *Quadriceps femoris* bildet bei *Euprepes* und *Gongylus* den mächtigsten Muskel der hinteren Extremität (wenn auch lange nicht so bedeutend wie z. B. bei *Ameiva*), bei *Seps* ist er bedeutend reducirt und seine vom Becken entspringenden Köpfe sind sehr zurückgerückt, bei *Pygopus* ist er ein unansehnlicher Muskel, bei *Ophiodes* besteht er aus 2 langen Bäuchen (Rectus et Vastus externus und Rectus et Vastus internus), bei *Pseudopus* sehr rudimentär und mit den zum Trochanter minor tretenden Muskeln vereinigt, bei *Lialis* ist er ausser diesen noch mit den Glutaei zu einem Ileo-femoralis verwachsen. Obwohl bei letzterer nicht an der Tibia inserirend, deutet doch die ganze Lage auf die Homologie mit dem Quadriceps hin.

Die tiefen Beuger 19) *Ileopectineo-tibialis prof.* und 20) *Puboischio-tibialis prof.* sind bei *Seps*, *Ophiodes* und *Pygopus* als eigene Muskeln nicht trennbar und fehlen bei *Lialis* und *Pseudopus*.

18) *Gracilis.* Ein bei *Euprepes* und *Gongylus* breiter und wohlentwickelter Muskel, dessen Ursprung bei *Seps* und *Pygopus* zurückgerückt und der bei *Pseudopus* und *Lialis* mit den Adductoren und den tiefen Flexoren verwachsen ist, bei *Ophiodes* scheint er zu fehlen.

Die beiden oberflächlichen Beuger 16) *Ileoischiadico-tibialis* und 17) *Puboischio-tibialis subl. post.* entspringen bei *Seps* gemeinsam am Os puboischium, bei *Pygopus* sind sie mit den tiefen Flexoren und dem Adductor, bei *Lialis* und *Pseudopus* ausser diesen noch mit dem Gracilis zu einem Muskel verwachsen, bei *Ophiodes* nicht darstellbar.

15) *Ileo-fibularis s. Glutaeus maximus* ist ein bei *Seps*, *Ophiodes* und *Pygopus* sehr reducirter und nicht mehr selbstständiger Muskel, der mit dem kleineren und tieferen Glutaeus medius zu einem Muskel vereinigt ist. Ebenso bei *Pseudopus*, wo noch die Coccygo-femorales, und bei *Lialis*, wo noch der Quadriceps mit ihm verwachsen.

c. Muskeln des Oberschenkels.

Die Muskeln des Oberschenkels sind wohl entwickelt bei *Euprepes* und *Gongylus*, reducirt bei *Seps* und noch mehr bei *Pygopus* und *Ophiodes*, wo sie meist mit den Muskeln des Unterschenkels verwachsen sind, bei *Pseudopus* und *Lialis* sind sie bedeutend verkümmert und mit den ausserordentlich geringen Rudimenten der Unterschenkelmuskeln vereinigt. Bei *Anguis* und *Acontias* fehlen sie.

Die kleinen 13) u. 14) *Puboischio-trochanterici s. Obturatores* fehlen oder sind nicht darstellbar bei *Seps*, *Pygopus*, *Pseudopus*, *Lialis* und *Ophiodes*.

12) *Puboischio-femoralis s. Adductor.* Dieser bei *Euprepes* und *Gongylus* wohlentwickelte Muskel ist bei *Seps* und *Ophiodes* sehr verkümmert, bei *Pygopus* mit den Beugern des Unterschenkels, bei *Lialis* und *Pseudopus* ausser diesen auch noch mit dem Rudimente des Gracilis vereinigt.

11) *Ileopectineo-femoralis brevis.* Als wohlentwickelter Muskel allein bei *Euprepes* und *Gongylus* darstellbar.

10) *Ileopectineo-femorales longi s. Pectinei.* Bei *Euprepes* und *Gongylus* in mehrere Muskeln trennbar, bei *Ophiodes* und *Pygopus* sehr verkümmert, bei *Seps* mit Rudimenten des 8) Ileopectineotrochantineus externus, bei *Lialis* und *Pseudopus* ausser diesem noch mit den Adductoren und Flexoren zu einem Muskel verwachsen.

9) *Ileopectineo-trochantineus internus.* Bei *Euprepes*, *Gongylus* und *Seps* wohlentwickelt. Er ist bei *Pygopus* von dem der Gegenseite nicht zu trennen und ist wenig von dem Transversus abdominis und Sphincter cloacae abgehoben. Bei *Ophiodes*, *Lialis* und *Pseudopus* fehlt er.

8) *Ileopectineo-trochantineus externus.* Bei *Euprepes*, *Gongylus*, *Ophiodes* und *Pygopus* ein isolirter Muskel, der bei den 3 ersten am Trochanter minor, bei *Pygopus* am Capitulum femoris inserirt. Bei *Seps* ist er mit dem Pectineus verwachsen, bei *Pseudopus* und *Lialis* sind geringe Rudimente von ihm mit der gesammten Muskelmasse an der Innenseite des Oberschenkels verwachsen.

6 u. 7) *Coccygo-femoralis.* Bei *Euprepes* und *Gongylus* getrennt, bei *Pygopus* und *Seps* mehr

und minder innig verwachsen, bei *Pseudopus* mit den Glutaei, bei *Lialis* mit diesen und dem Rectus femoris zu einem Muskel vereinigt; bei *Ophiodes* scheint der Subcaudalis zu fehlen.

5) *Glutaeus medius s. Ileo-femoralis.* Blos bei *Euprepes* und *Gongylus* als eigener Muskel darstellbar, bei *Seps*, *Ophiodes* und *Pygopus* mit dem darüber liegenden grösseren Glutaeus maximus, bei *Pseudopus* ausser diesem mit den Coccygo-femorales und bei *Lialis* ausserdem noch mit dem Quadriceps zu einem Muskel verwachsen.

d. Muskeln des Beckens.

Die meisten Beckenmuskeln sind allen Sauriern gemeinsam.

4) *Ileo-coccygeus* und *Ischio-coccygeus.* Zwei Muskeln an dem Hinterrand des Beckens, die von *Euprepes* an bis zu *Acontias* wenig differiren. Bei *Seps*, *Ophiodes*, *Pseudopus*, *Lialis* und *Acontias* inserirt der Ischio-coccygeus am Os pubis, an einer dem Tuber ischii homologen rauhen Stelle.

3) *Rectus abdominis.* Bei *Gongylus* und *Euprepes* an der Symphysis pubica, bei *Seps* an dem ihr homologen fibrösen Gewebe, bei *Ophiodes*, *Pygopus*, *Lialis* und *Pseudopus* an dem Rande des Beckenrudiments (und zwar am Homologon des Os puboischium), bei *Anguis* mehr an dem Rande des Os ileopectineum inserirend, bei *Acontias* sich über das Beckenrudiment hinwegziehend.

2) *Obliquus abdominis externus sublimis.* Er endet bei *Euprepes* und *Gongylus* an der Spina anterior ossis ilei, Spina ossis ileopectinei und Symphysis pubica, bei *Seps* fehlt die Insertion an der Spina anterior o. ilei, bei *Ophiodes*, *Pygopus*, *Pseudopus*, *Lialis*, *Anguis* setzt er sich lateral gleich neben dem Rectus an das Beckenrudiment an. Bei *Acontias* steht er in keiner Verbindung mit dem Becken.

1) *Ileo-costalis.* Er zieht sich mit seiner oberflächlichen Schicht über das Becken hinweg, mit seiner tiefern beginnt er am Vorderrand des Os ilei und bildet den Anfang für den äussern Ileo-costalis und den innern Quadratus lumborum (*Euprepes* und *Gongylus*). Die sich über das Becken hinwegziehende Schichte wiegt vor an Stärke bei *Seps*, *Pygopus*, *Pseudopus* und *Anguis*, während bei *Lialis* und *Acontias* die vom Becken beginnende Schicht am entwickeltsten ist. Demgemäss fehlt der Quadratus lumborum bei *Pseudopus*, *Pygopus* und *Anguis*.

Ausser diesen allen gemeinsamen Muskeln findet sich noch bei *Anguis* der

Ileo-costalis profundus, ein von dem Obliquus abdominis externus profundus abgelöster Muskel, der den Quadratus lumborum ersetzt.

Ferner findet sich bei *Acontias* der

Transversus abdominis. Auf diesem und dem davon ableitbaren Sphincter cloacae liegt das Beckenrudiment fest auf, so dass es an seinen Bewegungen Theil nehmen kann. Dieses interessante Verhalten bildet den Uebergang zu den Verhältnissen des Amphisbaenoidea.

Cap. II.

Vergleichung mit den Extremitäten der Amphisbaenoidea.

A. Beschreibende Anatomie der Extremitäten der Amphisbaenoidea.

§ 5.

Knochen (oder ihnen homologe Gebilde) des Brustschultergürtels und der vorderen Extremität.

Die Knochen des Brustschultergürtels sind am besten ausgebildet bei *Chirotes canaliculatus* [13], welcher der einzige Amphisbaenoid mit äusserlich sichtbaren Extremitäten ist, sie sind und zwar oft sehr bedeutend verkümmert bei den andern Amphisbaenoiden [14].

a. Brustschultergürtel.

1. Chirotes canaliculatus.

Der Brustschultergürtel ist in der Hauptsache von knorpliger Beschaffenheit und liegt frei auf der Unterseite des Halses gleich hinter dem Kopfe. Er besteht aus *Sternum*, *Scapula* und *Pars coracoidea*.

Das *Sternum* ist ein grosses breites rautenförmiges Knorpelstück, das in der Mitte seines hinteren Theiles von einer runden Oeffnung durchbohrt ist. Es läuft nach vorn in eine schmale Platte, die über den Schultergürtel hinwegragt, und steht an seinem hinteren Ende mit einem länglichen Knorpelstücke in Verbindung, das median nach hinten verläuft und am untern Ende etwas breiter wird.

Das *Episternum* fehlt. An seiner Stelle ist die vordere Platte des Sternums wohl entwickelt.

Der Schultergürtel [15] ist weit weniger entwickelt als das Brustbein.

Die *Scapula* ist ein mässig langer und sehr schmaler Knochen, der sich an seinem lateralen Ende nur wenig in das kleine Suprascapulare verbreitert.

---

[13] Literatur: Cuvier, Règne animal etc. III, p. 92. — Cuvier, Leçons I, p. 253. — Meckel a. a. O. II[a], p. 451. — J. Müller, Zur Anatomie der Genera Chirotes, Lepidosternon etc. Trev. u. Tiedem., Unters. IV, p. 259 f. — Rathke a. a. O. p. 3. — Stannius, Zootomie der Amphibien p. 74. — Carus, Handbuch der Zoologie 1868, I, p. 373. — Abbildungen gibt Müller a. a. O. Tab. XIII, fig. 226, und Duméril et Bibron a. a. O. Tab. VII, fig. 1. Nach diesen ist auch die Beschreibung gegeben.

[14] Die Brustschulter-Rudimente der andern Amphisbaenoiden sind von Meckel, Cuvier, Müller, Carus, Duméril et Bibron etc. übersehen worden. Erst 1841 wird das Schulterrudiment von Trogonophis Wiegmannii in den Icones zootomicae Tab. XIII, fig, 20 und 22 abgebildet und 1855 von Rathke bei Amphisbaena fuliginosa, alba und Lepidosternum microcephalum beschrieben. Meinen Untersuchungen liegt Amphisbaena fuliginosa ♀ und Lepidosternon microcephalum ♀ zu Grunde.

[15] J. Müller sagt blos: »Das Brustbein reicht bis an die Insertion des Humerus«, des darüber hinaus liegenden Schultergürtels thut er keine Erwähnung. — Rathke: »Das Schultergerüst besteht aus 2 Knochenstücken, welche die Schulterblätter und auch die Schlüsselbeine darstellen.«

Die *Pars coracoidea* ist in ihrem vorderen Theile, der in seiner ganzen Breite mit dem Sternum verbunden ist, mehr entwickelt als in ihrem hinteren Ende. Dieses ist so wenig ausgebildet, dass die Gelenkpfanne an der Grenze von Sternum und Scapula zu liegen scheint.

Die *Clavicula* fehlt.

2. Amphisbaenoiden ohne vordere Extremitäten.

Das *Sternum*[16] fehlt als Knorpelplatte. An seiner Stelle ist aber auf beiden Seiten der Linea alba im Rectus abdominis eine breite Inscriptio tendinea, die in ihrer Gestalt dem knorpligen Sternum von *Chirotes* sehr ähnlich ist[17].

Die *Scapula* und das sehr verkümmerte *Coracoid*[18] sind jederseits zu einem Knöchelchen verwachsen, das seitlich in Bindegewebe (welches dem knorpligen Suprascapulare von Chirotes entspricht) und median in die Sternalaponeurose übergeht.

»Bei *Trogonophis Wiegmanni* sind diese Knöchelchen am meisten entwickelt und stossen unten beinahe zusammen, weniger bei *Amphisbaena* (1‴ bei einem 13″ langen Exemplare), am wenigsten bei Lepidosternon[19] nicht ganz 1‴ bei einem 18,5″ langen Thiere).

»Bei *Amphisbaena fuliginosa* haben sie die Gestalt einer Walze, bei *Amphisbaena alba* sind sie in der Mitte etwas dünner als an ihren stark abgerundeten Enden, bei *Lepidosternon microcephalum* haben sie die Form von stark abgeplatteten Bohnen.«

b. Vordere Extremität.

1. Chirotes canaliculatus.

Die vordere Extremität ist bei *Chirotes* nur in verkümmertem Zustande vorhanden.

Femur, Ulna und Radius sind beträchtlich verkürzt und verschmälert. Die Carpalknochen existiren, ebenso die 5 Metatarsalia. Von den Phalangen ist am 1.—4. Finger nur die erste entwickelt, die des 5. Fingers fehlt ganz. Dieser erscheint daher äusserlich nur als kurzer (nagelloser) Stummel, während die 4 ersten Finger deutlich unterscheidbar und mit Nägeln umkleidet sind.

2. Amphisbaena, Trogonophis, Lepidosternon etc.

Jede Spur von Extremitäten fehlt.

§ 6.

Muskeln des Brustschultergürtels[20].

Nach Wegnahme des mächtigen, bei *Amphisbaena* den ganzen Körper einhüllenden, bei *Lepi-*

16 Rathke und ihm folgend Stannius leugnen vollkommen die Existenz des Sternums.

17 Diese Sternalaponeurose (die ich blos bei Amphisbaena fuliginosa gefunden) hat mit den Sternalrudimenten von Acontias meleagris einige Aehnlichkeit, insofern sie aus 2 paarigen Theilen besteht.

18 Rathke: Schulterblatt und zum Theil Schlüsselbein.

19 Bei dem von mir untersuchten Exemplare von Lepidosternon fand ich keine Schulterrudimente. Die obige Beschreibung ist Rathke entnommen.

20 Zur Untersuchung dienten Amphisbaena fuliginosa und Lepidosternon microcephalum. Chirotes canaliculatus wurde nicht untersucht, daher auch kein Aufschluss über die Muskeln der Extremitäten.

dosternon ihn bis auf den medianen Theil des Rückens einschliessenden Hautmuskels, kommt auf der Unterseite des Halses der *Obliquus abdominis externus sublimis* und *Rectus abdominis*, an der Seitenfläche der ausserordentlich mächtige Ileo-costalis zum Vorschein.

Besondere, meist von diesen abgelöste Muskeln des Schultergürtels sind:

1) *M. cervicalis*[21], ein ansehnlicher, vom Ileo-costalis abgelöster Muskel, der von oben und hinten nach unten und vorn geht. Er steht mit dem das Suprascapulare repräsentirenden Bindegewebe in ganz loser Verbindung.

2) *Mm. sterno-cleido-mastoidei*[22], schräg vom hintern Theil des Schädels nach der Sternalaponeurose verlaufende Muskeln. Man kann einen *Sterno-cleido-mastoideus sublimis*, der nahezu longitudinal verläuft, und einen *Sterno-cleido-mastoideus profundus* unterscheiden, dessen Faserrichtung mehr eine schräge ist.

3) *Obliquus abdominis externus sublimis*[23]. Er verschmälert sich nach vorn, indem er sich zugleich von der Mittellinie des Bauches entfernt und endet oberhalb der Scapula.

4) *Obliquus abdominis externus profundus*[24]. Er inserirt am hinteren Rande des Schulterrudimentes.

5) *Rectus abdominis*[25]. Dieser in der ganzen Länge des Rumpfes als Intercostalis auftretende Muskel verbreitert sich nach vorn, wobei er über die Rippen hinweggeht und endet an der ganzen hintern Seite der Sternalaponeurose.

6) *Sterno-hyoideus*[26]. Ein longitudinal verlaufender Muskel, der von dem Schulterrudimente und der Sternalaponeurose nach vorn zu dem äusserst dünnen Zungenbein und von da noch weiter bis zum Submaxillare geht.

7) *Levator scapulae*. Dieser winzige Muskel geht vom Querfortsatze des 2. Halswirbels zum oberen Theile der vorderen Seite des Scapularrudimentes.

§ 7.

Knochen des Beckengürtels und der hintern Extremität[27].

Wahrscheinlich alle Amphisbaenoiden haben Beckenrudimente[28]. Diese bestehen bei *Amphisbaena fuliginosa* jederseits in einem kleinen, gebogenen Knöchelchen an der Unterseite des Bauches,

---

21 Rathke: Serratus anticus major und wahrscheinlich auch das 4. Muskelpaar. — Bei Lepidosternon schwächer im hintern Theile entwickelt.

22 Rathke: Sterno-cleido-mastoideus. — Er geht bei Lepidosternon über den Rectus und endet median. Der Sublimis steht bei beiden mit dem Hautmuskel in Verbindung.

23 Bei Lepidosternon endet er einfach an der Rippe.

24 Bei Lepidosternon inserirt er an der Rippe.

25 Bei Lepidosternon liegt er tiefer, verbreitert sich bedeutend an der Unterseite des Halses und geht ohne Unterbrechung zum Zungenbein (Sterno-hyoideus) und zum Unterkiefer.

26 Rathke. Omo-hyoideus. Bei Lepidosternon ist er im Rectus enthalten.

27 Literatur: Mayer, hintere Extr. d. Ophidier a. a. O. p. 834 f. — Meckel a. a. O. III, p. 241. — Stannius a. a. O. p. 78. — Heusinger a. a. O. p. 505.

28 Diese Rudimente sind von Cuvier und Müller etc. übersehen worden. Bei Amphisbaena fanden sie zuerst Mayer und Meckel, bei Lepidosternon waren sie bisher noch nicht bekannt. Die von Mayer und Heusinger abgebildeten Rudimente sind viel grösser als die von mir gefundenen.

das von dem After und zwar seitlich beginnt und säbelartig und sich verjüngend nach vorn und zur Mitte sich biegt, wobei es dem der Gegenseite sehr nahe kommt, ohne mit ihm zusammenzustossen. Der hintere dickere Theil, der Knochenconsistenz hat, steht mit der Spitze der letzten Rippe durch ganz lockere Bindegewebsfasern in sehr loser Verbindung, der vordere schmälere Theil, der in eine Knorpelspitze ausläuft, liegt frei in Muskeln auf der Bauchseite.

Bei *Lepidosternon microcephalum* sind die Beckenrudimente ungefähr 3 mal so gross (ca. 1 cm.). Sie bestehen aus einem geraden, langen Knochen, der von der Seite und von hinten nach der Mitte und nach vorn verläuft und sich dem der Gegenseite beträchtlich nähert, aber ohne eine Symphyse zu bilden. An der vordern Spitze läuft er in eine nach hinten gerichtete Knorpelplatte aus, an der hintern Spitze ist er nicht verdickt. Dieses Rudiment liegt frei in Muskeln eingebettet und zwar — beträchtlich von dem Rudiment der Amphisbaena verschieden — oberflächlich über den Rippenenden, mit denen es in gar keiner Beziehung steht.

Bei beiden ist dieser Knochen zu deuten als Rudiment des *Os ileopectineum*[29], das bei *Amphisbaena* an seinem hinteren Ende ganz unbedeutende, mit dem Ileopectineum ganz innig verwachsene Spuren des *Os ilei* und *Os puboischium* trägt. Bei *Lepidosternon* fehlen diese Spuren des Puboischium.

Die h i n t e r e E x t r e m i t ä t fehlt bei *Lepidosternon*, ist aber bei *Amphisbaena* durch ein sehr kleines Knorpelkörnchen (*Femur*)[30] repräsentirt, das an dem hintern Ende des Beckenrudimentes angeheftet ist. Dieses Rudiment ist im Bindegewebe verborgen und ragt äusserlich nicht sichtbar hervor.

§ 8.

Muskeln des Beckengürtels.

1) *Obliquus abdominis externus sublimis.* Er endet bei *Amphisbaena* in der Höhe des hintern Theiles des Beckenrudimentes, inserirt aber in der Hauptmasse an der letzten Rippe und nur mit einigen (zweifelhaften) Fasern an dem obern Theile des hintern Endes. Bei *Lepidosternon* ist die Insertion ganz deutlich.

2) *Transversus abdominis.* Er beginnt am Vertebraltheile der Rippen und zieht sich an ihrer Innenseite anlagernd bis zur lateralen Aussenseite des Ileopectineum, an dessen ganzer Breite er inserirt. Bei *Amphisbaena* bleibt er hierbei in der Höhe der Rippenenden, bei *Lepidosternon*, wo er auch nur am vordern Theile des Rudimentes inserirt, geht er über das Niveau der Rippenenden hinaus.

3) *Sphincter cloacae.* Mit diesem zum Systeme des Transversus gehörigen Muskel ist das Beckenrudiment an seiner Innenseite verbunden.

---

[29] Stannius stellt die Rudimente der Amphisbaenen zusammen mit denen der kionokranen Saurier den Rudimenten der Ophidier gegenüber und fasst sie als Ossa ilei auf, indem er allzuviel Gewicht auf die lose Verbindung mit den Rippenspitzen legt.

[30] Heusinger: Rudiment der Extremitäten. — Mayer: Rudiment der Klaue. — Meckel: Dreieckiges Nagelglied.

4) *Ischio-coccygeus*. Ein von dem Dornfortsatze des ersten Schwanzwirbels kommender Muskel, der in einer bei *Amphisbaena* kräftigen, bei *Lepidosternon* undeutlichen Sehne am hintern Ende des Beckenrudimentes endet.

Muskeln der Extremität fehlen.

B. Vergleichung mit den Extremitäten der schlangenähnlichen Saurier.

§ 9.

Knochen des Brustschultergürtels und der vordern Extremität.

Der Brustschultergürtel der Amphibaenoiden unterscheidet sich wesentlich von dem der Saurier[31] durch die hervorragende Entwickelung des Brusttheils, während der Schultertheil weit mehr zurücktritt. Auch betreffs der Lagerungsverhältnisse zu den andern Theilen des Körpers und namentlich den Eingeweiden zeigen sich Unterschiede. Bei den Amphisbaenen liegt der Schultergürtel an der Halsseite unweit des Kopfes, bei den Sauriern ist er weiter davon entfernt. Das Herz, das bei den meisten Sauriern unter dem Brustschultergürtel liegt, befindet sich bei den Amphisbaenen weit hinter diesem.

Acontias und *Typhline* nähern sich hierin etwas den Amphisbaenen.

Das *Sternum* der Amphisbaenen ist, abgesehen von seiner geringeren Consistenz namentlich in die Fläche viel mächtiger ausgedehnt als bei den Sauriern. Der vordere Theil desselben fehlt den Sauriern und wird durch das ihm analoge (nicht homologe) Episternum vertreten. Die hintere, mit dem Sternum verbundene Knorpelplatte ist ein Homologon der medianen Sternocostalleisten der Saurier, die hier von den Rippen getrennt und zu einer einzigen Platte verschmolzen sind. Die Verhältnisse bei *Lialis* sind nicht unähnlich.

Die *Scapula*, das *Suprascapulare* und die *Pars coracoidea* sind weit schwächer entwickelt, als bei den Sauriern, namentlich aber bietet die fast gänzliche Verkümmerung des hintern Theiles des Coracoides einen wesentlichen Unterschied. Dagegen verhält sich die Scapula ähnlich wie bei den Sauriern, indem sie auch hier am spätesten verkümmert und, so lange sie vorhanden ist, Knochenconsistenz hat.

Episternum und *Clavicula* fehlen vollkommen. Insofern findet eine grössere Annäherung an die Chamaeleonida, als an die kionokranen Saurier, statt.

Die vordere Extremität von *Chirotes* ist wesentlich nicht von der der Saurier unterschieden.

---

[31] Der Kürze wegen habe ich überall die schlangenähnlichen kionokranen Saurier ohne Weiteres als Saurier bezeichnet. Die Vergleichung ist vorzugsweise nach dem Brustschultergürtel von Chirotes durchgeführt, da bei Amphisbaena die Verkümmerung schon allzuweit vorgeschritten und höchstens mit Typhline zu vergleichen ist.

§ 10.

Muskeln des Brustschultergürtels.

1) *M. cervicalis*[32]. Er ist ein Homologon des Cervici-submaxillaris und Dorso-clavicularis s. Cucullaris bei den Sauriern, ist aber bei *Amphisbaena* wegen Mangels der Clavicula und Verkümmerung des Suprascapulare von keiner Wirkung auf den Schultergürtel.

2) *Mm. sterno-cleido-mastoidei.* Sie entsprechen dem Sterno-cleido-mastoideus der Saurier nur zum Theil, denn der Sterno-cleido-mastoideus sublimis bei *Amphisbaena* enthält auch Hautmuskelelemente in seinem hintern Theile, die dem der Saurier vollkommen fehlen.

3) und 4) die *Obliqui abdominis externi* sind in ihrem vordern Theile Homologa des Sterno-costo-scapularis.

5) *Rectus abdominis.* Dieser Muskel ist bei *Amphisbaena* längs seines ganzen Verlaufes Intercostalis und inserirt daher nur auch an der Hinterseite der Sternalaponeurose, während er bei den Sauriern als Suprascostalis auch auf der äussern Fläche des Sternums endet. Diese eigenthümlichen Differenzen lassen sich jedenfalls durch Untersuchung von *Chirotes* lösen, wo mit der Entwickelung des Pectoralis vielleicht auch eine Ueberlagerung des Rectus verbunden ist, falls er nicht hier durch den Obliquus externus verdrängt wird.

6) *Sterno-hyoideus* entspricht den beiden Sterno-hyoidei (Cleido-hyoidei) der Saurier. Wegen Mangels der Clavicula kann er nicht von dieser entspringen.

7) *Levator scapulae.* Bei *Amphisbaena* ein viel kleinerer Muskel, als bei den Sauriern.

§ 11.

Knochen des Beckengürtels und der hintern Extremität.

Das Beckenrudiment der Amphisbaenoiden ist betreffs seiner Anheftung von dem der Saurier ebenso sehr unterschieden, wie von dem der Ophidier. *Lepidosternon* nähert sich ersteren, *Amphisbaena* letzteren.

Das Becken der Amphisbaenoiden ist in seinem untern und vordern Theile (Os ileopectineum), das der Saurier in seinem obern Theile (Os ilei) am wenigsten verkümmert.

Bei den Sauriern ist also das Os ilei am vollkommensten erhalten, während das Os ileopectineum und Os puboischium mehr verkümmert, bei den Amphisbaenen ist das Os ileopectineum bis auf die Symphyse ziemlich vollständig, während Os puboischium und Os ilei fast ganz geschwunden sind.

Die äusserst lockere Anheftung an den Rippenspitzen bei *Amphisbaena* ist eine später eingetretene Folge der Verkümmerung. Dadurch nähert sich *Amphisbaena* den Typhlopiden und in Etwas

---

[32] Mit RATHKE's Deutung als Serratus kann ich nicht übereinstimmen. Der Serratus liegt unterhalb des Schulterblattes, nicht aber über diesem wie der Cervicalis. Es ist im Ileo-costalis enthalten und nicht als besonderer Muskel entwickelt.

auch *Typhline* und *Acontias*. Die freie Lage in den Muskeln, die oberflächlich der Rippen liegen, bei *Lepidosternon* erinnert an *Pygopus*.

Die hintere Extremität war bei den untersuchten schlangenähnlichen Sauriern, wenn vorhanden, stets in die Länge gestreckt; bei den Amphisbaenen trat sie dagegen nur als ein rundliches Knorpelkörnchen auf, das mit dem rudimentären Humerus von *Pseudopus* Aehnlichkeit hatte. Ob dieser Unterschied bei allen Sauriern und Amphisbaenen existirt, müssen weitere Untersuchungen bestimmen.

§ 12.

Muskeln des Beckengürtels.

1) *Obliquus abdominis externus sublimis*. Er inserirt bei den kionokranen Sauriern (bis auf *Acontias*) mit einer breiten Endsehne am Beckenrudimente, während er bei den Amphisbaenen kaum an dasselbe sich ansetzt. Bei *Lepidosternon* sind die Verhältnisse denen der Saurier ähnlich.

Der *Ileo-costalis* ist bei den Amphisbaenen weit vom Becken entfernt, ebenso der *Rectus abdominis*.

2) *Transversus* und 3) *Sphincter cloacae*. Sie stehen bei den kionokranen Sauriern, ausser bei *Acontias*, mit dem Becken in keiner Beziehung. Auch bei *Acontias* ist keine sehnige Verbindung zwischen Beckenrudiment und Transversus vorhanden, das Becken ist nur am Transversus durch lockeres Bindegewebe befestigt und kann dadurch an dessen Bewegungen Theil nehmen. Bei den Amphisbaenen ist eine innige Verbindung des Muskels mit dem Beckenknochen nicht zu verkennen. Der Transversus der Amphisbaenen ist homolog z. Th. dem Ileopectineo-trochantineus internus und analog dem Ileo-costalis, Obliquus externus und Rectus abdominis.

4) *Ischio-coccygeus*. Er ist bei den kionokranen Sauriern mehr entwickelt als bei den Amphisbaenen. Der *Ileo-coccygeus* fehlt letzteren wegen Mangels des Os ilei.

Auch der Grad der Verkümmerung der vordern Extremitäten verglichen mit der der hintern ist verschieden bei kionokranen Sauriern und Amphisbaenen.

Bei allen schlangenähnlichen Sauriern sind die Vorderextremitäten meist in stärkerem Grade verkümmert als die Hinterextremitäten. Bei *Chirotes* ist das Umgekehrte der Fall. Hier fehlt die hintere Extremität vollkommen, während die vordere nur wenig verkümmert ist. Erst bei *Amphisbaena* zeigen sich den kionokranen Sauriern ähnliche Verhältnisse, indem hier ein Rudiment der vordern Extremität fehlt, während das der hintern noch vorhanden ist.

Cap. III.

Vergleichung mit den Extremitäten der Ophidier.

A. Beschreibende Anatomie der Extremitäten der Ophidier.

Den Schlangen fehlt ohne alle Ausnahme der Brustschultergürtel und die vordere Extremität. Dem entsprechend sind auch keine besondern Muskeln wahrzunehmen. Die Rumpf- und Bauchmuskeln gehen bis zum Kopfe ohne Unterbrechung, abgesehen von der durch die Rippen und das knorplige Zungenbein.

Auch das Becken und die hintere Extremität fehlen den meisten Ophidiern [33]. Allein bei einigen Familien sind Rudimente derselben vorhanden. Dies ist der Fall unter den *Stenostomi* bei den Typhlopidae, Stenostomidae und Tortricidae (die Uropeltidae haben keine Rudimente), unter den *Eurystomi* bei den Pythonidae, Boaeidae und Erycidae.

§ 13.

Knochen des Beckens und der hintern Extremität.

Die Knochen des Beckens treten bei den verschiedenen Familien in verschiedener Entwickelung auf.

1. Typhlopidae [34].

Das Beckenrudiment der Typhlopidae ist am einfachsten gebaut. Es besteht jederseits aus einem dünnen und ziemlich langen Knochen (oder Knorpel), der nach Wegnahme der Haut und des Hautmuskel sichtbar wird. Er beginnt vor dem After neben und unterhalb des Rectums und geht nach vorn und etwas nach oben, wobei er neben dem Mastdarm verläuft und etwas von dem der Gegenseite sich entfernt. Nach Lage und Gestalt ist er als Rudiment eines sehr langen *Os ileopectineum* [35] aufzufassen, das wegen Wegfalls der Symphyse sich weit von dem der Gegenseite entfernt hat. Das Os ilei fehlt gänzlich. Ob die hintern Theile des Rudiments Spuren des Os puboischium [36] enthalten, kann wegen Mangels aller Grenzen uud Nähte nicht sicher entschieden werden,

---

[33] Die Angabe MAYER's, der bei Coluber pullatus an Stelle des Beckens einen gebogenen Knorpelfaden gefunden haben will, ist von keinem andern Anatomen bestätigt worden.

[34] Literatur: MECKEL a. a. O. II, p. 475. — MAYER, Fernere Untersuchungen über die hintere Extremität der Ophidier. — TREV. u. TIEDEM.: Unters. III, 249. — MÜLLER, Zur Anatomie der Gattung Typhlops. TR. und TIED.: Unters. IV, p. 245, mit Abbildung. — DUMÉRIL et BIBRON etc. VI, p. 249. — PETERS, Ueber Typhlopina: Monatsber. d. Berl. Akademie 1865, p. 265, mit Abbildung. — MECKEL's, MAYER's, der MECKEL's Angaben zuerst (Ueber d. hintere Extr. der Ophidier) bezweifelte, dann (Fernere Untersuchungen etc.) bestätigte, und MÜLLER's Untersuchungen zufolge convergiren die beiden Ossa ileopectinea nach vorn und bilden eine Symphyse. Diese Angaben sind durch PETERS' genaue Arbeiten über Typhlops lumbricalis und Onychocephalus dinga nicht bestätigt werden. Meine Beobachtungen an Typhlops ruficauda stimmen im Wesentlichen mit denen PETERS' überein.

[35] MECKEL und DUMÉRIL enthalten sich aller Deutung. Nach MAYER's (schon von MÜLLER widerlegter) Deutung entspricht der vordere Knochen der Tibia, der hintere dem Tarsus. MÜLLER deutet den ganzen Knochen als Schambein.

[36] MECKEL und MAYER unterscheiden am Becken der Typhlopidae 2 besondere Knochen, die MÜLLER als blosse Fortsätze beschreibt.

ist aber unwahrscheinlich. Bei *Typhlops lumbricalis* und *Onychocephalus dinga Pet.* ist das etwas nach aussen gekrümmte Beckenrudiment von Knochen und geht vorn und hinten in Knorpelspitzen aus; bei diesem liegen die beiden Knochen am hintern Ende am nächsten zusammen, bei jenem gleich hinter der Mitte. Bei dem von mir untersuchten Exemplare von *Typhlops ruficauda* besteht des Ileopectineum aus Knorpel und ist an seinem vordern dünnern Theile mit einer nach abwärts gerichteten Spina (die kaum mit der Spina ossis ileopectinea der Saurier verglichen werden kann) versehen.

Die hintere Extremität fehlt vollkommen[37].

2. Stenostomidae[38].

Das Becken der Stenostomidae ist unter allen Ophidiern am vollkommensten. Es besteht jederseits aus 3 Knochen von nahezu gleicher Grösse, dem *Os ilei*, *ileopectineum* und *puboischium*, das durch Verkümmerung des Homologons des Os ischii zum *Os pubis* geworden ist.

Das *Os ilei* geht von der Pfanne aus nach hinten und etwas mehr nach oben, das *Ileopectineum* nach vorn, das *Os pubis* nach der Mitte und etwas nach hinten.

Eine *Symphysis ileopectinea* fehlt, indem die beiden Ossa ileopectinea weit von einander entfernt sind. Die Ossa pubis dagegen verwachsen zur *Symphysis pubica*, die vor dem After gleich unter der Haut liegt.

In die Pfanne mündet das Rudiment eines sehr starken *Femur*, der einen sehr kräftigen *Trochanter minor* hat und in eine mehr oder weniger lange Spitze ausläuft. Aeusserlich ist der *Femur* nicht sichtbar.

Vom Unterschenkel und Fuss ist keine Spur vorhanden.

3. Boaeidae und Pythonidae[39].

Bei *Boa constrictor* liegt innerhalb der letzten Rippen zwischen den Seitenflächen des Mastdarms und Transversus abdominis ein langer Knochen, der in seinem vordern Theile horizontal

---

[37] Mayer »glaubt an der Stelle, wo die beiden knöchernen Theile die Haut berühren, 2 kleine Hautpapillen (!) als Rudimente der Sporen bemerkt zu haben«. Diese Papillen sind nicht wieder aufgefunden worden. J. Müller behauptet, dass Mayer diese Vermuthung bloss zu Gunsten seiner Behauptung ausgesprochen habe.

[38] Literatur: Peters, Nachtrag zur Abhandlung über Typhlopina. Monatsberichte d. Berl. Akad. 1863, p. 265, mit Abbild. — Carus und Gerstäcker, Handbuch der Zoologie I. 1868. — Peters hat zuerst das Becken und die hintere Extremität von Stenostoma macrolepis aufgefunden und beschrieben. — Meine Untersuchungen an demselben Thiere ergaben dieselben Resultate. Carus beschreibt, wahrscheinlich in Folge falscher Auffassung der Abhandlung von Peters, das Beckenrudiment, »das noch ein Schambein hat, das den Typhlopidae fehlt«. Seiner Benennung des Beckens der Saurier zufolge kann hier nur von einem besondern Sitzbeine die Rede sein.

[39] Literatur (auch für die Erycidae und Tortricidae gültig): Oken, Lehrbuch der Naturgeschichte 2. Abth. S 273. — Russel, Account of Indian Serpents. London 1796. — de Blainville, Principes d'anatomie comparée I, p. 141. — Schneider, Specimen physiologiae amphibiorum II, p. 220. — Schneider, Beiträge zur Classification und kritischen Uebersicht der Arten von der Gattung Boa. Königl. Akademie zu München 1818. — C. Mayer, Ueber die hintere Extremität der Ophidier. Nov. Act. Leop. Carol. Nat. Cuv. p. 819 f. — C. Mayer, Fernere Untersuchungen etc. — Meckel a. a. O. III, p. 243 f. — Heusinger a. a. O. p. 501 f. — E. d'Alton, Beschreibung des Muskelsystems eines Python bivittatus. Müller's Archiv 1834, p. 537 f. — Duméril et Bibron a. a. O. p. 364 und p. 572. — Stannius a. a. O. II, p. 78 f. — Berlin, Vorläufig Notiz über rudimentäre Becken- und Extremitätenknochen bei den Ophidiern. Archiv f. Holländische Beiträge 1857. I, p. 258 f. — Carus a. a. O. p. 374 und 416.

verläuft, aber hinter der letzten Rippe sich abwärts zu biegen beginnt. Er ist in der vordern Hälfte breit, fast säbelartig, und endet vorn mit einem Knorpelköpfchen. Gegen die Mitte ist er mehr rundlich und nimmt nach dem Hinterende an Stärke zu. Dieses steht mit 2 ungefähr 6mal kleineren Knorpeln (resp. Knochen) in Verbindung. Der obere grössere, verknöcherte liegt nach auswärts, der untere kleinere, knorplige nach einwärts.

Mit diesen 3 Knochen articulirt durch Kapselband ein dicker Knochen, der dreimal kürzer als der lange Hauptknochen ist, aber zweimal länger als die beiden Nebenknorpel. Dieser hat in der Mitte seiner Innenseite einen stark entwickelten Höcker und ein kugelförmig erweitertes Hinterende. Dieser Knochen liegt direct unter der Haut und steht mit einem kleinen, über das Niveau des Körpers hervorragenden Knochen in Verbindung, der von dem bei *Boa* als Sporen sichtbaren Nagel umhüllt ist.

Diese Knochen sind zum Theil als Beckenknochen, zum Theil als Extremitätenrudimente aufzufassen[40].

Der vordere lange Knochen ist das *Os ileopectineum*[41], das hier ausserordentlich gross angelegt und von dem der Gegenseite entfernt ist. Von den damit verbundenen kleinen Knochen ist der obere grössere das *Os ilei*, der untere kleinere das *Os pubis*[42]. Das *Os ilei* ist bis auf ein kleines Rudiment reducirt und steht in gar keinem Zusammenhange mit der Wirbelsäule; das *Os pubis* ist in noch grösserem Maasse verkümmert und von dem der Gegenseite durch einen breiten Zwischenraum getrennt.

---

[40] Kaum gibt es einen andern Knochen bei den Wirbelthieren, der so viele und fast sämmtlich missglückte Deutungen erfahren hat, als das Rudiment bei Boa. MAYER deutet den langen Knochen (Os ileopectineum) als Os cruris s. Tibia, von den damit verbundenen kleinen Knochen den oberen (Os ilei) als Os tarsi externum s. majus, den untern (Os pubis) als Os tarsi internum s. minus, den mit dem Becken articulirenden Knochen (Femur) als Os metatarsi, das nageltragende Rudiment (Tibia) als Zehenglied. — MECKEL hält einerseits MAYER's Deutung für »höchst wahrscheinlich«, anderseits sagt er: »Wenngleich das letzte Glied den Nagel trägt und die vorhergehenden neben einander liegen, so folgt daraus nicht nothwendig, dass der erste Knochen seiner Verbindung wegen Schienbein sei, indem bei Missbildungen häufig eine mittlere Abtheilung der Gliedmaassen fehlt, während die innere und äussere vorhanden sind.« Diese gezwungene und unnatürliche Erklärung führt CARUS weiter aus, indem er das Os ileopectineum, ilei und pubis als »Ueberbleibsel des Beckens«, dagegen Femur und Tibia als »nageltragende Fingerrudimente« deutet; p. 374 erklärt er die Rudimente des Beckens als »den Sitzbeinen entsprechende Knochen«. — HEUSINGER erkennt richtig die Bedeutung als Beckenknochen, vertauscht aber die einzelnen Theile, indem er das Os ileopect. als »Darmbein«, das Os ilei als »Sitzbein (?)«, das Os pubis als »Schambein (?)« deutet. Den Femur nennt er »Fuss« oder »erstes Glied«. — D'ALTON bezeichnet das Os ileopectineum als »vordern grössten Knochen (Darmbein H.)«, das Os ilei als »untern kleinern Knorpel (Schoossbein)«, das Os pubis als »obern grössern Knorpel (Sitzbein ?)«. — STANNIUS: »Das Becken der Ophidier ist immer nur abortiv; von den beiden Abschnitten des Beckens fehlt der obere; nur untere Knochen sind vorhanden in paarigen horizontalen dicht neben einander und vor dem After gelegenen Stücken (Ossa ischii)«. — BERLIN wirft die Frage auf, ob die Rudimente »mit den Geschlechtsfunctionen in Zusammenhang gebracht werden können«.

[41] Das Beckenrudiment der Ophidier ist eine glänzende Bestätigung der GORSKY'schen Deutung des Os pubis Aut. als Os ileopectineum. Eine Vergleichung des vordern langen Beckenknochens der Ophidier mit dem Os pubis wäre nur bei der grössten Verkennung der Homologieen der Knochentheile möglich. Bei sehr alten Männchen (siehe Abbild. b. MAYER) hat das Os ileopectineum in seiner Gestalt die grösste Aehnlichkeit mit dem entsprechenden Knochen der Saurier. Eine Deutung als Os ilei (HEUSINGER) ist wegen der Lage des Rudiments innerhalb der Rippen unmöglich, eine Deutung als Os ischii (STANNIUS und CARUS) würde eine Drehung des Beckens mindestens um 120 Grad nöthig machen.

[42] Ich brauche bei den Ophidiern blos den Namen Os pubis (ischii Aut.), da die Benennung als Os puboischium wegen Mangels des Tuber ischii keinen Sinn mehr hat.

Der mit dem Becken articulirende Knochen ist der *Femur*[43], der Höcker seiner Innenseite der wegen bedeutender Muskelansätze sehr vergrösserte *Trochanter minor*. Der das Nagelrudiment tragende Knochen ist das Rudiment der *Tibia*.

Boa murina unterscheidet sich von *Boa constrictor* dadurch, dass das Os ileopectineum von hinten nach vorn sich verjüngt und in eine lange Knorpelspitze ausläuft.

Die Grösse des Beckenrudimentes und der hintern Extremität ist bei *Boa* sowohl, als bei den folgenden Gattungen äusserst wechselnd nach Alter und Geschlecht des Thieres[44]. Es können sogar Knochentheile (und zwar das Os ilei und pubis) fehlen. Diese Verkümmerung kann sich bis auf einen Wegfall sämmtlicher Rudimente erstrecken. Dieser Fall tritt (nach BERLIN) bei den Weibchen der Ophidier ein.

Python bivittatus unterscheidet sich bezüglich seines Rudimentes wenig von *Boa*. Das constanteste Unterscheidungsmerkmal liegt in der geringern Grösse und Dichtigkeit des Femur. Sonst zeigen die von MAYER, MECKEL und D'ALTON untersuchten Thiere grosse Differenzen.

Das *Os ileopectineum* ist beträchtlich lang und trägt an seinem vorderen Ende einen 3mal so kurzen Knorpel, oder es ist sehr schwach und dünn, hinten knöchern, vorn knorplig.

Das *Os ilei* und *pubis* sind vorhanden[45] (nach D'ALTON) oder fehlen (nach MAYER und MECKEL).

Der *Femur* ist nicht so stark entwickelt wie bei *Boa*, bald knorplig (MECKEL) bald zum Theil verknöchert (MAYER und D'ALTON).

Die *Tibia* ist überall vorhanden.

4. Erycidae.

Bei *Eryx turcica* ist das Rudiment weit mehr reducirt als bei den Boaeidae und Pythonidae.

Das *Os ileopectineum*[46] ist ein kurzer dünner Knochen unter dem Ende der 3 letzten Rippen und erstreckt sich 3 ^{mm} lang in ziemlich horizontaler Richtung nach hinten.

Die andern Theile sind blos knorplig.

Das *Os ilei*[47] ist noch einmal so kurz, aber ebenso stark wie das *Os ileopectineum*.

---

[43] Der Deutung MECKEL's und CARUS' kann ich nicht folgen. Allerdings fallen auch an den Extremitäten Knochen aus, z. B. die des Carpus und Tarsus. Die Annahme von MECKEL und CARUS aber bedingt ein Ausfallen des Femur, der Tibia und Fibula, des Tarsus, des Metatarsus und eine Ersetzung dieser langen Reihe durch ein einfaches Kapselband. Dies ist unwahrscheinlich. Ueberdies hatte schon bei den schlangenähnlichen Sauriern die Tibia die Fähigkeit, Nägel zu tragen, die allerdings nicht so entwickelt waren, wie die Krallen von Boa.

[44] MAYER hat zuerst die Frage aufgeworfen, ob bei den Männchen von Python die hintere Extremität stärker entwickelt sein könne, als bei den Weibchen. BERLIN geht näher auf diese Frage ein. Nach seinen Untersuchungen ist die hintere Extremität nur bei den Männchen äusserlich sichtbar, während sie bei den Weibchen von aussen gar nicht wahrnehmbar und auch innerlich äusserst schwach entwickelt ist oder ganz fehlt. PETERS bezweifelt die Annahme eines gänzlichen Mangels des Beckens und der hintern Extremität und bestätigt blos MAYER's Angaben. RETZIUS (Anatomisk undersökning öfver några delar af Python bivittatus, jemte comparative anmärkningar. Kongl. Vetensc. Ac. Handl. Stockholm 1830, p. 87 f.), der ein Weibchen untersuchte, erwähnt ihrer gar nicht.

[45] Im ersten Falle ist dann das Os ilei klein und nach innen, das Os ischii gross und nach aussen gerichtet. Dieses eigenthümliche Verhalten, wodurch sich Python von Boa entfernt und Eryx nähert, braucht noch nähere Bestätigung. Die (allerdings ausgezeichnete) Beschreibung von D'ALTON ist die einzige Quelle.

[46] Bei dem von MECKEL untersuchten Thiere beträchtlich grösser.

[47] Bei MECKEL wird sowohl Os ilei als Os pubis mit erwähnt.

Das *Os puboischium* ist der dünnste Knochen des Beckens. Es wendet sich nach unten und innen, dicht auf den Mastdarm, und kommt mit seinem unteren Ende in der Mittellinie dem untern Ende der Gegenseite nahe zu liegen.

Der *Femur* ist ein sehr dicker, $2\frac{1}{2}^{mm}$ langer, zugespitzter Korpel, ohne deutlichen Trochanter minor, der direct die Kralle trägt.

Die *Tibia* fehlt demnach.

5. Tortricidae.

Die bei den Pythonidae, Boaeidae und Erycidae äusserlich sichtbare Kralle ist hier in einer kleinen durch Hautfalten gebildeten Höhle versteckt.

Das *Os ileopectineum* ist dem von *Boa* ähnlich.

Das *Os ilei* und *pubis* sind ziemlich gleichmässig entwickelt, am bedeutendsten bei *Cylindrophis rufus*, unbedeutender bei *Ilysia scytale*.

Der *Femur* ist sehr entwickelt, am meisten bei *Ilysia scytale*, schwächer mit kleinem Trochanter bei *Cylindrophis rufus*.

Die *Tibia* ist klein, trägt aber eine grosse Kralle.

Vergleichung der Extremitäten unter einander.

Die Vergleichung bezieht sich nur auf die vollkommenste Entwickelung der Knochen; die unvollkommenen Formen bei jungen und weiblichen Exemplaren sind ausgeschlossen.

Das Beckenrudiment und die hintere Extremität sind am wenigsten verkümmert bei den Boaeidae, Pythonidae, Tortricidae, Erycidae und Stenostomidae. Bei diesen 5 Familien zeigt es zugleich einen sehr ähnlichen Bau[48].

Weit beträchtlicher sind die Verkümmerungen bei den Typhlopidae, wo die Extremität ganz und vom Becken der grösste Theil weggefallen ist,

a. Hintere Extremität.

Die *Tibia* existirt rudimentär bei den Tortricidae, Pythonidae und Boaeidae, sie fehlt bei den Erycidae, Stenostomidae und Typhlopidae.

Der *Femur* ist wohlentwickelt mit sehr kräftigem Trochanter minor bei den Stenostomidae, Tortricidae, Pythonidae und Boaeidae, sehr dick und ohne Trochanter bei den Erycidae, er fehlt bei den Typhlopidae.

b. Becken.

Das *Os ilei* ist eiu sehr veränderlicher Knochen. Er fehlt bei den Typhlopidae, er ist kleiner

---

[48] PETERS hat zuerst die Aehnlichkeit des Beckens der Stenostomidae mit dem der Riesenschlangen nachgewiesen. Siehe Jahresberichte d. Berliner Akademie 1863, p. 265: »— der zusammengesetzte Bau des Beckens der Stenostomen, welches ganz mit dem der Riesenschlange übeinstimmt« etc.

als das Os pubis bei den Erycidae und Pythonidae, gleich gross bei den Tortricidae und Stenostomidae, grösser bei den Boaeidae.

Das *Os pubis* fehlt (oder ist äusserst schwach entwickelt?) bei den Typhlopidae; bei den übrigen Familien ist es deutlich erkennbar und verhält sich umgekehrt wie das Os ilei. Es ist kleiner als dieses bei den Boaeidae, gleich gross bei den Tortricidae und Stenostomidae, länger bei den Erycidae und Pythonidae. Bei den Erycidae nähert es sich dem der Gegenseite fast bis zur Berührung, bei den Stenostomidae bildet es mit diesem eine wirkliche *Symphysis pubica*.

Das *Os ileopectineum* ist bei allen der grösste Knochen des Beckens. Es ist verhältnissmässig am kleinsten bei den Erycidae und Stenostomidae, grösser in aufsteigender Reihe bei den Tortricidae, Pythonidae und Boaeidae. Bei den Typhlopidae ist es der einzige Knochen des Beckens. Von dem der Gegenseite ist es stets getrennt, bei den Typhlopidae sogar vorn noch weiter davon entfernt als hinten. Frühere Beobachtungen einer Symphysis ileopectinea sind nicht bestätigt worden.

§ 14.

Muskeln des Beckens und der hintern Extremität.

Von den Ophidiern sind bis jetzt erst die Gattungen *Boa* und *Python* genauer von Meckel, Heusinger und d'Alton, *Typhlops* und *Stenostoma* von mir untersucht worden. Die dürftigen Angaben Mayer's betreffs der Muskulatur von *Eryx* und *Tortrix* sind mit Vorsicht aufzunehmen.

Die Muskulatur der mit einem sehr unvollkommenen Becken versehenen Typhlopidae unterscheidet sich wesentlich von der der übrigen Gattungen, die sich zusammen behandeln lassen.

A. Ophidier ohne hintere Extremität.
(Typhlopidae.)

Die Muskulatur des Beckenrudimentes ist äusserst einfach.

Der *Transversus abdominis* setzt sich an der ganzen äussern Seite des Os ileopectineum an und erstreckt sich innerhalb der Rippen nach oben zur Wirbelsäule.

Der *Subcutaneus* steht in losem Zusammenhange mit dem hintern Theile des Beckens.

B. Ophidier mit hinterer Extremität.
(Stenostomidae, Tortricidae, Boaeidae, Pythonidae, Erycidae.)

Die Muskulatur ist sehr veränderlich, selbst, wie es scheint, innerhalb derselben Species. Ausserdem weichen die Angaben der einzelnen Autoren so beträchtlich von einander ab, dass eine feste Unterscheidung der einzelnen Familien unmöglich ist. Sehr eingehende Untersuchungen an möglichst vielen Exemplaren derselben Art sind dringend wünschenswerth. — Die vollkommenste Entwickelung der Muskeln zeigt das von d'Alton untersuchte Exemplar von *Python bivittatus*, auf dessen Musculatur sich die aller übrigen zurückführen lässt. Bei *Eryx*, *Tortrix* und *Stenostoma* ist die Trennung der Muskeln nur in beschränktem Maasse möglich.

a. Muskeln des Beckens.

1) *Subcutaneus cum Recto et Obliquo externo*[49]. Er geht in eine lange Sehne aus, die mit den Schwanzmuskeln in Verbindung steht, dabei aber eine dünne Sehne seitlich an das Os pubis abschickt.

2) *Cloaco-ileopectineus*[50]. Er entspringt median von der innern Fläche des Cloakenmuskels in der Gegend der untern Dornfortsätze der letzten Rückenwirbel, ohne von diesen selbst zu kommen und zieht sich im Innern des Leibes schräg nach vorn und unten bis zur Insertion längs der ganzen Fläche des Os ileopectineum an der dieses umgebenden Sehnenscheide.

b. Muskeln der Extremität.

3) *Coccygo-femoralis*[51]. Er entspringt hinten und aussen vom Cloaco-ileopectineus, neben ihm und dem Kloakenmuskel, von dem untern Dornfortsatze des ersten und zweiten Caudalwirbels und zieht sich schräg nach vorn und unten an das obere Ende des Femur.

4) *Ileopectineo-trochantineus longus*[52]. Ein sehr starker Muskel auf der Unterseite des Os ileopectineum, der sich in 2 Partien trennen lässt. Die vordere entspringt von den beiden vordern Dritteln, die hintere von den beiden hintern Dritteln des Os ileopectineum. Beide Theile, die sich zum Theil decken, vereinigen sich zu gemeinsamer Insertion am Trochanter minor (oder an der ihm homologen Rauhigkeit) und zum Theil darüber hinweggehend am obern Rande des Femur und dem Nagelgliede.

5) *Ileopectineo-trochantineus brevis*[53]. Ein kurzer dicker Muskel, der zum Theil vom vorigen bedeckt ist. Er entspringt am hintern Ende des Os ileopectineum, da wo es mit dem Os pubis verschmolzen ist, und inserirt am Trochanter minor.

---

[49] D'ALTON: Aeussere Bauchhautmuskel (T. u. 23), Muskel zwischen den Rippenknorpeln (Z), die vereint in die Sehne ξ auslaufen. — MAYER: Adductor pedis. — HEUSINGER: Innerer schiefer Bauchhautmuskel. H. führt ausserdem an, »dass in der ganzen Länge des vordern Knochens, so lange er an den Rippen liegt, die Fasern des queren Bauchmuskels (also wie bei den Typhlopidae) befestigt sind«, was aber D'ALTON läugnet.

[50] D'ALTON: 56. Rückwärtszieher und Heber der hintern Extremität (ζ). — MECKEL: No. 1. — HEUSINGER: 2) Heber und Rückwärtszieher des vordern Knochens (VIII, 16). — MAYER führt an seiner Stelle einen Abductor pedis an, der vom Processus spinosus des letzten und vorletzten Rückenwirbels direct entspringen und zum Os tarsi majus (Os ilei) gehen soll.

[51] D'ALTON: 57) Einwärtszieher der hintern Extremität (η). — MECKEL: 7) Langer Rückwärtszieher. — HEUSINGER: 7) Einwärtszieher (VIII, 21). — MAYER erwähnt ihn nicht.

[52] D'ALTON: 58) Längerer Beugemuskel des 2. Knochens und Nagelgliedes (θ) und 59) kürzerer Beugemuskels des 2. Knochens und Nagelgliedes (κ). Ich habe beide vereinigt, da sie gemeinsame Endsehnen haben und auch die Art ihres Ursprungs dazu führt, sie als 2 Partieen (Lamellen) eines Muskels zu betrachten. — MECKEL: No. 5. — HEUSINGER scheint ihn nicht zu erwähnen. — MAYER: M. flexor pedis (6).

[53] D'ALTON: Einwärtszieher des 2. Knochens (λ). — MECKEL erwähnt ihn nicht. No. 4 hat mit ihm den Ursprung gemein, unterscheidet sich aber durch die Insertion. — HEUSINGER's No. 5. (VIII, 19) liegt oberflächlicher. — MAYER's Extensor pedis brevis reicht nicht bis zum Trochanter minor.

6) *Ileopectineo-ileo-femoralis*[54]. Er entspringt von der äussern Seite des hintern Endes des Os ileopectineum und von dem Rudiment des Os ilei, schlägt sich um und unter diesem über den Femur und endet an dessen oberem Ende und an der Grenze mit der Tibia.

7) *Ileopectineo-tibialis*[55]. Ein langer Muskel, der in der Mitte des Os ileopectineum von dessen oberem convexen Theile entspringt und an der Tibia muskulös endet.

B. Vergleichung mit den Extremitäten der schlangenähnlichen Saurier.

§ 15.

Knochen des Beckens und der hintern Extremität.

Die Verkümmerung der Knochen bei den Ophidiern ist wesentlich von der bei den schlangenähnlichen Sauriern verschieden.

Ein Hauptunterschied beruht auf der Beziehung des Beckens zu den angrenzenden Knochen.

Bei den kionokranen Sauriern ist das Becken mit der Wirbelsäule verbunden[56], bei den Ophidiern niemals. Diese Trennung bei letzteren ist bedingt durch die bedeutende Verkümmerung des oberen Theiles des Os ilei, während dieser Knochen bei den Sauriern am wenigsten reducirt wird. Damit steht im Zusammenhange die Lage des Beckens zu den Rippen. Bei den kionokranen Sauriern liegt das Becken ausserhalb der Rippen oder wenigstens in gleichem Niveau mit ihnen, bei den Ophidiern liegt es zum grossen Theile innerhalb derselben. Diese Lage in der Bauchhöhle erscheint als ein morphologisches Paradoxon, als eine ganz wunderbare Abweichung von der gewöhnlichen Lage des Beckens bei den Wirbelthieren. Sie lässt sich aber ganz leicht durch die eigenthümliche Verkümmerung der Beckenknochen erklären. Bei dem vollkommen ausgebildeten Becken der kionokranen Saurier mit wohlentwickelten Extremitäten liegt das Os ileopectineum innerhalb des Rectus abdominis, von diesem bedeckt. Zugleich liegt es weniger tief nach unten als das Brustbein. Da aber die Rippen gegen die Lendengegend zu immer kürzer werden und der Rectus abdominis stets ausserhalb der Rippen liegt, so ist diese abweichende Lage wenig bemerkbar. Bei den Ophidiern aber sind die Rippen bis zur Analgegend hin wohlentwickelt, der Rectus abdominis ist allenthalben Muskel zwischen den Knorpelanhängen derselben. Er liegt also nicht ausserhalb der Rippen, sondern zwischen ihnen. Er ist

---

[54] D'ALTON: 61. Auswärtszieher des 2. Knochens (μ). — MECKEL: No. 3. Kleiner Heber oder Strecker der Zehe. — HEUSINGER: No. 2. Strecker oder Auswärtszieher des ersten Gliedes (VIII, 17). — MAYER vereinigt ihn mit dem folgenden Muskel zum Extensor pedis longus (a).

[55] D'ALTON: 62. Strecker des 2. Knochens und des Nagelgliedes (ν). — MECKEL: No. 2. Grosser Heber, Strecker und Auswärtszieher des Nagelgliedes. — HEUSINGER: No. 3. Strecker oder Auswärtszieher des ersten Gliedes. HEUSINGER lässt ihn nicht am Nagelgliede inseriren.

[56] Von dieser Art der Anheftung macht blos Pygopus eine Ausnahme. Bei Acontias und Typhline ist auch eine beginnende Ablösung vom Querfortsatz des Heiligbeins wahrnehmbar, die bei Amphisbaena weiter fortgeschritten ist, bis sie ihren Höhepunkt bei den Ophidiern erreicht, die durch Typhlops betreffs des Beckens sich den Amphisbaenen nähern.

Intercostalis. Dieses Verhalten bedingt nothwendig die Lage des Os ileopectineum innerhalb der Rippen. Da nun zugleich durch Verkümmerung des Os ilei die Verbindung mit den ausserhalb der Rippen gelegenen Knochen gelöst wird, und da ferner die innern Bauchmuskeln[57] nicht zum Becken reichen, so wird das Os ileopectineum auf dem Rectum zu liegen kommen. Zugleich ist durch Verkümmerung der medianen Enden der Ossa ileopectinea die Symphyse weggefallen und mit ihr das Hinderniss, das eine andere Lage als die unterhalb des Darms unmöglich machte, beseitigt. Den getrennten und leicht beweglichen Ossa ileopectinea ist die Möglichkeit gestattet, einem von unten wirkenden Drucke (sei es in Folge der Anordnung der Muskeln, sei es in Folge der fortwährenden Berührung des Bauches mit dem Fussboden) nachzugeben und in der Bauchhöhle neben dem Darme zu lagern.

Bei den schlangenähnlichen Sauriern ist das tiefliegende *Os ileopectineum* verkümmert, das ausserhalb liegende *Os ilei* ist am besten erhalten, der *Rectus abdominis* ist in seinem hintern Theile nicht *Intercostalis*, sondern *Supracostalis*, das Beckenrudiment muss ausserhalb liegen.

Auch die einzelnen Knochen zeigen z. Th. beträchtliche Unterschiede in ihrer Entwickelung und Verkümmerung.

Die *Ossa digitorum*, *metatarsi* und *tarsi* fehlen den Ophidiern.

Die *Tibia* ist, wenn vorhanden, nageltragend. Sie unterscheidet sich also principiell nicht von der *Tibia* von *Lialis* und *Pseudopus*. Allein der Nagel ist bei den Ophidiern ein bedeutend entwickelter Sporn, der sogar als Waffe dienen kann[58], während er bei den Sauriern ein kleines Hornschälchen darstellt.

Der *Femur* ist bei den Ophidiern nach dem Ileopectineum der bedeutendste Knochen, bei den Eryciden sogar entwickelter, als dieses. Er ist kurz, gedrungen, mindestens ebenso dick, wenn nicht dicker als das Beckenrudiment. Der *Trochanter minor* ist durch seine ausserordentliche Grösse zur Insertion von sehr starken, vom Os ileopectineum kommenden Muskeln geeignet. Bei den Sauriern ist der *Femur* ein länglicher, dünner Knochen, der selbst in seiner stärksten Entwickelung (bei *Pygopus*) viel schwächer ist als bei den Ophidiern. Der *Trochanter minor* ist zwar wohlentwickelt, ist aber bedeutend kleiner und die an ihm inserirenden Muskeln viel unbedeutender als bei den Schlangen. Er ist bei den Sauriern in verkümmertem Zustande ein unbrauchbares Rudiment, während er bei den Ophidiern zur Ortsveränderung noch dienlich sein kann.

Das *Os ileopectineum* ist, wie schon oben erwähnt, bei den Ophidiern der am wenigsten verkümmernde, stets mindestens zum Theil aus Knochengewebe bestehende[59] Ast des Beckens und stösst mit der breitesten Fläche mit den beiden andern Beckenknochen zusammen. Bei den schlangenähnlichen Sauriern ist es zugleich mit dem Os puboischium der am frühsten verkümmernde Beckenknochen.

---

[57] Nach Heusinger soll der quere Bauchmuskel mit dem Beckenrudimente in Verbindung stehen, eine Angabe, die sich weder bei Meckel und Mayer, noch bei d'Alton wieder findet.

[58] Russel, Account of Indian Serpents.

[59] Abgesehen von Typhlops ruficauda.

Das Os ileopectineum bildet also bei den Ophidiern das äusserste Extrem der Entwickelung, während es bei Sauriern, noch mehr bei Krocodilen reducirt ist. Die Reihenfolge der Entwickelung des Os ileopectineum ist also: Ophidier — Saurier — Krocodile — Beutelthiere und Chiropteren [60] — Mensch.

Das *Os pubis* der Ophidier unterscheidet sich von dem Os puboischium vieler schlangenähnlichen Saurier durch den Mangel des Tuber ischii, das der Stenostomidae durch das Vorhandensein einer Symphysis pubica bei gleichzeitigem Fehlen der Symphysis ileopectinea, während bei den schlangenähnlichen Sauriern die Symphysis pubica früher wegfällt als die Symphysis ileopectinea.

Das *Os ilei* ist bei den Ophidiern der kleinste und rudimentärste Theil des Beckens, bei einigen fehlt es ganz. Bei den schlangenähnlichen Sauriern ist es am wenigsten verkümmert und steht mit der Wirbelsäule in Verbindung.

Das *Acetabulum* ist bei den Ophidiern nicht wahrzunehmen. Der *Femur* ist ohne Höhlung an das Becken angeheftet.

§ 16.

Muskeln des Beckens und der hinteren Extremität.

Die Muskeln weichen noch mehr als die Knochen von denen der schlangenähnlichen Saurier ab.

a. Muskeln des Beckens.

1) *Subcutaneus, Rectus et Obliquus abdominis externus.* Beide entsprechen denen der Saurier z. Th., sind aber am Grunde zu einer Sehne verwachsen, die am Os pubis inserirt, während bei den Sauriern beide Muskeln mit getrennten Endsehnen am Os ileopectineum und puboischium enden.

2) *Cloaco-ileopectineus.* Ein den Ophidiern eigenthümlicher Muskel, der bei den Sauriern vom Sphincter cloacae nicht abgetrennt ist.

Der *Ileocostalis* der Saurier geht bei den Schlangen über die Rippen hinweg in die Schwanzmuskelmasse über (als Costalis), der *Ischio-* und *Ileo-coccygeus* berührt ebenfalls bei den Ophidiern das Beckenrudiment nicht.

b. Muskeln der Extremität.

3) *Coccygo-femoralis.* Er enthält Elemente des Pyriformis und Subcaudalis der Saurier und zwar von dem medianen Theile derselben, der am untern Darmfortsatze beginnt. Er stimmt aber keineswegs vollkommen mit diesen überein, sondern ist als ein abgelöstes Bündel zu betrachten, das durch die Scheidewand des Kloakenmuskels (der bei den Ophidiern über, bei den Sauriern

[60] Die Identität des Processus ileopectineus der Chiropteren und des Os ileopectineum der Saurier ist von Gorsky noch nicht bewiesen. Der Nachweis ist noch zu führen.

unter dem Coccygo-femoralis liegt) von den übrigen Schwanzmuskeln getrennt ist und sich selbständig entwickelt hat.

4) *Ileopectineo-trochantineus longus.* Er entspricht in seiner Hauptmasse dem Ileopectineo-trochantineus externus der Saurier und enthält auch Homologa von Theilen des Ileopectineo-trochantineus internus und Gracilis. Letzterer ist vertreten durch die zum Nagelgliede gehenden Fasern.

5) *Ileopectineo-trochantineus brevis.* Er ist ein Homologon des Pectineus der Saurier, ist aber bedeutend verkürzt. Während der Pectineus unterhalb des Trochanter minor inserirt, liegt das Ende des Ileopectineo-trochantineus brevis schon oberhalb desselben.

6) *Ileopectineo-ileo-femoralis.* Ein eigenthümlicher Muskel, der in seinem vordern Theile Elementen des Ileopectineo-trochantineus internus der Saurier, in seinem hintern Verlaufe dem Ileo-femoralis und Glutaeus medius entspricht.

7) *Ileopectineo-tibialis.* Er ist ein Rest des Rectus femoris der Saurier, dessen 3 andere Köpfe verkümmert sind und der muskulös (ohne Endsehne mit Patella) endet.

Die übrigen Extremitätenmuskeln der Saurier fehlen den Ophidiern.

Cap. IV.

Vergleichung mit den Extremitäten des Menschen.

Die Knochen und Muskeln des Brustschulter- und Beckengürtels der Saurier, sowie die der zugehörigen Extremitäten finden sich, wenn auch mannichfach modificirt, bei dem Menschen wieder, in der Art, dass man bei beiden, allgemein bei allen Wirbelthieren, einem gemeinsamen Grundtypus der Knochen- und Muskelanordnung annehmen kann, der bei den einzelnen Thieren verschiedene Entwickelung zeigt[61].

Zum Ausgangspunkte der Vergleichung hat man, vorzüglich nach Cuvier's Vorgange, den am genauesten untersuchten Menschen gewählt und die seinen Knochen homologen Knochentheile anderer Thiere, speciell der Saurier, mit denselben Namen benannt, so dass also derselbe Name nur eine morphologische Aehnlichkeit, keineswegs eine Identität bezeichnet.

A. Vergleichung der Knochen.

Die Vergleichung der Knochen[62] ist jetzt, bis auf die Controverse betreffs des Beckens, festgestellt.

---

[61] Dieser, jetzt von den meisten Anatomen angenommene Grundsatz wurde zuerst vor ungefähr 90 Jahren von Vicq d'Azyr (Mémoires de l'Académie royale des sciences 1778) ausgesprochen, der bei allen Thieren »la constance dans le type et la variété dans les modifications« annahm.

[62] Selbstverständlich bezieht sich die Vergleichung auf kionokrane Saurier mit wohlentwickelten Extremitäten.

§ 17.

Knochen des Brustschultergürtels und der vordern Extremität.

a. Brustschultergürtel[63].

Der Brustschultergürtel zeigt unter allen Wirbelthieren bei den kionokranen Sauriern die vollkommenste Ausbildung. Er ist bei diesen weit entwickelter als bei dem Menschen. Trotz mannichfacher Verkümmerungen sind aber doch sämmtliche Knochen des Brustschultergürtels auch bei letzterem nachweisbar.

1) *Sternum.* Das Sternum der Saurier ist eine breite rhomboidale Platte von homogenem Gewebe ohne nachweisbare Gliederung, die an ihren hinteren Flächen mit höchstens 6 Sternocostalleisten, mit ihren vordern mit der Pars coracoidea articulirt. Das Sternum des Menschen ist eine längliche schmale Platte, die deutlich in aufeinander folgende Stücke gegliedert ist[64] und längs ihrer ganzen Seitenfläche mit 7 Rippen articulirt, während sie mit dem Coracoid in keiner Verbindung steht. Zugleich ist ihr Endstück (Processus xiphoides) frei und überragt die Rippenknorpel, während bei den Sauriern das Ende des Sternums mit einer oder mehreren verschmolzenen Sternocostalleisten in Verbindung steht.

2) *Episternum.* Das Episternum der Saurier ist ein ansehnlicher Deckknochen, der unpaar ist, auf dem Sternum liegt und nach vorn darüber hinausragt. Episternalgebilde sind auch beim Menschen (von Gegenbaur) nachgewiesen. Sie sind aber hier kleine unbedeutende Knorpel, die beim Embryo paarig zwischen Sternum und Clavicula liegen, im spätern Alter aber schwinden, resp. mit den umliegenden Knochen verwachsen, so dass dann die Clavicula direct mit dem Sternum zu articuliren scheint. Die sogenannten Ossa suprasternalia s. episternalia auf der Incisura semilunaris sind Gebilde, die mit dem Episternum in keiner Beziehung stehen.

3) *Scapula.* Die Scapula der Saurier ist mehr lang als breit, liegt an der Seite des Körpers und lässt einen schmälern knöchernen Theil (Scapula) und einen breiteren knorpligen (Suprascapulare) unterscheiden[65]. Jede Höckerbildung fehlt, eine Leiste ist nur ganz schwach angedeutet. Die Scapula des Menschen ist mehr breit als lang, hat die Gestalt eines Dreiecks, dessen längste Seite auf dem Rücken liegt und bildet beim Erwachsenen eine homogene Knochenmasse, von welcher der kleinere und schmälere, den Humerus tragende Theil der Scapula, der grössere und breitere Theil dem knorpligen Suprascapulare der Saurier homolog ist. Die Höckerbildung zeigt sich im Acromion, das den Sauriern vollkommen fehlt, die Leistenbildung in der sehr entwickelten Spina, die bei den

[63] Hauptwerk: Gegenbaur, Schultergürtel. Lpz. 1865. Diesem ausgezeichneten Werke sind wir allenthalben gefolgt.

[64] Die Verschmelzung dieser Stücke geschieht meist erst im postembryonalen Alter und zwar in der Weise, dass blos die mittleren zum Corpus sterni verwachsen, während das Manubrium und der Processus xiphoides getrennt bleiben oder erst im späteren Alter mit dem Corpus verschmelzen.

[65] Beim Embryo ist Scapula und Suprascapulare gleichförmig knorplig. Erst später ossificirt die Scapula, während das Suprascapulare knorplig bleibt.

Sauriern als schwache Längslinie auf dem Suprascapulare erkennbar ist. Mit dem Acromion articulirt die Clavicula, während sie bei den Sauriern auf dem Vorderrande des Suprasscapulare festgewachsen ist.

4) *Pars coracoidea.* Die Pars coracoidea der Saurier ist ein wohlentwickelter Knochen (Knorpel), der in seinem lateralen Theile gemeinschaftlich mit der Scapula zur Bildung der Gelenkhöhle für den Humerus beiträgt, in seinem medianen Theil hinten mit dem Sternum articulirt, vorn bis oder über die Mittellinie des Körpers hinweggeht. Das Coracoid des Menschen ist auf einen blossen Processus coracoideus (der sich aus einem besondern Knochenkern entwickelt) reducirt. Dieser trägt weder zur Bildung der Gelenkhöhle bei, noch articulirt er mit dem Sternum.

5) *Clavicula.* Die Clavicula der Saurier ist ein schmaler aber langer Knochen, der lateral mit dem Suprascapulare und median mittelst der Spitze des Episternums mit dem der andern Seite verwachsen ist. Die Clavicula des Menschen ist kürzer und steht mit Scapula und Episternum (resp. Sternum) durch Ligamente in Verbindung, ohne die der Gegenseite zu berühren. Bei den Sauriern tritt sie gleich als Deckknochen auf, bei dem Menschen ist sie knorplig präformirt[66].

b. Vordere Extremität.

Der *Humerus* der Saurier zeigt nur geringe Unterschiede von dem des Menschen. Das obere Ende ist zusammengedrückt, mit querstehendem Kopfe; die Tuberculi sind durch breite Zwischenräume getrennt. Der Humerus des Menschen ist im obern Theile mehr rundlich; die Tuberculi sind nur durch den schmalen Sulcus bicipitalis getrennt.

Ulna und *Radius* sind von dem des Menschen wesentlich nicht unterschieden. Das *Olecranon* ist bei den Sauriern sehr schwach, bei dem Menschen wohlentwickelt.

Eine *Patella ulnaris* kommt den Sauriern zu, fehlt aber dem Menschen.

Der *Carpus*[67] bietet mehrfache Differenzen.

Bei den Sauriern fehlt das Os intermedium, während das Os centrale vorhanden ist, das Os pisiforme ist wohlentwickelt und von beträchtlicher Grösse, das Carpale IV und V der 2. Reihe sind getrennt. Bei dem Menschen fehlt das Os centrale[68], während das Os intermedium durch das Os lunatum repräsentirt wird, das Os pisiforme ist ganz unbedeutend, das Carpale IV und V sind zum Os hamatum verwachsen.

Der *Metacarpus* bietet wenig Differenzen. Bei den kionokranen Sauriern hat der Metacarpus des Daumens mit den andern gleiche Lage[69], bei dem Menschen ist er Opponens der andern Mittelhandknochen.

Die Zahl der Phalangen bei den Sauriern variirt für die verschiedenen Finger, für den 3. ist sie 4, für den 4. 5. Beim Menschen ist die Zahl constanter, indem sie, abgesehen vom Dau-

[66] Diese knorplige Präformation, die schnell zur Knochenbildung neigt, wurde von Gegenbaur nachgewiesen und somit die Bruch'sche Ansicht widerlegt.

[67] Hauptwerk: Gegenbaur. Carpus und Tarsus 1864.

[68] Das Os centrale ist der 9. Knochen der Handwurzel bei allen Affen, ausser den anthropomorphen.

[69] Von Chamaeleo, als einem nicht kionokranen Saurier, wird hier abgesehen.

men, für alle Finger 3 beträgt. Die Endphalangen der Saurier tragen Krallen, die der Menschen Plattnägel.

§ 18.

Knochen des Beckengürtels und der hintern Extremität.

a. Beckengürtel.

Der Beckengürtel der Saurier ist nur in seinem vorderen Theile entwickelter als bei dem Menschen, während er an Masse und Ausbildung des hinteren und namentlich oberen Theiles hinter diesem zurücksteht.

1) *Os ilei.* Das Os ilei der Saurier ist ein kräftiger, aber nur kleiner und schmaler Knochen, der mit dem Querfortsatze zweier Wirbel mittelst lockeren Kapselbandes articulirt und schräg nach unten und vorn gerichtet ist, ohne an seiner vorderen Fläche irgend welche Erweiterungen zu zeigen. Das Os ilei des Menschen ist der breiteste und bei weitem grösste Knochen des Beckens, der mit dem Kreuzbeine (und zwar mit 2—3 verwachsenen Wirbeln) durch sehr straffe Bänder fest verbunden ist und (bei horizontaler Lage der Wirbelsäule) nahezu senkrecht nach unten sich zieht. Der vordere Theil des Os ilei ist hier bedeutend vergrössert durch Bildung einer ansehnlichen Knochenfläche mit Kamm und Stacheln, die, bis auf die Spina anterior inferior, den Sauriern fehlen.

2) *Os ileopectineum* (pubis). Das Os ileopectineum der Saurier ist ein wohlentwickelter Knochen, der in horizontaler Richtung nach vorn und zur Mitte läuft und an seiner Spitze sich mittelst Zwischenknorpels zur Symphysis ileopectinea verbindet. Mit seinem hinteren Ende trägt er zur Bildung der Pfanne bei. Das Os ileopectineum ist, analog der Pars coracoidea[70], beim Menschen zur Eminentia ileopectinea verkümmert, die auch einen eigenen Knochenkern besitzt, aber mit der Gelenkfläche in keiner Verbindung steht (ebenso wie der Processus coracoideus).

3) Das *Os puboischium* (ischii Cuv., pubis Gorsky). Das Os puboischium ist aus dem Os pubis und Os ischii zusammengesetzt.

a) *Os pubis.* Das Os pubis der Saurier ist ein wohlentwickelter Knochen, der unterhalb des Os ilei und hinter dem Os ileopectineum von der Gelenkhöhle aus in querer Richtung (oft auch noch vorwärts gewendet) nach der Mittellinie geht und sich mittelst Zwischenknorpels mit dem der Gegenseite zur Symphysis pubica (ischiadiaca) vereinigt. Das Os pubis des Menschen stimmt in Lage und Entwickelung mit dem der Saurier überein. Der Ramus horizontalis entspricht vornehmlich dem Os pubis der Saurier, während der R. ascendens bei diesen weniger entwickelt ist.

b) *Os ischii.* Das Os ischii ist bei den Sauriern wenig entwickelt. Es ist innig mit dem Os pubis verwachsen und nur bei sehr jungen Thieren durch das Foramen obturatorium von diesem geschieden. An der Bildung des Acetabulums nimmt es nur geringen Antheil. Das Os ischii des

---

[70] Die weit schwerer erkennbare Homologie der Pars coracoidea mit dem Processus coracoideus ist längst anerkannt: warum sträubt man sich gegen die viel einfachere des Os ileopectineum mit der Eminentia ileopectinea?!

Menschen ist ein bei dem Erwachsenen auch mit dem Os pubis innig verwachsener Knochen, der aber zum Theil durch das immer constante Foramen obturatorium von diesem getrennt ist. Es ist ein wohlentwickelter Knochen, der das Os pubis an Grösse übertrifft und wesentlich zur Bildung der Gelenkhöhle beiträgt. In der bedeutenden Entwickelung des Ramus descendens und der geringen des Ramus ascendens stimmt es vollkommen mit den Sauriern überein (abgesehen von der Grösse), so lange bei diesen noch ein Foramen obturatorium existirt. Im späteren Alter schwinden mit der Ausfüllung desselben die Vergleichungspunkte mehr und mehr.

Das *Os cloacale* vieler Saurier fehlt dem Menschen.

Das *Foramen cordiforme* (obturatorium Aut.) fehlt ebenfalls bei dem Menschen, wegen der Verkümmerung der Ossa ileopectinea.

Das *Ligamentum Poupartii* entspringt bei den Sauriern von dem vorderen Theile des Os ilei, zieht sich über das Os ileopectineum hinweg, an dessen Spina es sich mit einigen Fasern anheftet, und inserirt an der Symphysis pubica (ischiadica). Beim Menschen geht es direct vom Os ilei zum Os pubis; ein sehr dünnes, leicht zu übersehendes Band zwischen Symphysis und Eminentia ileopectinea repräsentirt den von Spina ossis ileopectinea zu Symphysis pubica gehenden Theil.

Das *Ligamentum ileo-ischiadicum* (ischiadicum G.) ist den Sauriern eigenthümlich und entspricht nur zum Theil dem Ligamentum tuberoso-sacrum des Menschen.

b. Hintere Extremität.

Femur. Der Femur der Saurier ist in seinem obern Theile zusammengedrückt. Der Trochanter minor ist bedeutender entwickelt als der Trochanter major[71]. Der Femur des Menschen ist nicht zusammengedrückt. Der Trochanter major ist bedeutend entwickelt, nach oben verlängert und bildet die Fossa trochanterica. Der Trochanter minor ist kleiner.

Die *Patella tibialis* fehlt den Sauriern oder ist nur durch ein unbedeutendes längliches Knorpelstück repräsentirt, während sie bei dem Menschen ein wohlentwickeltes Sesambein ist.

Die *Tibia* und *Fibula* sind bei den Sauriern mehr rundlich, bei dem Menschen mehr eckig. Zugleich ist die bei den Sauriern etwas gekrümmte Fibula nicht viel kleiner als die Tibia, während bei dem Menschen der Grössenunterschied ein beträchtlicher ist.

Der *Tarsus* der meisten Saurier ist wesentlich von dem des Menschen unterschieden. Die Anzahl und Grösse der Knochen ist bei letzterem weit grösser als bei ersterem. Bei den Sauriern liegt der *Astragalus* (die Verschmelzung des Os tibiale und intermedium) in gleicher Ebene mit dem *Calcaneus* (Os fibulare) und ist grösser als dieser. Die 2. Reihe besteht blos aus dem *Cuboideum*

---

[71] Schon aus diesem verschiedenen Verhalten der Trochanteren allein lässt sich auf eine abweichende Gestalt des Beckens bei den Sauriern schliessen. Ebenso wie der Trochanter major des Menschen seine enorme Grösse den an ihm inserirenden, ausserordentlich entwickelten Glutaeis verdankt, ist die bedeutende Entwickelung des Trochanter minor bei den Sauriern eine Folge der Insertion von Muskeln, die denen des Menschen an Zahl und Grösse bedeutend überlegen sind. Zum Ursprunge für diese Muskeln kann das kleine Os pubis und ischii nicht dienen, da es schon von den Anfängen anderer Muskeln eingenommen ist; von Os ilei und Wirbelsäule entspringen bei den Sauriern keine zum Trochanter minor gehenden Muskeln.

(Tarsale IV und V) und *Cuneiforme* (Tarsale III) während Tarsale I und II mit den betreffenden Mittelfussknochen verschmolzen sind. Beim Menschen liegt der *Astragalus* zum Theil auf dem (wegen der Insertion der Muskelmasse des Gastrocnemius und Soleus) sehr vergrösserten *Calcaneus*. Ausser dem *Cuboideum* und *Cuneiforme* III sind auch Tarsale I und II als *Cuneiforme* I und II vorhanden.

Der *Metatarsus* der Saurier ist von dem des Menschen nicht verschieden.

Die Phalangen der Zehen sind bei den Sauriern weit mehr verlängert als die der Hand, während bei dem Menschen, das umgekehrte Verhältniss stattfindet. Die Zahlenverhältnisse sind dieselben wie für die Hand.

B. Vergleichung der Muskeln.

Ebenso wie den Knochen liegt auch den Muskeln der Saurier und Menschen ein gemeinsamer Bauplan zu Grunde, der aber bei diesen in anderer Weise modificirt ist als bei jenen.

Die Vergleichung der Muskeln ist weit weniger gefördert als die der Knochen. Theils ist das zu Grunde liegende, durch zootomische Arbeiten gewonnene Material zu gering, theils hat man mit diesem Materiale nicht nach richtigen Grundsätzen gearbeitet. Die meisten älteren Vergleichungen (Cuvier's, Meckel's etc.) sind zu wenig begründet und — abgesehen von den Fehlern wegen falscher Deutung der Knochen — nach unrichtigen Principien durchgeführt worden. Die hauptsächlichste Fehlerquelle der älteren Arbeiten entspringt aus der Vermischung der Analogien und Homologien, der functionellen und morphologischen Aehnlichkeiten, und aus der Bevorzugung der ersteren vor den letzteren. Erst durch die Arbeiten J. Müller's und Owen's ist eine neue Richtung in der vergleichenden Anatomie begründet worden, nach welcher die Vergleichung allein nach den Homologien zu führen ist. Diese von der überwiegenden Mehrzahl der Anatomen der Neuzeit angenommene Richtung ist die allein richtige. Durch sie sind die Gesetze der Vergleichung bestimmt und auf einen einheitlichen Plan zurückgeführt worden, die Conflicte gelöst, welche nothwendig durch die doppelte Art der Vergleichung nach Gestalt und Function entstehen mussten. Die Analogien mögen für den vergleichenden Physiologen, auch für den Naturphilosophen von Bedeutung sein, für den vergleichenden Anatomen sind sie es nicht.

Wenn daher Rüdinger in seiner oben citirten 1868 erschienenen Arbeit die alte Richtung der Vergleichung nach Analogien wieder aufnimmt und in der Einleitung zu seinem Werke behauptet, dass »bei der Deutung und Bezeichnung der einzelnen Muskeln in den verschiedenen Thierklassen 2 Factoren gleichwerthige Berücksichtigung zu verdienen scheinen, 1) der Ursprung und Ansatz, 2) die Function des Muskels«, so glauben wir, dass er darin nur mit den wenigsten der jetzt lebenden vergleichenden Anatomen übereinstimmt. In vielen Fällen sind allerdings Ursprung und Ansatz der Muskeln so verändert, dass es schwer ist, die Homologien zu erkennen. Dann sind aber noch andere Kriterien vorhanden, z. B. die Lage der einzelnen Muskeln zu den benachbarten, ihre Structur u. s. w. Die Einführung des Principes der Analogien dagegen würde die Erkenntniss überaus erschweren, in manchen Fällen sogar unmöglich machen. So ist z. B. der dem Glutaeus maximus des Menschen homologe Muskeln bei den Sauriern Beugemuskel geworden, die Rotatoren des Oberschenkels des Menschen bei den Sauriern zum Theil Anzieher. Bei unveränderten Homologien haben sich also die Analogien ganz bedeutend geändert.

Für die Vergleichung ist die Wahl der Namen von Bedeutung. Eine gute Nomenklatur kann die Vergleichung sehr fördern, eine schlechte kann ihr sehr hinderlich sein. Von den vergleichenden Anatomen sind bisher 3 Methoden der Namenbildung in Anwendung gebracht worden.

Der ersten zufolge, die namentlich von MECKEL und HEUSINGER vertreten wurde, sind die Muskeln der Saurier nach ihren Functionen als Strecker, Beuger, Heber u. s. w. benannt worden, nach der zweiten (CUVIER, PFEIFFER, STANNIUS und RÜDINGER) wurden die Namen der menschlichen Muskeln auf die ähnlichen der Saurier übertragen, der dritten (CUVIER, DUGÈS etc.) zufolge wurden selbständige Namen nach Ursprung und Ansatz gebildet und damit die Muskeln der Amphibien benannt.

Die erste Methode, die aus einer Zeit stammt, wo die vergleichende Anatomie Nichts weiter war als Zootomie, macht eine Vergleichung ganz unmöglich. Sie beruht lediglich auf dem Principe der Analogien und ist deshalb zu verwerfen.

Die zweite Methode hat viele Vorzüge, vor Allem den, dass schon im Namen die Homologien der Muskeln der Saurier und des Menschen angedeutet sind. Bei den Sauriern aber sind bald Muskeln vorhanden, die bei dem Menschen fehlen, bald haben sie Muskeln nicht, die beim Menschen wohl entwickelt sind, bald sind bei ihnen die Homologa der menschlichen Muskeln so verändert, entweder in mehrere zerfallen oder in einen verschmolzen, dass die Anwendung der menschlichen Muskelnamen nicht durchführbar ist. Die Benennung der dem Menschen fehlenden Muskeln als Mm. proprii bietet keinen Vortheil. Denn oft sind diese sogenannten Mm. proprii in der Reihe der Wirbelthiere verbreiteter als manche Muskeln des Menschen, die eher den Namen Mm. proprii verdienten. Die Vergleichung mit den Muskelvarietäten des Menschen bringt auch nicht immer die (von RÜDINGER) gehofften Erfolge. Die Bezeichnung der Muskeln, welche durch Zerfall eines menschlichen Muskels entstehen, als Partes und Portiones musculorum hominis und derer, welche durch Verschmelzung mehrerer menschlichen Muskeln gebildet sind, als M. x cum musculo y, ist zu ungenau und deshalb nur bedingt anzunehmen[72]. Ueberdies gibt der alleinige Gebrauch der menschlichen Muskelnamen der vergleichenden Anatomie etwas Einseitiges. Die vergleichende Anatomie hat nicht blos die Aufgabe, alle Thiere allein mit dem Menschen zu vergleichen. Sie muss vielmehr auch alle Thiere unter einander vergleichen, denn der Mensch ist nicht die Schablone, nach der alle Wirbelthiere gebildet sind. Dasjenige Thier, welches die vollkommenste Muskelentwickelung

[72] Davon, dass viele Namen der Muskeln wegen Veränderung der Lage, Grösse und Gestalt derselben die Eigenthümlichkeit des Muskels gar nicht mehr bezeichnen, z. B. dass der Deltoideus der Saurier ein schmaler, durchaus nicht deltoidförmiger Muskel ist, dass der Cucullaris bei den Sauriern nicht die geringste Aehnlichkeit mit einer Kapuze hat, dass der Glutaeus maximus bei den Sauriern weder gross noch ein die Gefässgegend einnehmender Muskel ist u. s. w., davon sehen wir ganz ab. Es ist ein alter und sehr gerechtfertigter Grundsatz, einmal gebrauchte Namen anzuerkennen, auch wenn sie noch so falsch sind. Kein Anatom stösst sich z. B. an dem Namen Os coracoideum, obwohl dieser Knochen einem Rabenschnabel gar nicht gleicht. Eine Veränderung der einmal allgemein gebrauchten Namen würde zu grossen Verirrungen in der Literatur führen.

zeigt, kann als Ausgangspunkt, als Maassstab für die Benennung aller Muskeln genommen werden. Ein solches Thier existirt aber in Wirklichkeit nicht. Der Mensch steht ihm ferner als die Eidechse, die in mancher Beziehung ein entwickelteres Muskelsystem hat. Die Namen jener könnten daher eher bestimmend einwirken auf die Benennung der Muskeln der Wirbelthiere. Aber die Muskulatur der Eidechse reicht auch nicht aus für alle die unzähligen Modificationen in der ganzen Reihe der Wirbelthiere. Nur ein ideales vollkommenstes Muskelsystem würde für die Vergleichung aller Wirbelthiere genügen[73]. Dies geistig darzustellen ist aber erst dann möglich, wenn durch genügend viele Untersuchungen alle Formen der Muskelbildung erschöpft sind. Bis dahin müssen wir uns mit dem Nothbehelf der Anwendung menschlicher Muskelnamen begnügen. Da aber dieser, wie schon oben erwähnt, allein ungenügend ist, so tritt die Nothwendigkeit ein, auch von der dritten Methode der Benennung Gebrauch zu machen, d. h. dem Muskel selbständige, nach Ursprung und Ansatz gebildete Namen zu geben. Die von CUVIER und DUGÈS gebrauchten Namen sind französisch und daher in ihrer Anwendung auf Frankreich beschränkt. Ich habe deshalb in ganz ähnlicher Weise, wo dies irgendwie mit Vortheil möglich war, nach Anfang und Insertion Namen gebildet und, wenn nothwendig, durch beigefügte Adjective (*externus*, auf der Aussenseite, *internus*, auf der Innenseite des Körpers; *sublimis* oberflächlich, und *profundus*, tief liegend; *dorsalis*, auf der Rücken- oder Streckseite, und *ventralis*, auf der Bauch- oder Beugeseite; *radialis*, *tibialis*, *ulnaris*, *fibularis*, auf der Seite der betreffenden Knochen; *medius*, in der Mitte; *longus*, *brevis*, *maximus*, *medius* etc.) näher bestimmt. Diese Namen sind zum Theil lang, sicher aber nicht so gross und unbehülflich, wie z. B. der Name Musculus flexor digitorum pedis communis brevis. Sie bestimmen genau Ursprung und Ansatz, Lage und Länge des Muskels und demnach auch seine Function. Aus diesem Grunde habe ich auch letztere als selbstverständlich nicht erwähnt. Die nach der Function gebildeten Namen bestimmen nur die Function des Muskels, über seinen Ursprung und Ansatz, seine Lage und Grösse geben sie keinen oder nur sehr ungenauen Aufschluss. Die nach der Gestalt gebildeten Namen geben nur Kenntniss von dieser, nicht aber von Ursprung und Ansatz, Lage, Grösse und Function.

Um ganz sicher zu gehen, habe ich jedem Muskel einen nach Ursprung und Ansatz gebildeten Namen gegeben und diesem, wo dies möglich war, den Namen des homologen menschlichen Muskels zugefügt. Ich glaube damit allen Anforderungen genügt zu haben.

Im Folgenden gedenke ich nur die Muskeln des Brustschultergürtels, Oberarms und Unterarms, sowie des Beckengürtels, Oberschenkels und Unterschenkels zu vergleichen. Die Muskeln der Hand mit den Fingern und des Fusses mit den Zehen bei den Sauriern mit denen bei dem Menschen zu vergleichen, liegt dieser Arbeit ferner, da diese Muskeln für die Saurier mit rudimentären oder

---

73 Aehnliche Gedanken spricht J. MÜLLER (Vergleichende Myologie der Myxinoiden, Abhandlungen der Berliner Akademie 1834, p. 279) aus: »Ich will nur bemerken, dass es nicht passend sein dürfte, zum Typus des allgemeinen Plans eine sehr einfache Bildung der Extremitäten zu nehmen, dass man vielmehr von der Muskulatur einer Extremität ausgehen muss, welche alle Bewegungen der Extension, Flexion, Abduction, Adduction der Hand, Pronation, Supination zugleich ausüben kann. Ein solcher Typus findet sich nicht ganz rein in der Thierwelt vor und ist, wie der Typus des Schädels eines Wirbelthieres, ein Gedanke.«

ohne Extremitäten von wenig oder gar keiner Bedeutung sind. Auch ist die Untersuchung dieser gerade bei den Sauriern überaus mannichfaltigen Muskeln zur Zeit noch zu wenig gefördert, um genügende Vergleichungspunkte mit denen der Menschen darzubieten.

Ebenso wie die Knochen, bieten die Muskeln der Saurier einerseits viele Vergleichungspunkte, anderseits viele Unterschiede mit den Muskeln des Menschen dar. Die Unterschiede sind, entsprechend der abweichenden Entwickelung des Beckens und der Trochanteren des Femur, bei diesen viel bedeutender als bei Brustschulterknochen und Oberarm.

§ 19.

Muskeln des Brustschultergürtels, des Ober- und Vorderarms.

a. Muskeln des Brustschultergürtels.

1) *Sterno-cleido-mastoideus.* Er ist bei den Sauriern gross, breit und liegt an der Seite des Halses und Rumpfes, beim Menschen klein, schmal und liegt blos an der Ventralseite des Halses. Er entspringt bei den Sauriern vom Querfortsatze des Os parietale und einem kleinen Theil des davon getrennten Os squamosum (mastoideum), — er ist also mehr Parietali-cleido-suprasternalis —, beim Menschen am Processus mastoideus (nicht an der Fläche der Squama ossis temporum) und einem Theile der Linea semicircularis ossis occipitalis. Bei beiden zerfällt er in 2 Theile, die aber nicht homolog sind. Die *Pars anterior* der Saurier endet über der Brust an einer Aponeurose und ist Homologon der beiden Portionen der Sterno-cleido-mastoideus des Menschen, die wegen der bedeutenden Entwickelung des Sternums nach vorn nicht über diesem, sondern an dessen Vorderrand und dem Sternaltheil der Clavicula enden, die *Pars posterior* der Saurier endet am Scapulartheile der Clavicula und ist homolog dem vordern Theile des *Cucullaris* des Menschen[74].

2) *Dorso-clavicularis s. Cucullaris.* Er entspringt bei den Sauriern in der Höhe des 8. (6.) bis 15. Rückenwirbels mit dünner Aponeurose von der Medianlinie oder muskulös von der Grenze zwischen Longissimus und Ileocostalis, bei dem Menschen gleich muskulös am Hinterkopfe und den Dornfortsätzen der Hals- und Rückenwirbel. Der *Cucullaris* der Saurier entspricht nur dem hintern Theile des *Cucullaris hominis*, da schon der vordere Theil desselben dem hintern Theile des Sterno-cleido-mastoideus der Saurier homolog ist. Er inserirt bei den Sauriern am hintern Rand des Scapulartheils der Clavicula, bei dem Menschen mit dem vordern Theil z. Th. an dem Vorderrand des Scapulartheils der Clavicula, mit der Hauptmasse an der Spina scapulae, mit dem hintern Theil an dem Ende der Spina scapulae, indem diese die Fasern verhindert, bis zur Clavicula zu gelangen.

3) *Episterno-cleido-hyoideus sublimis.* Er entspringt bei den Sauriern von den seitlichen Aesten des Episternums, dem Lig. episterno-claviculare und dem lateralen Theile der Clavicula und

---

[74] In seiner Insertion nähert er sich mehr dem Platysma myoides als dem Sterno-cleido-mastoideus hominis.

geht mit convergentem Faserverlaufe zum Os hyoideum. Beim Menschen ist er in 2 entfernt liegende Muskeln getrennt. Der innere ist der *Sterno-hyoideus*, der vom Vorderrand des Manubrium sterni entspringt, da hier das Episternum verkümmert ist, der äussere, der *Omo-hyoideus*, beginnt nicht an der Clavicula, sondern an der Scapula und ist deshalb länger als sein Homologon bei den Sauriern.

Die Muskelvarietät *Coraco-cervicalis* hat kein Homologon bei den Sauriern.

4) *Episterno-hyoideus profundus*. Er entspringt bei den Sauriern von den seitlichen Armen des Episternums, bei dem Menschen vom Manubrium sterni. Bei den Sauriern geht er ununterbrochen zum Os hyoideum, beim Menschen wird er durch die Cartilago thyreoidea in 2 Muskeln getheilt, den *Sterno-thyreoideus* und den *Thyreo-hyoideus*.

Der bei den schlangenähnlichen Sauriern besonders entwickelte hintere Theil, *Sterno-clavicularis*, entspricht nicht der Muskelvarietät *Supraclavicularis*, die viel oberflächlicher liegt.

Ebenso hat der *Subclavius* keinen morphologischen Repräsentanten bei den Sauriern.

5) *Collo-scapularis s. Levator scapulae*. Er beginnt bei den Sauriern, meist blos mit 2 Bündeln, an der Schädelbasis und den 2 ersten Halswirbeln, bei dem Menschen mit 4 Bündeln von den 4 ersten Halswirbeln. Die Neigung bei den Sauriern sich in 2 Bündel zu spalten fehlt bei dem Menschen.

Der *Rhomboideus* des Menschen fehlt den Sauriern[75].

6) *Sternocosto-scapularis*. Er fehlt vollkommen bei dem Menschen. Die Auffassung als Theil des Serratus anticus major oder Pectoralis minor ist falsch, da ersterer einem ganz andern Systeme angehört, letzterer ganz andere Lage und Insertion hat.

Der eigenthümliche *Costo-sterno-scapularis* scheint ebenfalls beim Menschen zu fehlen. Ob er vielleicht Theilen des Subclavius entspricht oder nicht, kann nicht entschieden werden, da er eine Verschmelzung von verschieden laufenden Muskelbündeln und Sehnen ist, deren ursprüngliche unverkümmerte Gestalt blos errathen werden kann.

7) *Costo-subscapularis s. Serratus anticus major*. Er entspringt bei den Sauriern mit 2 bis 4 Zacken, bedeckt von der Scapula, bei dem Menschen mit 9 Zacken hinter der Scapula. Blos der vordere Theil des Serratus hominis entspricht dem Serratus der Saurier, während der hintere Theil im Ileocostalis der Saurier enthalten ist.

Der Triangularis sterni des Menschen ist bei den Sauriern nicht von dem Transversus abdominis abgetrennt.

8) *Sterno-coracoideus internus*[76] fehlt bei dem Menschen wegen der Verkümmerung des Coracoids.

39) *Longissimus abdominis proprius* und

---

[75] Er findet sich zuerst bei den Krocodilen.

[76] Der Name Pectoralis minor St. für den Sterno-coracoideus internus ist unpassend gewählt, da der Pectoralis minor ein oberflächlicher, der Sterno-coracoideus internus aber ein innerhalb der Rumpfwand liegender Muskel ist.

10) *Costo-sternalis* fehlen vollkommen bei dem Menschen. Letzterer ist kein Homologon des aus dem Rectus ableitbaren Sternalis, da er zum Gebiet des Obliq. abt. ext. prof. gehört.

b. Muskeln des Oberarms.

9) *Costo-episterno-humeralis s. Pectoralis major.* Er entspringt bei den Sauriern von der ganzen Länge des hintern Episternalastes, dem Sternum und den zunächst dahinter gelegenen Sternocostalleisten, wobei er in die den Rectus abdominis bedeckende Aponeurose des Obl. ext. subl. übergeht. Bei dem Menschen beginnt er an der Clavicula, dem Sternalrande und den Knorpeln der 7 ersten Rippen. Die Insertion liegt bei den Sauriern am Tuberculum majus, bei dem Menschen an der diesem homologen Spina tuberculi majoris. Die Portio anterior der Saurier entspricht der Hauptmasse der Portio posterior des Menschen, die Portio posterior der Saurier ist bei dem Menschen nur durch wenige hinterste Bündel vertreten. Die Portio anterior des Menschen ist ein Homologon des Clavi-humeralis der Saurier.

Der Pectoralis minor fehlt den Sauriern.

10) *Clavi-humeralis.* Er entspricht nach Lage, Ursprung und Ansatz nicht der Portio anterior m. deltoidei, sondern vielmehr der Pars anterior pectoralis. Die eigenthümliche Bildung des Schultergürtels bei den Sauriern bedingt sein völliges Getrenntsein vom Pectoralis, von dem er zum Theil bedeckt ist.

11—13) *Coraco-humerales* fehlen beim Menschen.

14) *Acromio-humeralis s. Deltoideus.* Bei den Sauriern ein kleiner Muskel, der blos dem vordern Theile des Deltoideus des Menschen entspricht, während dessen hinterer Theil (wegen ausserordentlicher Entwickelung des Suprascapulo-humeralis bei fehlender Spina scapulae) verdrängt ist.

15) *Coraco-humeralis internus s. Coraco-brachialis*[77]. Er entspringt bei den Sauriern von der Innenfläche und dem Rande, mit wenigen Fasern auch von der Aussenfläche des Coracoids an der Grenze der Scapula, bei dem Menschen an dem dieser Stelle vollkommen homologen Processus coracoideus und auch an seiner Innenseite, hier aber schärfer getrennt vom Subscapularis als bei den Sauriern. Betreffs der Insertion verhalten sich die Muskeln verschieden. Bei den Sauriern endet er am Condylus internus, bei dem Menschen in der Mitte der innern Seite des Humerus.

16) *Suprascapulo-humeralis.* Ein mächtiger Muskel bei den Sauriern auf der ganzen hintern Seite des Suprascapulare (bei andern Sauriern z. B. Ameiva auf der ganzen Oberfläche desselben). Beim Menschen ist er durch die Spina scapulae getheilt einerseits in den Supraspinatus, anderseits in den Infraspinatus und Teres minor.

17) *Scapulo-humeralis s. Teres major.* Er stimmt bei den Sauriern und Menschen in Lage, Ursprung und Ansatz überein, ist aber bei ersteren kürzer als bei letzteren.

18) *Dorso-humeralis s. Latissimus dorsi.* Er entspringt bei den Sauriern aponeurotisch

---

[77] RÜDINGER lässt ihn am Capitulum radii inseriren und nennt ihn Biceps brachii.

von der Medianlinie des Rückens oder muskulös von der Grenze des Longissimus und Ileocostalis in der Höhe des 8.—19. Wirbels, bei dem Menschen muskulös von den Dornen aller Wirbel vom 15. an bis zur Steissspitze. Insertion übereinstimmend am Tuberculum minus.

19) *Subscapulo-humeralis s. Subscapularis.* Er ist bei den Sauriern ebenso wie bei dem Menschen aus vielen verschieden faserigen Bündeln zusammengesetzt und in Lage, Ursprung und Ansatz nicht davon verschieden. Die Trennung vom Coraco-brachialis ist aber bei dem Menschen viel schärfer als bei den Sauriern.

c. Muskeln des Unterarms.

20) *Coraco-humero-radialis s. Biceps.* Er entspringt bei den Sauriern mit dem langen Kopfe vom Sternaltheil des Coracoids, mit dem kurzen vom Tuberculum majus unterhalb des Pectoralis und Deltoideus und endet an der Tuberositas radii. Der lange Kopf ist vergleichbar dem kurzen des Biceps hominis nebst einigen Fasern des Coraco-brachialis, der kurze Kopf enthält z. Th. Bündel des Brachialis internus, der in seiner Hauptmasse mit keinem Sauriermuskel vergleichbar ist. Die verschiedenen Drehungsverhältnisse des Humerus[78] bei Mensch und Amphibien machen eine Vergleichung kaum möglich.

21) *Scapulo-coraco-humero-ulnaris s. Triceps brachii.* Die 2 ersten Köpfe der Saurier, die von Scapula und Coracoid entspringen, sind bei dem Menschen derart reducirt, dass nur noch der von der Scapula entspringende Kopf (Anconaeus longus) übrig geblieben, ist, der 3. Kopf entspricht dem Anconaeus internus und externus des Menschen. Die Insertionssehne schliesst bei den Sauriern eine Patella ulnaris ein, die beim Menschen fehlt.

§ 20.

Muskeln des Beckengürtels, des Ober- und Unterschenkels.

a. Muskeln des Beckens.

1) *Ileocostalis.* Er ist bei den Sauriern der bedeutendste, scharf vom Longissimus dorsi getrennte Längsmuskel des Rückens, beim Menschen ist er kleiner und mehr von sehniger Beschaffenheit, zugleich in seinem hintern Theile mit dem Longissimus (als Sacrospinalis) verwachsen. Er entspringt bei den Scincoiden nur zum Theil vom Vorderrand des Os ilei, indem seine Hauptmasse eine directe Fortsetzung des oberflächlichen Transversalis superior caudae ist, bei dem Menschen beginnt er allein am hintern Theile des obern Darmbeinrandes (und des Kreuzbeins), während der Schwanztheil wegen Mangels der Schwanzwirbel vollkommen fehlt. Die ganz verkümmerten Coccygalwirbelreste stehen mit Muskeln nicht in Verbindung.

Quadratus lumborum. Er setzt sich bei den Sauriern weit in die Brusthöhle fort, beim Menschen endet er an der 12. Rippe, wobei er von dem Ileocostalis scharf getrennt ist.

---

[78] Diese Drehung hat zuerst nachgewiesen Ch. Martins, Nouvelle comparaison des membres pelviens et thoraciques. 1857, p 471—542.

2) *Obliquus abdominis externus sublimis*[79]. Bei den Sauriern ein aus vielen Bündeln bestehender, auf Bauch- und Brusttheil ausgedehnter Muskel; der Obliquus abdominis externus des Menschen ist weit kürzer und blos auf die Bauchgegend ausgedehnt. Er ist ein Homologon des Obliquus abdominis externus sublimis et profundus der Saurier. Das Verhalten zum Ligamentum Poupartii und die Insertion sind bei Saurier und Mensch ähnlich. Die Unterschiede liegen in der grössern Selbstständigkeit und dreifachen Anheftung an der Spina anterior ossis ilei, Spina ossis ileopectinei und Symphysis pubica bei ersteren und in der Verwachsung mit den andern Bauchmuskeln zu gemeinsamer Aponeurose und der doppelten Insertion bei letzterem, indem die Ansätze an Symphysis pubica und Eminentia ileopectinea zusammenfallen.

3) *Rectus abdominis*[80] der Saurier ist von dem des Menschen wenig verschieden, abgesehen von der bedeutenden Länge bei ersteren, die bei letzterem nur bei Vorhandensein der Muskelvarietät M. sternalis erreicht wird. Die Insertion bei beiden ist an der Symphysis pubica.

Der Pyramidalis fehlt den Sauriern.

4) *Ileo-coccygeus* und *Ischio-coccygeus* der Saurier fehlen dem Menschen wegen Mangel des Schwanzes. Ob das Ligamentum tuberoso-sacrum und spinoso-sacrum homologe Elemente der beiden Muskeln, namentlich in ihren Sacraltheilen enthalten, lässt sich nicht direct entscheiden.

b. Muskeln des Oberschenkels.

5) *Ileo-femoralis s. Glutaeus medius*[81]. Er stimmt bei Sauriern und Mensch in seinem Ursprunge überein, unterscheidet sich aber durch die Gestalt. Bei den Sauriern ist er lang und in seinem ganzen Verlaufe nahezu gleich stark, bei dem Menschen ist er kürzer und verjüngt sich bedeutend gegen das Ende. Die Insertion liegt bei den Sauriern am untern Theile des Femur, bei dem Menschen ist sie weit nach oben gerückt und durch den starken Trochanter major unten begrenzt. Dadurch ist zugleich auch seine Function geändert.

Der Glutaeus minimus ist im Ileo-femoralis der Saurier enthalten. Glutaeus medius und minimus des Menschen bilden eine ungleich bedeutendere Masse als ihr Homologon bei den Sauriern.

6) u. 7) *Coccygo-femoralis longus et brevis*[82]. Diese beiden bei den Sauriern sehr entwickelten und zum Theil an der Tibia endenden Muskeln sind bei dem Menschen durch den

[79] Nach der alten Deutung der Beckenknochen würde der Obliquus abdominis externus bis zur Symph. ischiadica reichen, ein Verhalten, das die Saurier weit von den andern Wirbelthieren entfernen müsste, zugleich aber nur schwer möglich wäre, da die Hauptmasse der Adductoren des Oberschenkels und Flexoren des Unterschenkels hier ihren Ursprung hat. Ausserdem würde das Lig. Poupartii bei Mensch und Saurier nicht homolog sein.

[80] Die aus der alten Deutung entspringende Annahme, dass der Rectus abdominis der Saurier über die Symphysis pubica und des Foramen obturatorium sich hinwegzieht und an das Os ischii sich ansetzt, während er bei dem Menschen schon am Os pubis inserirt, nimmt allen Gesetzen der Homologien die Grundlage.

[81] Die Deutung des Ileo-femoralis als Glutaeus medius (und die des Ileo-fibularis als Glutaeus maximus) ist bereits von MECKEL gegeben worden. Die bedeutenden Unterschiede zwischen Saurier und Mensch werden durch die tiefer stehenden Säugethiere vermittelt. So stimmt z. B der Glutaeus medius der Saurier bezüglich seiner Insertion mit dem des Pferdes überein. Bei Myrmecophaga und Bradypus sind Glutaeus medius und minimus auch durch einen Muskel repräsentirt.

[82] Der Pyriformis des Ornithorrhynchus steht in Grösse, Ursprung und Insertion dem der Saurier nahe. Eine Theilung in 2 Muskeln ist den Sauriern eigenthümlich.

kleinen, schon am Trochanter minor inserirenden Pyriformis vertreten. Auch der Ursprung des Pyriformis ist sehr beschränkt: bei den Sauriern entspringen die Mm. coccygo-femorales von dem Grunde der Querfortsätze und untern Bogen mehrerer Schwanz- und Kreuzwirbel, bei dem Menschen blos von 3 Sacralwirbeln, die zu einem Knochenstück (Os sacrum) verwachsen sind.

8) u. 9) *Ileopectineo-trochantineus externus et internus*[83]. Beide Muskeln sind Analoga des Ileopsoas hominis, mit dem sie die Insertion gemein haben. Homologa existiren bei Menschen nicht wegen Verkümmerung des Os ileopectineum.

10) u. 11) *Ileopectineo-femoralis longus et brevis s. Pectinei*[84]. Sie entspringen bei den Sauriern vom Os ileopectineum vornehmlich aber vom Lig. puboischio-ileopectineum, beim Menschen von der Eminentia ileopectinea und dem Tuberculum pubis. Die Insertion ist bei beiden gleich. Bei den Sauriern sind sie bedeutend entwickelt und oft in noch mehrere Muskeln getrennt, bei dem Menschen nur durch einen Muskel (*Pectineus*) vertreten und wegen der Verkümmerung des Os ileopectineum zur Eminentia ileopectinea bedeutend verkürzt.

12) *Puboischio-femoralis s. Adductor*[85]. Bei den Sauriern ein kleiner Muskel, der von der Schambeinsymphyse und unterhalb derselben (vom Homologon des Ramus descendens ossis pubis) entspringt und in der Mitte des Femur endet. Bei dem Menschen ist er durch 3 grosse Muskeln vertreten, den *Adductor longus* (von der Symphysis pubica), *brevis* (vom Ramus descendens ossis pubis) und einen Theil des *Adductor magnus* (und zwar vom Ramus desc. oss. pub.), während der andere Theil (vom Ram. ascendens ossis ischii und Tuber ischii) fehlt. Dieses abweichende Verhalten ist bedingt durch die verschiedenartige Stellung der hintern Extremität des Menschen und der Saurier. Während bei ersterem die Adduction eine Hauptbewegung ist, kann sie bei letzteren wenig in Anwendung kommen. Auch zeigt die Insertion des Adductor magnus, die nicht direct am Femur, sondern an einer langen auf dem Labium internum lineae asperae festgehefteten Sehne stattfindet, genugsam, dass im ursprünglichen Bauplane die bedeutende Entwickelung der Adductoren des Menschen nicht vorgesehen war und erst durch Sehnenbildung Platz zur Insertion gewonnen werden musste, da dieser am Knochen selbst schon durch andere Muskeln eingenommen wurde. Mit dieser aussergewöhnlichen Entwickelung der Adductoren (und Flexoren des Unterschenkels) steht auch die überaus bedeutende Grösse des menschlichen Os ischii in Zusammenhang, indem für den Ursprung dieser gewaltigen Muskelmasse ein Os ischii von der Kleinheit wie bei den Sauriern nicht genug Fläche darbot.

---

[83] Nach der alten Deutung würden beide Muskeln vom Os pubis zum Trochanter minor gehen. Solche Muskeln hat aber kein Säugethier. Die Deutungen GORSKY's als Iliacus und MIVART's als Psoas et Iliacus ist nicht genügend gerechtfertigt. Der Psoas entspringt von der Wirbelsäule, der Iliacus von dem Theile des Os ilei, das den Sauriern fehlt. Nur in einigen Fasern entsprechen sich Iliacus und Ileopectineo-trochantineus internus.

[84] Uebereinstimmend von STANNIUS, MIVART und GORSKY als Pectinei gedeutet. Nach der alten Benennung der Beckenknochen würden aber die Mm. pectinei in Wegfall kommen und obige Muskeln als Adductor brevis et longus zu deuten sein. Dass trotzdem STANNIUS und MIVART als Anhänger der alten Benennung den Ileopectineo-femoralis als Pectineus deuten, ist eine unbegreifliche Inconsequenz.

[85] Nach der alten Deutung entspricht der Puboischio-femoralis (Adductor ischiadicus Stannius) allein dem Adductor magnus, wie MIVART ganz consequent angibt, nach der Deutung GORSKY's dagegen nur dem Adductor longus und brevis, während der A. magnus in Wegfall kommt.

13) u. 14) *Puboischio-trochanterius longus et brevis*[86]. Sie entspringen von der hintern Hälfte des Os puboischium (dem Homologon der Membrana obturatoria und des Os ischii) und enden am untern und obern Theil des Trochanter major. Der *longus* ist ein Homologon der Gemelli und des Quadratus femoris z. Th., der *brevis* entspricht dem Obturator externus und dem Quadratus femoris z. Th.

Der Obturator internus fehlt bei den Sauriern.

c. Muskeln des Unterschenkels.

15) *Ileo-fibularis s. Glutaeus maximus*[87]. Er ist bei den Sauriern ein langer schmaler Muskel, der am Os ilei entspringt und am Capitulum fibulae inserirt. Beim Menschen ist er der mächtigste Muskel und breiter, dicker und kürzer als bei den Sauriern. Er entspringt am Kreuzbein und dem Os ilei oberhalb der Linea arcuata externa, also an dem bei den Sauriern kaum entwickelten Theile des Os ilei, und endet an und unterhalb des Trochanter major, z. Th. auch an der Fascia lata.

16) *Ileoischiadico-tibialis proprius*[88]. Er fehlt dem Menschen. In seinem obern Theile enthält er dem Biceps hominis homologe Fasern.

17) u. 20) *Puboischio-tibialis sublimis posterior*, *Puboischio-tibialis profundus*[89]. 2 Muskeln bei den Sauriern, die dem Semitendinosus und Semimembranosus homolog sind. Der Sublimis scheint die Hauptmasse der menschlichen Homologa zu bilden, während der Profundus nur einen Theil des Semimembranosus repräsentirt.

18) *Ileopectineo-puboischio-tibialis sublimis s. Gracilis*[90]. Er ist bei den Sauriern ein sehr breiter Muskel, der bei einigen z. B. Monitor, Iguana etc. in 2 Muskeln, den Ileopectineo-tibialis und Puboischio-tibialis sublimis, zerfällt. Beim Menschen fehlt der vordere Theil (Ileopectineo-tibialis) wegen Verkümmerung des Os ileopectineum und nur der hintere bleibt als schmaler, oberflächlicher Muskel, *Gracilis*, bestehen.

19) *Ileopectineo-tibialis profundus*. Er verkümmert bei dem Menschen zum grossen Theile. Sein Rest verschmilzt mit dem Semimembranosus.

21) *Ileopectineo-ileo-bifemoro-tibialis s. Quadriceps femoris*[91]. Er ist bei den Sauriern der

---

[86] Nach der alten Deutung sind die Obturatoren auszuschliessen und blos Gemelli und Quadratus femoris als Homologa anzunehmen, nach der Deutung GORSKY's dagegen sind die Obturatoren allein morphologische Aequivalente, während die Gemelli und Quadratus femoris fehlen. MIVART, obwohl Gegner GORSKY's, folgt doch dessen Deutung als Obturator externus und internus.

[87] Der Glutaeus maximus ist bei allen Säugethieren kleiner und inserirt bei den meisten viel tiefer als beim Menschen. Bei Ornithorhynchus reicht er sogar noch tiefer herab als bei den Sauriern, indem er an der Fusssohle endet.

[88] GORSKY identificirt ihn mit dem Biceps et Semimembranosus, verleitet durch die von ihm angenommene Homologie des Ligamentum ischiadicum mit dem Os ischii.

[89] Durch GORSKY's Bezeichnung der Knochen wird die richtige Deutung dieser Muskeln sehr erschwert. MIVART deutet sie als Homologa des Semimembranosus.

[90] Nach der alten Deutung würde der vordere (in Wirklichkeit verkümmernde) Theil dem Gracilis entsprechen, während der hintere (in Wirklichkeit bleibende) Theil schwinden müsste.

[91] MIVART deutet den Rectus internus allein als Rectus femoris, während er den Rectus externus als Glutaeus maximus auffasst. Hiermit hebt er die Homologie mit den niederen Säugethieren auf, wo der Glutaeus maximus als

grösste Muskel der hintern Extremität. Die beiden oberflächlichen, sehr mächtigen Köpfe (*Rectus externus* und *internus*) entspringen am Os ilei oberhalb des Acetabulums und am Grunde des Os ileopectinei einerseits, anderseits am vordern Theil des Os ilei, die beiden tiefen, weniger entwickelten Köpfe (*Vastus externus* und *internus*) in der Mitte des Femur von der Innen- und Aussenseite desselben. Der Quadriceps des Menschen zeigt ein anderes Verhalten. Die beiden oberflächlichen Köpfe der Saurier sind zu einem verhältnissmässig viel kleineren Muskel verwachsen, dem *Rectus femoris*, dessen zweifiederige Beschaffenheit die Zusammensetzung aus 2 Muskeln erkennen lässt und der auch mit 2 kurzen sehnigen Schenkeln entspringt, aber so, dass der innere von der Eminentia ileopectinea weg- und an das Os ilei zurückgerückt ist. Die beiden tieferen Bäuche sind bei dem Menschen zu den ausserordentlich ansehnlichen *Mm. vasti* entwickelt, zu denen noch ein 3. Muskel, *Cruralis*, tritt, der aber bei den Scincoiden, ebenso wie der *Subcruralis*, fehlt.

Der Tensor fasciae latae und Sartorius sind 2 oberhalb der Fascia lata liegende oder in dieselbe eingeschlossene Muskeln, ursprünglich blos Hautgebilde und können deshalb gar nicht bei den Sauriern vorkommen, da diesen die Fascia fehlt.

Cap. V. § 21.

Ableitung der Muskeln des Brustschulter- und Beckengürtels aus den Rumpfmuskeln.

Die Muskeln des Brustschulter- und Beckengürtels der Saurier zeigen hinsichtlich ihres Ursprungs und Faserverlaufs grosse Uebereinstimmung mit den Rumpfmuskeln, der Art, dass man eine Ablösung von diesen annehmen kann[92]. Diese Annahme wird bestätigt durch die Muskulaturverhältnisse bei den schlangenähnlichen Sauriern. Hier schliessen sich die Muskeln der Extremitäten in demselben Maasse inniger an die Rumpfmuskeln an, als ihre Knochen schwinden. Die nahezu vollkommene Verkümmerung der Knochen bedingt die nahezu vollkommene Verschmelzung der Muskeln der Extremitäten mit denen des Rumpfes.

Mit Berücksichtigung dieser Verhältnisse lässt sich die Ableitbarkeit jedes einzelnen Muskels des Brustschulter- und Beckengürtels und einiger des Oberarms und Oberschenkels aus den Muskeln des Rumpfes nachweisen.

Ileo-fibularis auftritt. Zugleich vernachlässigt er die zweifiederige Beschaffenheit des menschlichen Rectus. Gorsky lässt in dem Rectus externus Elemente des Tensor fasciae latae enthalten sein. Dieser ist jedoch Hautmuskel und fehlt vollkommen den Sauriern.

[92] Auch Stannius und J. V. Carus haben diese Beobachtung gemacht. Stannius (Zootomie II, p. 224) sagt: »Die Vorderextremität besitzt Muskeln, die von den äusseren Oberflächen der Rückenmuskeln abgelöst sind. Ihre ventralen Muskeln sind von der äusseren Oberfläche der Bauchmuskeln abgelöst oder geben vom Sternum oder von ventralen Theilen des Schultergürtels, die die Continuität der ventralen Muskeln unterbrechen, aus. — An den Hinterextremitäten enden auch Muskeln, die von der inneren Fläche der Schwanzmuskeln abgelöst sind, häufig solche, die vom Rumpfe unterhalb der Querfortsätze, demnach ebenfalls einwärts von den ventralen Muskeln entstehen.« — J. V. Carus (Handbuch der Zoologie I, p. 28): »Die Muskeln der Gliedmaassen geben aus dem Systeme der Seitenrumpfmuskeln hervor.«

Dazu ist aber ein näheres Eingehen auf die Bedeutung der Knochen des Schulter- und Beckengürtels als Wirbeltheile und auf die Anordnung der Rumpfmuskeln nöthig.

R. Owen[93] vorzüglich hat nachgewiesen, dass Brustschulter- und Beckengürtel seitlichen und untern Wirbelanhängen serial homolog[94] sind. Nach ihm ist der ideale Typus eines Wirbels nach allen Seiten hin symmetrisch gebaut. Von dem Centrum (Wirbelkörper J. Müller) gehen 2 obere und 2 untere und jederseits 3 seitliche Fortsätze aus. Von den seitlichen Fortsätzen ist der mittlere grosse die *Pleurapophysis* (Rippe Müller), der obere die *Diapophysis* (oberer Querfortsatz M.), der untere die *Parapophysis* (unterer Querfortsatz M.). Die beiden oberen Fortsätze die *Neurapophysen* (obere Wirbelbogen M.) vereinigen sich zur *Neural spine* (oberer Dornfortsatz), die unteren, die *Haemapophysen* (untere Wirbelbogen) zur *Haemal spine* (unterer Dornfortsatz). Zwischen Spina und Apophysis finden sich oben und unten jederseits die *Zygapophysen* (Gelenkfortsätze) angefügt[95].

Diese Wirbel sind an den verschiedenen Theilen des Körpers als Kranial-, Cervical-, Dorsal-, Lumbal-, Sacral- und Caudalwirbel verschiedenartig ausgebildet. Für unsern Zweck ist allein von Wichtigkeit das Verhalten der Pleurapophysen, Haemapophysen und untern Dornen.

Dem idealen Typus am nächsten ist das Verhalten der Schwanzwirbel. Für die andern Wirbel treten bedeutende Modificationen ein. Diese bestehen bei den Dorsal- und Cervicalwirbeln zum Theil namentlich in der Bildung von Rippen. Eine Rippe entsteht durch die Vereinigung einer sehr verlängerten und nach unten gekrümmten Pleurapophyse mit einer Haemapophyse, die mit ihrem Anfang von dem Wirbelcentrum hinweg an das Ende der Pleurapophyse gerückt ist. Die Pleurapophyse bildet den Vertebraltheil der Rippe (Pars ossea, vertebralis), die Haemapophyse den Sternaltheil der Rippe (Pars cartilaginea, sternalis). An der Vereinigung beider sind oft Anhänge angeheftet. Der untere Dornfortsatz bildet die untere Vereinigung zweier Rippen[96]. Die Kranial- und Sacralwirbel zeigen ebenfalls eine sehr modificirte Rippenbildung. Die Rippe des letzten Kopfwirbels ist zum Schultergürtel umgebildet, in der Weise, dass Scapula und Suprascapulare der Pleurapophyse, Coracoid der Haemapophyse entsprechen. Der Schultergürtel der Saurier (überhaupt aller höhern Wirbelthiere und auch einiger Fische) ist von dem Occipitaltheile des Kopfes abgelöst und über die ganze Cervicalregion hinweg nach dem Anfange der Dorsalregion gerückt. Zugleich sind die untern Dornen der zu Rippen umgewandelten hintern Hals- und vordern Rückenwirbeltheile zu einer grossen Platte, dem Sternum, verbunden, das mit den nach vorwärts gerichteten

---

[93] On the Archetype and Homologies of vertebral Skeleton. London 1848. — On the nature of limbs. London 1849. — Principes d'ostéologie comparée. Paris 1855. — Comparative Anatomy and Physiology of Vertebrates. Vol. I. London 1866.

[94] Mit serialer Homologie bezeichnet Owen das homologe Verhalten der auf einander folgenden Körpersegmente. Besser dürfte vielleicht der Ausdruck »metamere Homologie« sein. Der durch E. Häckel (generelle Morphologie) eingebürgerte Begriff »Metamere« ist jedenfalls bezeichnender als der Owen'sche »Series«.

[95] Die Anapophysen, Metapophysen, Hypapophysen Owen's sind bei den Sauriern von keiner Bedeutung.

[96] Diese untern Dornfortsätze fehlen der Mehrzahl der Rippen, ebenso sind auch die Haemapophysen verkümmert. Nur bei einigen Sauriern z. B. Seps, Gongylus, Acontias, Typhline, Chamaeleo etc. finden sich ihnen homologe Verbindungsknorpel, die bei andern nur noch durch Inscriptiones tendineae im M. rectus abdominis vertreten werden.

Haemapophysen (Sternocostalleisten) der vordern Rückenwirbel articulirt und vorn noch darüber hinausreicht, so dass es zwischen die nach hinten gerückten Coracoide zu liegen kommt und sich durch Band mit diesen verbindet. Clavicula und Episternum sind Deckknochen, die zur festern Verbindung des Brust- und Schultergürtels dienen[97]. Der Anhang zwischen Scapula (Pleurapophysis) und Coracoid (Haemapophysis) ist zur vordern Extremität entwickelt.

Weniger Abweichungen von dem Rippentypus zeigt der Beckengürtel, welcher meist aus der Verschmelzung zweier Rippenhomologa hervorgeht. Er ist wie die andern Rippen mit der in der Lendengegend vereinigten Parapophysis und Diapophysis (Processus transversus beim Menschen) verbunden und in seiner ursprünglichen Lage nicht verrückt. Den pleurapophysen Theil bildet das Os ilei, den haemapophysen das Os puboischium und ileopectineum[98]. Die die Symphysen bildenden Zwischenknorpel und des Os cloacale sind Homologa der untern Dornfortsätze. Der Anhang an der Verbindung des Os ilei (Pleurapophysis) und Os puboischium und ileopectineum (Haemapophysis) ist zur hintern Extremität entwickelt.

Wegen des ganz verschiedenen Verhaltens des Schulter- und Beckengürtels ist die Vergleichung beider nur in beschränktem Maasse möglich. Vergleichen lässt sich allerdings Scapula und Os ilei — Clavicula, Coracoid, Ileopectineum und Puboischium — Sternum, Episternum, Verbindungsknorpel des Ossa ileopectinea und puboischia, Os cloacale —; eine Vergleichung der einzelnen Knochen aber z. B. der Clavicula mit dem Os ileopectineum, des Coracoid mit dem Os pubis etc. ist nicht begründet[99].

Die einzelnen Wirbel (Knochensegmente, Osteocommata Owen) sind durch Muskeln (Muskelsegmente, Myocommata Owen) mit einander verbunden, welche die Lagen und Richtungen derselben gegen einander und somit auch die Bewegungen des ganzen Rumpfes bestimmen. Diese, bei den am tiefsten stehenden Wirbelthieren nur quer von einander durch Sehnentaschen und Wirbeltheile abgegrenzten, nahezu longitudinal verlaufenden Muskeln sind bei den höher stehenden Vertebraten auch der Länge nach in einzelne Muskeln zerfallen, die nach ihren Ursprüngen und Ansätzen an die hier wohlentwickelten Wirbelfortsätze die verschiedenartigste Faserrichtung zeigen. Zugleich sind bei den meisten Muskeln (ausser denen der Schwanzgegend) die Sehnentaschen geschwunden oder höchstens noch durch Inscriptiones tendineae repräsentirt, so dass,

---

[97] Die hier gegebene Darstellung weicht etwas von der Owen'schen ab.

[98] Das Os puboischium ist die eigentliche Fortsetzung des Os ilei. Das Os ileopectineum ist blos ein Fortsatz des Os puboischium, der bei Sauriern und Crocodilen, namentlich aber bei den Ophidiern übermässig entwickelt und ebenso gross oder grösser als das puboischium ist, während er bei den Säugethieren blos als Höcker auftritt. Das Os ischii dagegen ist bei den Säugethieren überaus entwickelt und oft grösser als das Os pubis, während es bei den Sauriern kleiner als dieses und nicht scharf von ihm getrennt ist.

[99] Ebenso sind die Muskelvergleichungen von Vicq d'Azyr und Martins, soweit sie auf Becken- und Schultergürtel Bezug haben, zum grossen Theile nur künstliche, mehr auf Analogien als auf Homologien basirte Hypothesen, die sich für ein bestimmtes Thier wohl vertheidigen lassen, für ein anderes mit veränderter Muskelthätigkeit gar nicht anwendbar sind. Die Möglichkeit einer Vergleichung soll nicht geläugnet werden. Bei dem jetzigen Stande der vergleichenden Anatomie aber, namentlich bei dem Mangel an vergleichend embryologischen Untersuchungen und der nicht genügenden Berücksichtigung der den Urtypen näherstehenden Thiere (Selachier), ist die Vergleichung nur eine naturphilosophische Speculation. Für die Extremitäten selbst sind die Verhältnisse weit klarer zu durchschauen, und hier haben alle vergleichend anatomischen Arbeiten von Vicq d'Azyr bis zu Gegenbaur ihre Berechtigung.

namentlich bei den höhern Wirbelthieren, anstatt der kurzen Muskelsegmente lange Muskeln auftreten, die aber meist mit jedem einzelnen Wirbel durch Sehnen in Verbindung stehen.

Auch das symmetrische Verhalteu der obern und untern Muskelpartien ist in demselben Maasse gestört, wie die Symmetrie der Wirbel selbst. Nur die Schwanzmuskeln zeigen ein nahezu typisches Verhalten, während die Muskulatur der vordern Körpertheile, besonders wegen der Rippenbildung, bedeutend verändert sind. Hier sind anstatt des bei den niedersten Wirbelthieren und am Schwanze aller allein ausgebildeten Rumpfmuskelsystems 3 Systeme[100] vorhanden:

Das *System der Seitenrumpfmuskeln*, welches über den ganzen Körper ausgedehnt ist,

Das *System der Seitenbauchmuskeln*, welches den Fischen mit Ausnahme der Myxinoiden fehlt,

Das *System der Intercostalmuskeln*, welches ebenso wie das vorhergehende auf Brust- und Bauchgegend beschränkt ist.

Bei den luftathmenden Wirbelthieren fehlt zugleich die Bauchhälfte des Rumpftheils der Seitenrumpfmuskeln bis auf geringe Reste, während die des Schwanztheils vollkommen erhalten ist.

Bei den Sauriern wird die *Rückenhälfte* der *Seitenrumpfmuskeln*, die sich vom Kopfe bis zum Schwanzende erstrecken, gebildet vom Spinalis (mit Splenius), Semispinalis, Multifidus, Longissimus dorsi, Ileocostalis s. Sacrolumbaris und den Levatores costarum, die *Bauchhälfte* durch die Longi colli, Recti capitis, Retrahentes costarum der Hals- und vordern Brustgegend und durch die untern Schwanzmuskeln, die *Intercostalmuskeln* durch die Intercostales (externi) und den Rectus abdominis, die *Seitenbauchmuskeln* durch die 2 Obliqui externi (sublimis und profundus) oberhalb der Intercostal-[101] und Seitenrumpfmuskeln und die 2 Obliqui interni (Intercostalis internus und Subcostalis) und den Transversus unterhalb der Intercostal- und Seitenrumpfmuskeln in der Bauchhöhle.

Von diesen Muskeln sind wichtig für die Bildung der Brustschulter- und Beckengürtelmuskeln:

I. Der *Ileocostalis* und *Caudalis inferior* vom Systeme der Seitenrumpfmuskeln.

II. Der *Rectus abdominis* vom Systeme der Intercostalmuskeln.

III. Die *Obliqui externi* (*sublimis* und *profundus*) und der *Transversus* vom Systeme der Seitenbauchmuskeln.

---

[100] Ueber diese von J. Müller zuerst aufgestellten 3 Systeme und die vergleichende Anatomie derselben durch die Wirbelthierreihe siehe J. Müller, vergl. Anatomie der Myxinoiden II, 2. Abhandlungen der Berliner Akademie 1834. — Stannius, der sehr genaue Untersuchungen über die Rumpfmuskeln angestellt hat, unterscheidet bei den Amphibien: 1) Epaxonische — in der Circumferenz der aufsteigenden Bogenschenkel (Neurapophysen) oder auf den den obern Flächen queren Verlängerungen der Wirbel (Pleurapophysen, Rippen) gelegene — Muskeln, die dem Rückentheile der Seitenrumpfmuskeln und den seitlichen Intercostalmuskeln Müller's entsprechen, 2) Hypaxonische — an den absteigenden Bogenschenkeln (Haemapophysen und Hypapophysen) zunächst angeschlossene — Muskeln, die dem Reste der Bauchhälfte des Rumpftheiles der Seitenrumpfmuskeln Müller's entsprechen, 3) Ventrale — an der untern Wirbelgegend peripherisch expandirte — Muskeln, die in ihrem Rumpftheile den Seitenbauchmuskeln und dem untern Intercostalmuskel (Rectus) und in ihrem Schwanztheile der untern Hälfte des Schwanztheils der Seitenrumpfmuskeln entsprechen. — Einen schätzenswerthen Beitrag zur Aufklärung der schwierigen Verhältnisse einzelner Rumpfmuskeln der Beckengegend hat J. V. Carus (Beiträge zur vergl. Muskellehre a. a. O.) geliefert.

[101] Abgesehen vom Rectus, der gerade bei den kionokranen Sauriern zwischen Obliquus abd. externus sublimis und profundus liegt. Ob der Obliquus externus profundus deshalb als oberflächlicher Theil des Intercostalis externus oder als Seitenbauchmuskel aufzufassen ist, müssen spätere Untersuchungen entscheiden.

I. Ileocostalis und Caudalis inferior.

a. Ileocostalis.

Der *Ileocostalis* ist zusammengesetzt aus einem Systeme schräg von oben und hinten nach unten und vorn verlaufender Muskelbündel, die von den Wirbelkörpern entspringen und an den hintern Flächen der Vertebraltheile der nächstvordern Rippen inseriren [102]. Median ist er begrenzt vom Longissimus dorsi, lateral vom Obliquus abdominis externus und Intercostalis. Er beginnt in der Brustgegend und endet entweder am Becken (bei den kionokranen Sauriern) oder läuft in die gemeinschaftliche obere Schwanzmuskelmasse (bei den Amphisbaenoiden und Ophidiern) aus. Im ersteren Falle wird er in seiner ganzen Masse vom Becken unterbrochen (bei den meisten kionokranen Sauriern) oder nur zum Theil, während die Hauptmasse über das Becken hinweggeht (bei den Scincoiden und den kionokranen Sauriern mit rudimentären Extremitäten).

In der Schultergegend sind von ihm abgelöst

1) Der *Cervici-submaxillaris s. Depressor maxillae.*
2) Der *Dorso-clavicularis s. Cucullaris.*
3) Der *Dorso-humeralis s. Latissimus dorsi.*
4) Der *Collo-scapularis s. Levator scapulae.*
5) Der *Costo-subscapularis s. Serratus anticus major.*

Die 3 ersten Muskeln gehören einer oberflächlicheren, die 2 letzten einer tieferen Schicht an.

1) Der *Cervici-submaxillaris* inserirt am Submaxillare (dem Homologon der Haemapophyse, des Sternaltheils der Rippe), 2) der *Cucullaris* am Suprascapulare (dem Homologon des Vertebraltheils der Rippe, Pleurapophyse) und der darauf als Deckknochen lagernden Clavicula, 3) der *Latissimus dorsi* am Humerus (dem Anhange zwischen Homologon der Haemapophyse und Pleurapophyse). Es inserirt also 2) ganz wie der Ileocostalis, 1) und 3) dagegen sind mit ihren Insertionen über die Grenzen gerückt, 3) weniger als 1). Die Ursprungsstellen sind bei den schlangenähnlichen Sauriern und Amphisbaenoiden mit sehr verkümmertem Schultergürtel von denen des Ileocostalis nicht zu unterscheiden. Nur der Insertionstheil ist selbstständig abgelöst. In allen diesen Fällen fehlt 3) völlig (wegen Mangels des Humerus) oder trägt höchstens mit einigen Fasern zur Verstärkung des Cucullaris bei. Mitunter (bei Amphisbaena) sind 1) und 2) kaum von einander trennbar. Bei grösserer Ausbildung des Schultergürtels und der Extremitäten sind 2) und 3) selbstständiger und haben sich mehr von der Masse des Ileocostalis abgelöst. Zugleich sind, um Muskelmasse zu gewinnen, die Ursprünge nach oben getreten, sie gehen über die Grenze des Ileocostalis und legen sich über den Longissimus hinweg, bei den Sauriern (und Säugethieren) mit wohlentwickelten Extremitäten endlich entspringen sie von den oberen Dornen. 1) verhält sich

[102] Bei den Amphisbaenoiden sind 2 Schichten von Bündeln unterscheidbar, die eine von an den nächstvorderen Rippen inserirenden, die andere von mehrere Rippen überspringenden Bündeln. Bei der Ophidiern sind die Insertionen sehnig.

wegen der ziemlich gleichen Entwickelung des Submaxillare bei Sauriern, Amphisbaenoiden und Ophidiern ziemlich gleich. Bei *Pygopus* ist er überaus stark entwickelt, ebenso bei *Acontias*.

Die *Faserrichtung* ist bei 1) ascendent, bei 2) und 3) ebenfalls, aber nur zum Theil. Namentlich bei 3) hat der vordere Theil einen transversalen Faserverlauf. Diese Abweichung von der ursprünglich ascendenten Richtung ist bedingt durch die Verrückung des Schultergürtels nach hinten.

4) Der *Levator scapulae* und 5) der *Serratus anticus major* zeigen betreffs Ursprungs und Anheftung das entgegengesetzte Verhalten zu den 3 ersten Muskeln. Während diese von festen Wirbelelementen entsprangen und an lockeren Theilen (Unterkiefer, Schultergürtel, Oberarm) inserirten, so beginnen jene an lockeren Theilen (Schultergürtel) und enden an festen Wirbel- oder Rippenelementen. Es ist also die ganze Wirksamkeit dieser Muskeln den ersten antagonistisch, obwohl sie von demselben Systeme abstammen. Die 3 ersten ziehen die lockeren Theile nach der Ursprungslinie des Ileocostalis, die 2 letzten nach der Insertionslinie dieses Muskels. Es ist also für 4) und 5) die Insertionslinie des Ileocostalis zur Ursprungslinie geworden, während die lockeren Theile die Insertionsstellen darbieten. Ich halte daher die Namen Collo-scapularis und Costo-subscapularis für gerechtfertigt und möchte sie nicht mit Scapulo-collaris und Subscapulo-costalis vertauschen.

4) *Collo-scapularis* endet an dem vorderen Rande des Suprascapulare (dem Homologon der oberen Wirbelstrecke der Rippen) und entspringt von den Querfortsätzen der Halswirbel (untere Vertebralstrecken der Rippen). Er ist ein dicker Muskel, der in eine oberflächlichere und eine tiefere Partie zerfällt. Die tiefere, die an der untern Fläche des Scapulare endet, ist kaum zu trennen von dem

5) *Costo-subscapularis*. Er endet mit mehreren Bündeln am obern Innenrande des Suprascapulare und geht mit convergenten Fasern von den Grenzen der Vertebralstrecken der ersten Rippen aus. Er convergirt also nach oben hin, während der Latissimus und Cucullaris nach unten hin convergiren.

Die Beckengegend zeigt viel einfachere Verhältnisse, indem hier besondere Muskeln nicht vom Ileocostalis abgelöst sind. Er theilt sich hier in 2 Lamellen, eine oberflächliche über den Rippen (Ileocostalis) und eine tiefe innerhalb der Rippen (Quadratus). Beide Lamellen beginnen an dem Vorderrande des Os ilei (dem Homologon der Vertebralstrecke der Rippen oder Querfortsätze) oder an den Wirbelkörpern der Schwanzgegend.

b. Caudalis inferior.

Der *Caudalis inferior* bildet die untere Muskelmasse des Schwanzes. Er besteht aus Myocommatas, die mittelst Sehnentaschen mit einander vereinigt sind und mit der untern Seite des Querfortsatzes und dem untern Bogen (Haemapophyse) jedes Schwanzwirbels in Zusammenhang stehen. Im vordern Theile des Schwanzes zerfällt er in eine oberflächliche und eine tiefe Schicht. Die oberflächliche Schicht steht mit den peripherischen Theilen der Pleurapophysen und Haemapophysen in Verbindung, die tiefe mit den centralen Theilen dieser Apophysen. Die erstere Schicht endet am Becken mit einem muskulösen und mit einem sehnigen Ansatze. Der muskulöse Bauch inserirt am Os ilei (dem Homologon der Pleurapophyse) und ist der *M. ileo-coccygeus*, der sehnige Bauch endet am Os puboischium (dem Homologon der Haemapophyse) und ist der *M. ischio-coccygeus*. Die zweite (tiefe) Schicht endet am Femur und an der Tibia (Homologa der Anhänge zwischen Pleura- und Haemapophyse), weicht also von dem normalen Verhältnisse ab. Der Ursprung des *Subcaudalis* und *Pyriformis* ist ohne Zweifel den Schwanzmuskeln ganz angehörig, im weiteren Verlaufe haben sich aber beide Muskeln vollkommen frei gemacht und als eigenartige Muskelgebilde entwickelt.

II. Rectus abdominis.

Der *Rectus abdominis* ist bei der Mehrzahl der Wirbelthiere ein meist schmaler Intercostalmuskel zwischen den abdominalen (sternalen) Stücken der Rippen oder ihren Knorpelenden, der von dem Obliquus externus und internus eingeschlossen ist. Dieses Verhältniss zeigt er auch bei den Ophidiern und Amphisbaenoiden, wo er ausserordentlich schmal ist und nicht über das Niveau der Rippen tritt, ausgenommen an der vorderen Brust- und Halsregion. Hier und bei den Sauriern in seiner ganzen Länge ist er nicht mehr Intercostalis, sondern Supracostalis. Diese oberflächliche Lage ist bedingt durch seine Beziehungen zum Brustbein und Becken. Da, wo ersteres nur wenig über das Niveau der Rippen ragt und letzteres als ganz unbedeutendes Rudiment mit dem Rectus in gar keiner Verbindung steht, ist dieser nur in der Brustgegend über die Rippen erhoben. Da, wo das Brustbein und Becken tiefer unter das Niveau der Rippen hinabragen und beide mit dem Rectus in Verbindung stehen, ist dieser nicht nur in der Brust- und Beckengegend, sondern in seiner ganzen Länge ausserhalb der Rippen zwischen Abdominus obliquus externus sublimis und profundus oder deren Aponeurosen eingelagert[103].

Bei den Sauriern mit wohlentwickelten Extremitäten bildet der Rectus eine ziemlich breite, aber nur dünne Muskellamelle. Bei den schlangenähnlichen Sauriern dagegen bildet er mit der medianen, sehr dünnen Aponeurose des Obliquus externus sublimis und beträchtlichen Hautmuskelelementen zusammen eine mächtige Muskelmasse, die gleich unter der Haut liegt[104].

Jeder Rippe entsprechend ist er in seinem ganzen Verlaufe durch Inscriptiones tendineae (Homologa der Sternocostalleisten und untern Dornen) getrennt, die gleich hinter dem Brustbein durch Sternocostalleisten ersetzt werden[105].

---

[103] Die Aponeurose des Obliquus abdominis ext. sublimis reicht bis zur Medianlinie, die des Obl. abd. externus profundus (Intercostalis externus?), falls sie überhaupt vorhanden ist, bis zu den Rippenenden.

[104] Hiervon sind die Verhältnisse bei den Amphisbaenoiden ganz verschieden. Der oberflächliche den ganzen Körper bedeckende longitudinale Muskel ist nur Hautmuskel, während der Rectus sehr tief liegt.

[105] Bei einigen Gattungen werden die Inscript. tendineae in der vordern Hälfte des Bauches von Knorpelcommissuren (Inscriptiones cartilagineae) ersetzt. So bei Gongylus, Seps, Acontias, Typhline u. s. w.

Dem Systeme des Rectus gehören in der **Brustgegend** an:

1) *Episterno-cleido-hyoideus sublimis,*

2) *Episterno-hyoideus profundus.*

Beide Muskeln sind Fortsetzungen des Rectus über das Brustbein hinweg, das seine Continuität unterbricht. Bei den schlangenähnlichen Sauriern sind sie mannigfach modificirt als Sterno-hyoidei, Cleido-hyoidei, auch getrennt in Sterno-claviculares und Cleido-hyoidei. Bei Amphisbaena ist die Trennung vom eigentlichen Rectus unbedeutend, indem hier das Sternum durch eine allerdings sehr verbreiterte Inscriptio tendinea vertreten wird.

Bei den Amphisbaenoiden mit schwach entwickeltem Rectus existirt nur ein Sterno-hyoideus, bei den kionokranen Sauriern mit entwickelterem Rectus sind 2 Episterno-hyoidei vorhanden, die einer tiefern und oberflächlichen Lamelle entsprechen. Nur die oberflächliche hat eine Inscriptio tendinea, während diese der tiefen fehlt[106].

In der **Beckengegend** endet der Rectus an der Symphysis pubica (Homologon des Sternums), ohne in 2 Lamellen zu zerfallen.

Der bei Pseudopus vorkommende *Longissimus abdominis* ist gleich dem Rectus ein longitudinal verlaufender Muskel, der ausserhalb der Rippen liegt. Er steht mit der Seitenfalte von Pseudopus (vielleicht aller Ptychopleuren) in Zusammenhang.

III. Obliquus abdominis externus und Transversus abdominis.

a. Obliquus abdominis externus.

Der Obliquus abdominis externus ist ein auf den Bauchtheil beschränkter Muskel, der in der Brustgegend beginnt und in der Beckengegend endet. Er ist zusammengesetzt aus absteigenden Muskelbündeln auf der Aussenseite der Rippen, die mit ihren Anfängen in die Insertionen des Ileocostalis eingreifen und an den Knorpelspitzen der nächstfolgenden Rippen enden oder darüber hinausgehen. Bei den kionokranen Sauriern ist er in 2 Schichten mit gemeinsamen Ursprüngen zerfallen, den *Obliquus abdominis externus sublimis*, der über den Rectus mit einer dünnen Aponeurose übergreift und sich mit der der Gegenseite in der Linea alba vereinigt, und den *Obliquus abdominis externus profundus*, der sich unterhalb des Rectus hinzieht und schon an den Rippenknorpeln endet.

[106] Der Rectus ist überhaupt bei den kionokranen Sauriern ein von der Spitze des Unterkiefers bis zu dem Becken ausgedehnter Muskel, der durch 2 Zwischenknochen (oder -knorpel), das Zungenbein und das Brustbein, in 3 Abschnitte getrennt ist. Die beiden ersten bestehen aus 2 Lamellen und werden repräsentirt durch den Mylo-hyoideus und Genio-hyoideus zwischen Unterkiefer und Zungenbein und durch den Episterno-cleido-hyoideus sublimis (Sterno-hyoideus) und Episterno-hyoideus profundus (beim Menschen Sterno-thyreoideus und Thyreo-hyoideus) zwischen Zungenbein und Brustbein. Der hinterste, einfache Abschnitt ist der eigentliche Rectus.

In der Brustgegend lässt sich vom Obliquus abdominis externus sublimis

1) Der *Costo-episterno-humeralis s. Pectoralis major*

und von dem Obliquus abdominis ext. profundus,

2) der *Sternocosto-scapularis*,

3) der *Costo-sternalis proprius*

ableiten.

1) Der *Pectoralis major* geht in seinem hinteren Theile in die Aponeurose des Obliquus ext. subl. über und ist von dieser nur künstlich zu trennen. Zugleich ist die Richtung seiner Fasern ganz die des Bauchmuskels. Der mittlere Theil ist weit mächtiger und entspringt von den medianen Sternocostalleisten und dem hintern Theile des Sternums. Der Faserverlauf dieses Theiles ist nahezu transversal. Dies wird abgesehen von der Insertion am Humerus bedingt durch die Lage der Sternocostalleisten, von denen er entspringt. Diese liegen zu den Rippen in einem nahezu rechten Winkel. Nimmt man dieselbe Lage der Fasern zu den Ursprungsknochen an, so müssen nothwendig bei longitudinalem Verlaufe der von den Rippen entspringenden Fasern des hintern Theiles die von den Sternocostalleisten entspringenden Fasern des mittleren Theiles transversal verlaufen. Der vordere, vom hintern Arm des Episternum entspringende Theil hat eine transversal-ascendente Richtung. Alle 3 Theile, von denen die beiden hintern nur künstlich trennbar sind, inseriren am Humerus (dem Homologon des Anhanges zwischen Pleurapophyse oder Vertebraltheil der Rippe und Haemapophyse oder Sternaltheil der Rippe).

Der Pectoralis gehört also zum System des Obliquus abdominis externus sublimis. Diese scheinbar gezwungene Darstellung wird am besten bestätigt durch die Verhältnisse bei den schlangenähnlichen Sauriern. Obwohl diesen der Humerus meist fehlt, sind doch bei fast allen Rudimente des Pectoralis vorhanden. Diese Rudimente, durch das vorderste etwas verstärkte Muskelbündel des Obliquus abdominis ext. subl. repräsentirt, zeigen deutlich die wahre Abstammung des Pectoralis.

2) Der *Sternocosto-scapularis* ist ein kleines vom Obliquus abdominis externus profundus abgelöstes Muskelbündel, welches mit diesem die Insertion (die aber hier zum Ursprung geworden ist) gemein hat, aber anstatt vom Vertebraltheil der Rippe von der (diesem homologen) Scapula entspringt (resp. inserirt).

3) Der *Costo-sternalis proprius*, der bei Pygopus und Lialis (vielleicht bei allen ophiophthalmen Sauriern?) auftritt, ist von dem Obliquus abd. ext. prof. schwer zu trennen; er weicht aber betreffs seiner Insertion am Sternum (das nicht Homologon des Vertebraltheils der Rippe ist) bedeutend vom Bauchmuskel ab[107].

---

[107] Die kleinern von der Aussenfläche des Coracoids und von der Clavicula zum Humerus gehenden Muskeln gehören wahrscheinlich auch zum System des Obliquus abdominis externus, der directe Nachweis fehlt aber noch, da ich nicht Gelegenheit hatte, embryologische Untersuchungen anzustellen.

In der Beckengegend endet der Obl. abd. ext. subl. am Os ileopectineum und puboischium, während der Obl. abd. ext. prof. nicht damit in Zusammenhang steht[108].

b. Transversus abdominis.

Der *Transversus* ist zusammengesetzt aus Querbündeln innerhalb der Brusthöhle, welche das äussere Blatt des Bauchfells bedecken.

In der Brustgegend lässt sich

der *Sterno-coracoideus internus*

von ihm ableiten. Er entspringt von den Sternocostalleisten und dem Sternum und läuft in nahezu longitudinaler Richtung zum Coracoid. Seitlich ist er begrenzt vom Transversus, der in der Brustgegend zur ascendenten bis longitudinalen Faserrichtung neigt und von dem er ein median abgelöstes Bündel ist.

Das Becken der kionokranen Saurier mit wohlentwickelten Extremitäten steht mit dem Transversus in keiner Verbindung; der innere Muskel desselben, der *Ileopectineo-trochantineus internus*, hat an seinem Ursprunge dieselbe Faserrichtung, sonst aber keinen Zusammenhang mit dem Bauchmuskel. Bei Pygopus dagegen ist der Ileopectineo-trochantineus internus nicht zu trennen von dem Sphincter cloacae, der offenbar zum System des Transversus gehört. Bei Acontias liegt das Beckenrudiment fest auf dem Bauchmuskel auf und nimmt an dessen Bewegungen Antheil, bei Amphisbaena ist es mit ihm verwachsen.

IV. Sterno-cleido-mastoideus.

Der *Sterno-cleido-mastoideus* ist mit diesen Systemen nicht in Einklang zu bringen. Sein Ursprung von der Gegend des Episternums und sein Ende am Parietale (und Mastoideum) würden einem Muskel angehören, der mit descendenten Fasern von den untern Dornen bis zu den obern sich erstreckt. Ein solcher Muskel existirt aber nicht in der Reihe der Rumpfmuskeln. Von den Schultermuskeln ist zugleich der Sterno-cleido-mastoideus der oberflächlichste, in der Gegend des Episternums endet er nicht am Knochen, sondern heftet sich an einer Fascie an, gleicht also hierin dem Latissimus colli (Platysma myoides) des Menschen. Bei Amphisbaena steht er in Zusammenhang mit dem Hautmuskel. Auf seinem Verlaufe nach dem Kopfe geht er in die Tiefe, er schlägt sich unter den Cervici-maxillaris und endet am Schädel. Dieses Anheften an Knochen hat er aber auch mit andern Hautmuskeln gemein. Der Subcutaneus colli der Saurier z. B. hat eine aponeurotische Lamelle, die sich unter den Cervici-submaxillaris zieht und am Knochen des Unterkiefers

[108] Ueber die kleinern, auf dem Becken gelegenen Muskeln gelten betreffs ihres Zusammenhanges mit dem Obl. abd. ext. prof. dieselben Bestimmungen, wie für die vom Coracoid und der Clavicula zum Humerus gehenden Muskeln.

inserirt. Namentlich bei Acontias sind diese Verhältnisse sehr deutlich. Der grosse Hautmuskel des Rückens bei den Säugethieren (von dem Platysma myoides hominis ein Theil ist) schickt ein aponeurotisches Band, das auch Muskelelemente enthält, unter den Pectoralis zum Rippenende. Eine Sehne oder ein aponeurotisches Band entspricht aber Muskeltheilen, deren contractiles Gewebe verkümmert ist. Diese Verhältnisse geben das Recht, den Sterno-cleido-mastoideus der Saurier der Hautmuskulatur zuzuzählen. Die schlangenähnlichen Saurier geben keine weitere Bestätigung dieser Deutung. Embryologische Untersuchungen in dieser Richtung habe ich noch nicht gemacht. Ich stelle daher die Ansicht von der Hautmuskelnatur des Sterno-cleido-mastoideus nur als Hypothese hin.

Der Zusammenhang der übrigen Extremitätenmuskeln mit den Rumpfmuskeln ist direct nicht nachweisbar.

Dritter Theil.

Ergebnisse.

1. Der Brustschultergürtel der Saurier besteht aus dem unpaaren Sternum und Episternum und der paarigen Scapula, Pars coracoidea (mit Procoracoid) und Clavicula. Zwischen Brust und Schulter besteht eine doppelte Verbindung: die zwischen Brustbein und Coracoid und die zwischen Episternum und Clavicula. Die Cavitas glenoidalis wird von der ohne Grenzen verwachsenen Scapula und Coracoid gebildet. Die vordere Extremität besteht aus Humerus, Radius und Ulna, dem aus 9 Knochen gebildeten Carpus, den 5 Metacarpalien und den Phalangen, die 2 für den ersten, 3 für den 2. und 5., 4 für den 3. und 5 für den 4. Finger zählen. Das Becken besteht aus dem paarigen Os ilei, Os ileopectineum und Os puboischium, von denen die beiden letzteren mittelst medianer Knorpelstücke zur Symphysis ileopectinea und pubica vereinigt sind; der dem Os ischii homologe Theil des Os puboischium nimmt an der Bildung der Symphysis pubica keinen Antheil. Das Acetabulum wird von den mit Grenzen verwachsenen Os ilei, ileopectineum und puboischium gebildet. Die hintere Extremität besteht aus Femur, Tibia und Fibula, dem aus 4 oder 5 Knochen zusammengesetzten Tarsus, dem Metatarsus und den Phalangen, die abgesehen von der Grösse nicht von denen der vorderen Extremität verschieden sind.

2. Diese Knochen sind bei den schlangenähnlichen Sauriern verkümmert, d. h. aus ursprünglich vollkommeneren Bildungen zu unvollkommneren reducirt oder wenigstens an Grösse oder Festigkeit der Theile vermindert.

3. Die Verkümmerung der Knochen beginnt an allen Theilen des Brustschultergürtels, Beckengürtels und der Extremitäten, aber in sehr verschiedener Stärke: an den Extremitäten viel bedeutender als an den centraleren Gürteln. Die Gegend der Gelenkhöhle ist der Centralpunkt,

---

Ad 1. Theil I, Cap. I, § 1, Cap. III, § 7.

Ad 2. s. p. 59, Anm. 2.

Ad 3. Betreffs der späten Verkümmerung der Gelenkhöhlengegend vergl. die Verhältnisse bei den Urodelen. — Für die ungleichmässige Verkümmerung auf beiden Seiten, die mit der ungleichen Ausbildung der Lungen parallel geht, vergl. Humerus von Pseudopus p. 31, hintere Extremität von Lialis p. 40, Becken von Acontias meleagris p. 43.

auf den sie sich am spätesten ausdehnt. Diese Verkümmerung ist nicht immer auf beiden Seiten gleich; sie kann auch auf der einen Seite (links) weiter vorgeschritten sein als auf der andern (rechten) Seite.

4. An den Extremitäten beginnt die Verkümmerung peripherisch an den Fingern durch Wegfall der Endphalangen. Die Finger verkümmern in der Regel von aussen her, indem zuerst der 5., dann der 4. u. s. w. wegfallen. Der Carpus und Tarsus neigen zur Umbildung in Knorpel, während Mittelhand und Mittelfuss knochig bleiben. An der hintern Extremität (ob auch an der vordern, müssen spätere Untersuchungen bestätigen) sind 2 Arten der Verkümmerung zu unterscheiden, eine abstumpfende und eine verschmälernde. Alle peripherischen Knochen, die nach aussen hervorragen, können Nägel tragen. Diese sind nicht ausschliessliches Eigenthum der Phalangen.

5. Am Brustschultergürtel erstreckt sich die Verkümmerung der Reihe nach über Episternum, Sternum, Clavicula, Pars coracoidea, Scapula bis zum gänzlichen Wegfalle aller Schultertheile. Vom *Episternum* verkümmern zuerst die unpaaren Aeste, meist der vordere früher als der hintere (ausser bei Seps), wodurch die Verbindung mit der Clavicula aufgehoben wird, später die seitlichen Aeste bis zum vollkommenen Fehlen des Episternums. Das *Sternum* trennt sich zuerst von den Rippen durch Wegfall der Sternocostalleisten, von denen die seitlichen hinteren am spätesten verschwinden. Diese Sternocostalleisten verkümmern nicht gleichzeitig mit der vordern Extremität, sondern können auch nach Wegfall derselben noch vorhanden sein (die atypischen Pygopus und Ophiodes). Am Sternum selbst beginnt die Verkümmerung zuerst am hintern Ende, das von der spitzen Form ausgehend der Reihe nach convex, geradlinig bis concav wird. Rudimente von Sternocostalleisten, die aber von den Rippen entfernt sind, können auch noch übrig bleiben (Lialis). Bei sehr zunehmender Verkümmerung theilt es sich in 2 paarige sehr kleine Knochen(?)-Platten (Acontias meleagris). Die *Scapula* verkümmert vom Suprascapulare aus. An der *Pars coracoidea* beginnt die Reduction an der Medianlinie. Die Verbindung des Coracoids mit dem Sternum wird immer lockerer bis zur völligen Trennung. Im vordern Theile greift es median bei den vollkommenen Sauriern über das der Gegenseite; bei fortschreitender Verkümmerung rücken die medianen Ränder zurück bis zur blossen Berührung, die dann oft mit Verschmelzung zu einem Knorpelstück (Pseudopus, Ophisaurus) und zugleich mit bedeutender Verdickung (Acontias) verbunden ist, und vollkommenen Entfernung von einander (Seps). Der Verkümmerung der medianen Theile geht eine Umwandlung in Knorpel vorher. Die zahlreichen Fenster (bei Euprepes 3) schwinden bis zu einem oder fallen ganz weg. Die *Clavicula* verkümmert von der Mitte aus, indem der mediane breite Theil sich verschmälert. Bei Acontias hört sie auf ein selbstständiger Knochen zu sein. Die Gelenk-

Ad 4. Th. I, Cap. I, § 1 b, § 2 b, Cap. III, § 7 b, § 8 a 2—e 2. — Th. II, Cap. I, § 1 a, § 3 a.

Ad 5. Th. I, Cap. I, § 1 a, § 2 a, § 3 a—i. — Th. II, Cap. 1, § 1 b. Diese »Verkümmerung der Reihe nach« bezieht sich auf den Wegfall; sie beginnt gleichzeitig und nicht erst bei den folgenden Knochen nach Wegfall des vorhergehenden.

höhle fehlt bei Mangel der Extremitäten, wobei die Grenze zwischen Scapula und Coracoid nach der Mitte zurückt und somit eine Verkleinerung der Breite des Schultergürtels bedingt.

6. Von den Knochen des Beckengürtels schwindet keiner ganz. Die Verkümmerung beginnt von der Medianlinie aus und ist am bedeutendsten am Os puboischium, das zuerst rudimentär wird, und am Os ileopectineum; später und viel weniger verkümmert das ziemlich constante Os ilei. Sind die Beckenknochen sehr rudimentär, so können sie ohne Grenzen mit einander verwachsen, und zwar zunächst des Os ileopectineum und puboischium (Lialis, Pseudopus), später mit diesen das Os ilei (Anguis, Acontias). Das Os ileopectineum und puboischium verkümmert von der Medianlinie, das Os ilei von dem oberen Ende aus. Das *Os puboischium* trennt sich früher von dem der Gegenseite (Wegfall der Symphysis pubica) als das Os ileopectineum (Wegfall der S. ileopectinea), sein hinterer Theil (Homologon des Os ischii) kann wohlentwickelt bleiben (Anguis), in den meisten Fällen aber verkümmert er zu einer nicht erhabenen Rauhigkeit. Das *Os ileopectineum* verliert seine Symphysis später als das Os puboischium, sein Rudiment zeigt mit dem des Os puboischium ein wechselndes Verhältniss, bald ist es grösser, bald ebenso gross, bald kleiner. Es verkümmert im Anfang langsam, später aber schnell, ja noch schneller als Os puboischium, das schon anfänglich ziemlich schnell reducirt wurde. Das *Os ilei* wird meist etwas schmäler und artikulirt dann nur noch mit 1 Wirbel. Zugleich wird die Anheftung am Querfortsatze immer lockerer (Acontias, Typhline, wo auch die letzte Rippe als Stütze dient) und kann sogar wegfallen (Pygopus).

7. Die Verkümmerung der Muskeln entspricht im Allgemeinen der der Knochen und beginnt wie bei diesen gleichzeitig an allen Theilen, an den Extremitäten aber bedeutender als an den Gürteln. Ein Muskel verkümmert durch Verminderung seiner Muskelfasern, die bis zum völligen Wegfall oder Ersatz durch sehniges Gewebe fortschreiten kann, und durch Verkürzung seiner Länge, die bei constanter Insertion durch Zurückrücken des Ursprungs (bei den am Rumpfe gelegenen Extremitätenmuskeln) und bei unverändertem Ursprungspunkte durch Verrückung der Insertion (an den peripherischen Theilen der Extremitäten) erreicht wird. Mit Wegfall eines Knochens ist stets der Verlust der Selbstständigkeit des an ihn tretenden Muskels, meist, aber nicht immer, die völlige Verkümmerung desselben verbunden, indem im letzten Falle seine Fasern mit denen der zunächst liegenden und ähnlich wirkenden Muskeln sich verschmelzen. Auch können bei Verminderung der Dichtigkeit des Gewebes der Knochen und der dadurch bedingten leichteren Beweglichkeit derselben gegen einander Muskeln sich bilden, die bei der Festigkeit des Gewebes keine Wirkung haben könnten.

8. Die Verkümmerung der Extremitätenmuskeln beginnt an den kleinen auf der Hand und dem Fusse gelegenen Muskeln durch Wegfall oder Versehnigung derselben, während

---

Ad 6. Th. I, Cap. III, § 7 a, § 8 a 1—d 1, § 9 a—d. — Th. II, Cap. I, § 3 b.

Ad 8. Die genaueren Verhältnisse können in der Kürze nicht angegeben werden, vergl. hierüber Th. I, Cap. II, § 4 b—d, § 5 b—d, § 6 a 2—d 2, Cap. IV, § 10 b—d, § 11 a 2—4, b 2, 3, c 2—e 2. — Th. II, Cap. I, § 2 a—c, § 4 a—c.

die grösseren längs der langen Extremitätenknochen erstreckten Muskeln erst viel später verkümmern, meist nachdem eine Verschmelzung der ähnlich wirkenden vorangegangen ist.

9. Von den Muskeln des Brustschultergürtels verkümmern der Reihe nach Serratus major, Sternocosto-scapularis, Collo-scapularis s. Levator scapulae, Sterno-coracoideus internus, Dorso-clavicularis s. Cucullaris, während Episterno-hyoideus profundus und Episterno-cleido-hyoideus sublimis und Sterno-cleido-mastoideus nie ganz geschwunden sind.

Der *Costo-subscapularis s. Serratus major* vermindert die Zahl seiner Bündel von 4 oder 3 zu 2, 1 bis zum völligen Wegfall.

Der *Sternocosto-scapularis* verändert wenig seine Grösse bei Pygopus, Pseudopus und Anguis, er ist klein bei Seps und Lialis und verschmilzt bei Acontias mit dem Obliquus abdominis externus profundus. Zugleich wird er bei Verkümmerung der Sternocostalleisten zum Costoscapularis.

Der *Collo-scapularis s. Levator scapulae* verkümmert zuerst in seinem tiefen Theile und wird dann zum einfachen Muskel. Sein Ursprung variirt sehr.

Der *Sterno-coracoideus internus* verkümmert in Länge (durch Beschränkung des Ursprunges auf den vorderen Sternalrand) und Breite (durch Verkümmerung der medianen Fasern) bis zum völligen Mangel.

Der *Dorso-clavicularis s. Cucullaris* rückt bei den schlangenähnlichen Sauriern seinen Ursprung zur oberen Grenze des Ileocostalis zurück, mit dem er immer mehr verwächst, so dass er bei (dem der Extremitäten und des Brustschultergürtels beraubten Exemplare von) Acontias blos als eine obere Lamelle des Ileocostalis erscheint.

Der *Episterno-hyoideus profundus* wird bei fehlendem Episternum zum Sterno-hyoideus prof. (oder bei Lialis zum Cleido-hyoideus prof.), der entweder ungetrennt verläuft (Pygopus) oder durch die Clavicula in den Sterno-clavicularis prof. und Cleido-hyoideus prof. zerfällt, und bei fehlendem oder sehr verkümmertem Sternum zum Cleido-hyoideus (Acontias, resp. Coraco-hyoideus).

Der *Episterno-cleido-hyoideus sublimis.* Sein lateraler Theil (Omo-hyoideus) verkümmert wenig, während der mediane (Sterno-hyoideus) sich kaum ändert.

Der *Sterno-cleido-mastoideus* bleibt auch bei den schlangenähnlichen Sauriern ziemlich unverändert. Er geht bald in den Rectus und Obliquus abdominis externus über, bald nicht.

Wegen der durch die Verkümmerung der Sternocostalleisten bedingten Beweglichkeit des Sternums bildet sich bei einigen schlangenähnlichen Sauriern ein *Costo-sternalis.*

10. Die Beckenmuskeln sind, abgesehen vom Quadratus lumborum, allen Sauriern gemeinschaftlich.

Der *Ileo-coccygeus* und *Ischio-coccygeus* verändert sich wenig. Bei den Sauriern mit verkümmerten Tuber ischii wird er zum Pubo-coccygeus.

Ad 9. Th. I, Cap. II, § 4 a, § 5 a. § 6 a 1—d 1, e, f. — Th. II, Cap. I, § 2 d.
Ad 10. Th. I, Cap. IV, § 10 a, § 11 a 1—e 1, § 12. — Th. II, Cap. I, § 4 d.

Der *Rectus* inserirt bei fehlender Symphysis pubica am medianen Theil des Os puboischium. Ist dieses sehr verkümmert, so zieht er sich darüber hinweg.

Der *Obliquus abdominis externus sublimis* verliert am frühesten seine Insertion an der Spina ossis ileopectinei und inserirt am Os puboischium allein oder an den vereinigten Wurzeln dieses und des Ileopectineum.

Der *Ileocostalis* zieht sich bei den schlangenähnlichen Sauriern (ausser bei Seps, Acontias und Lialis) über das Becken hinweg, ohne mit dem Os ilei in Verbindung zu stehen; dann fehlt auch der Quadratus lumborum.

Wegen der leichteren Beweglichkeit des Beckenrudimentes von *Acontias* hat der *Transversus abdominis* Einfluss auf seine Bewegung.

11. Ein besonderer paariger Knochen hinter dem After (Os postcloacale) findet sich bei Lialis; besondere Mm. proprii bei Pseudopus (Longissimus abdominis) und Lialis und Pygopus (Costo-sternalis).

12. Die Extremitäten der Amphisbaenoiden sind (mit Ausnahme von Chirotes) weit mehr verkümmert als die der Saurier. Bei allen mit Einschluss von Chirotes liegt der Schwerpunkt der Entwickelung an der Bauchseite.

Die Extremitäten unterscheiden sich wesentlich nicht von denen der Saurier. Allein bei Chirotes ist die vordere anwesend, während die hintere fehlt. Bei Amphisbaena sind die Verhältnisse denen der Saurier ähnlich, indem hier bei fehlender vorderer Extremität ein Rudiment der hintern vorhanden ist.

Der Brustschultergürtel, der wegen Verkümmerung der Sternocostalleisten nicht mit den Rippen in Verbindung steht, ist ausgezeichnet durch ausserordentliche Entwickelung des Sternums, das weit grösser als der Schultergürtel ist. Episternum und Clavicula fehlen (wie bei den Chamaeleonida) vollkommen. Bei weit vorgeschrittener Verkümmerung fehlt das Coracoid in seinem medianen Theile und die Scapula ist zu einem kleinen länglichen Knochen reducirt, während das Sternum noch als grosse breite, aber paarige Inscriptio tendinea im Rectus abdominis vorhanden ist. Die Muskeln des Brustschultergürtels sind (bei Amphisbaena) schwerer von den Rumpfmuskeln zu trennen als bei den Sauriern, der Episterno-hyoideus sublimis und profundus sind durch einen Sterno-hyoideus repräsentirt.

Das Beckenrudiment steht im Gegensatze zu den Sauriern in gar keiner Verbindung mit den Wirbeln und ist (bei Amphisbaena) erst nachträglich mit den Rippenspitzen in ganz lose Verbindung getreten (ähnlich bei Acontias und Typhline) oder liegt (bei Lepidosternon) frei über denselben (ähnlich bei Pygopus). Das auch bei den schlangenähnlichen Sauriern wohlerhaltene Os ilei

---

Ad 11. s. Os postcloacale b. Lialis p. 40. — Costo-sternalis b. Pygopus p. 27 und Lialis p. 31. — Longissimus abdominis b. Pseudopus p. 28.

Ad 12. Th. II, Cap. II. Betreffs des Brustschultergürtels und des Mangels der Columella cranii stehen die Amphisbaenoidea den Chamaeleonidea näher, als den Sauria kinokrania.

und das Os puboischium sind bis auf ganz geringe Rudimente verkümmert, während das bei den schlangenähnlichen Sauriern meist beträchtlich reducirte Os ileopectineum abgesehen vom Mangel der Symphyse nur wenig verkümmert ist. Von den Muskeln des Beckenrudimentes stehen die bei den Sauriern damit verbundenen Mm. ileocostalis, ileococcygeus und rectus in keinem Zusammenhange damit, der Obliquus abdominis externus in (bei Lepidosternon ziemlich, bei Amphisbaena sehr) loser Verbindung, der Ischiococcygeus ist unbedeutend. Dagegen sind der Transversus abdominis und Sphincter cloacae innig mit dem Beckenrudiment verbunden, was bei den schlangenähnlichen Sauriern (abgesehen von Acontias) nicht der Fall war.

13. Allen Ophidiern fehlt ein Brustschultergürtel und eine vordere Extremität, bei einigen (Stenostomi ausser Uropeltaceae und Peropodes) sind Rudimente des Beckens und der hintern Extremität vorhanden. Uebereinstimmend mit den Amphisbaenoiden und abweichend von den kionokranen Sauriern sind die untern Schenkel des Beckengürtels mehr entwickelt als die lateralen. Dieser besteht bei den Stenostomidae, Tortricidae, Pythonidae, Boaeidae und Erycidae aus dem Os puboischium, das zum Os pubis reducirt ist, dem Os ileopectineum und Os ilei. Nur bei den Stenostomidae ist eine Symphysis pubica beobachtet worden. Eine S. ileopectinea fehlt allen Ophidiern. Das Os ileopectineum ist der entwickeltste Knochen (bei den Boaeidae und Pythonidae ist es von ausserordentlicher Grösse), während Os pubis und Os ilei meist nur kleine, häufig knorplige Anhänge bilden. Bei den Typhlopidae besteht das Becken nur aus dem Os ileopectineum, das von dem der Gegenseite getrennt ist. Die Extremität wird repräsentirt durch einen kurzen starken Femur, der entsprechend der hervorragenden Entwickelung des Os ileopectineum einen sehr grossen Trochanter minor hat, und durch ein kleines Rudiment der Tibia, das einen kräftigen Nagel trägt. Ganz abweichend von den Sauriern ist die Lage des Beckens. Es liegt bei den Ophidiern innerhalb der Rippen in der Bauchhöhle und ist weit von den Querfortsätzen der Sacralwirbel entfernt, die Extremität liegt ausserhalb der Bauchhöhle. Dieses eigenthümliche Verhalten ist Folge der am Os ilei am meisten fortschreitenden Verkümmerung. Von den Muskeln des Beckens gehen die bei den Sauriern getrennt inserirenden Mm. rectus und obliquus in eine gemeinsame Endsehne aus, von dem Sphincter cloacae (resp. Transversus abdominis), der bei den Sauriern (mit Ausnahme von Acontias) in gar keiner Beziehung zum Becken stand, bei den Amphisbaenoiden damit verbunden war, hat sich ein besonderer M. cloaco-ileopectineus abgelöst. Der zum Costalis gewordene Ileocostalis, Ileo- und Ischiococcygeus stehen in gar keiner Beziehung zum Becken. Von den Muskeln der Extremität sind die vom Os ileopectineum entspringenden Muskeln weit entwickelter als bei den Sauriern, während die bei diesen vom Os ilei und puboischium entspringenden Muskeln bei den Ophidiern viel schwächer sind und nie allein an diesen Knochen, sondern auch am Os ileopectineum ihren Anfang nehmen.

Ad 13. s. Th. II, Cap. III.

14. Die Bildung des Brustschulter- und Beckengürtels der Saurier und Ophidier ist von geringer Wichtigkeit für die Systematik, da sie nicht allein innerhalb derselben Familie und Gattung, sondern bei den schlangenähnlichen kionokranen Sauriern, Amphisbaenoiden und Ophidiern sogar innerhalb derselben Art Schwankungen unterworfen ist. Bei einem Individuum können Knochentheile verkümmern, ja sogar fehlen, die bei einem andern derselben Species vorhanden sind (so der hintere Ast des Episternums und des Humerus von Pseudopus, der Schultergürtel von Acontias meleagris und Lepidosternon microcephalum, Grösse des Beckenrudimentes von Amphisbaena fuliginosa und den meisten Ophidiern). Bei den Ophidiern sind diese Schwankungen abhängig von Alter und Geschlecht des Thieres; ob dasselbe bei den Sauriern statt hat, kann wegen Mangels aller Angaben der Autoren über Geschlecht und Alter nicht entschieden werden.

15. Den Knochen und Muskeln des Brustschulter- und Beckengürtels und den Extremitäten der Saurier und Menschen liegt ein gemeinsamer Bauplan zu Grunde, der aber bei diesen anders modificirt ist als bei jenen. Brustschultergürtel sowohl als Becken sind bei den Sauriern vollkommener ausgebildet als bei den Menschen. Das Episternum der Saurier findet sich nur beim menschlichen Embryo als kleiner selbstständiger Skelettheil, die Pars coracoidea ist zum Processus coracoideus verkümmert, der an der allein von der Scapula gebildeten Cavitas glenoidalis keinen Antheil mehr nimmt. Dagegen findet sich beim Menschen ein wohlentwickeltes Acromion, das den Sauriern fehlt. Vom Becken ist das bei den Sauriern und noch mehr bei den Ophidiern ausserordentlich entwickelte Ileopectineum zur Eminentia ileopectinea ossis pubis beim Menschen reducirt, dagegen ist das Os ischii bei letzterem viel grösser und selbstständiger als bei ersteren, wo es mit dem Os pubis zu einem Knochen (Puboischium) verwachsen ist. Das Os pubis und ischii beim Menschen trennende Foramen obturatorium ist bei den Sauriern nur an jungen Thieren vorhanden, während es im Alter von Knochenmasse ausgefüllt wird. Die Extremitäten der Saurier und des Menschen sind weniger von einander abweichend. Die Differenzen liegen namentlich am Carpus, Tarsus und den Phalangen, deren Zahl viel grösser und an den einzelnen Fingern verschieden ist. Der Femur der Saurier weicht von dem des Menschen durch ausserordentliche Entwickelung des Trochanter minor vor dem major ab. Eine Patella ulnaris, die bei den Sauriern stärker entwickelt ist als die Patella tibialis, fehlt bei dem Menschen und wird durch das sehr entwickelte, ihr analoge (aber keineswegs homologe) Olecranon ersetzt.

16. Für die vergleichende Myologie ist ebenso wie für die vergleichende Osteologie nur die Vergleichung nach Homologien massgebend. Die functionellen Beziehungen der Muskeln dürfen nicht als Grundlage der Vergleichung benutzt werden. Sie sind von wesentlicher Bedeutung nur für den vergleichenden Physiologen, niemals für den vergleichenden Anatomen.

Ad 14. Humerus von Pseudopus p. 13, Anm. 42. 43. 45. — Schultergürtel von Acont. mel. p. 15, Anm. 53. — Schultergürtel von Lepidost. microc. p. 75, Anm. 19. — Becken von Amphisbaena ful. p. 76, Anm. 28. — Becken der Ophidier p. 84, Anm. 44.

Ad 15. Th. II, Cap. IV A.

Ad 16. p. 96 u. 97.

17. Die Anwendung der menschlichen Muskelnamen auf die Muskeln der Saurier reicht nicht aus, da diese auch Muskeln haben, welche dem Menschen fehlen. Die Bezeichnung dieser oft durch die ganze Klasse der Amphibien verbreiteten Muskeln als Mm. proprii ist nicht gerechtfertigt. Den Vorzug verdient eine Verbindung besonderer nach Ursprung, Ansatz und Lage der Muskeln gebildeter Namen mit den Namen der homologen Muskeln des Menschen, so weit dies möglich; fehlen diese, so sind die ersteren Namen allein anzuwenden.

18. Von den Muskeln der Menschen und Saurier sind die der ersteren am Brustgürtel, die der letzteren am Beckengürtel entwickelter. Die Differenzen der einzelnen Muskeln lassen sich in folgende Rubriken bringen:

a) Muskeln der Saurier fehlen beim Menschen:

Brustschultergürtel: 6) Sterno-costo-scapularis. 8) Sterno-coracoideus internus. 39) Longissimus abdominis proprius. 40) Costo-sternalis proprius.

Oberarm: 11—13) Coraco-humerales.

Becken: 4) Ileo- und Ischiococcygeus.

Oberschenkel: 8 u. 9) Ileopectineo-trochantineus externus und internus.

Unterschenkel: 16) Ileoischiadico-tibialis propr.

b) Umgekehrt: Muskeln des Menschen fehlen den Sauriern:

Brustschultergürtel: Subclavius, Rhomboideus.

Oberarm: Pectoralis minor.

Becken: Pyramidalis, Psoas minor.

Oberschenkel: Glutaeus minimus, Obturator internus, Iliacus internus, Psoas major, Tensor fasciae latae.

Unterschenkel: Sartorius, Subcruralis.

c) Muskeln der Saurier sind in mehrere Muskeln beim Menschen zerfallen:

Brustschultergürtel: 1) Sterno-cleido-mastoideus saur. in Sterno-cleido-mastoideus hom. und vordern Theil des Cucullaris hom. 3) Episterno-cleido-hyoideus subl. saur. in Sterno-hyoideus hom. und Omo-hyoideus hom. 4) Episterno-hyoideus prof. saur. in Sterno-thyreoideus hom. und Thyreo-hyoideus hom.

Oberarmmuskeln: 16) Suprascapulo-humeralis saur. in Supraspinatus hom., Infraspinatus hom. und Teres minor hom.

Vorderarm: 21) Humero-ulnaris des Triceps saur. in Anconaeus internus und externus hom.

Oberschenkel: 12) Puboischio-femoralis s. Adductor saur. in Adductor longus, brevis et magnus hom. 13) Puboischio-trochanterius longus saur. in Gemellus und Qua-

---

Ad 17. p. 97—99.
Ad 18. Th. II, Cap. IV B.

dratus femoris e. p. hom. 14) Puboischio-trochanterius brevis saur. in Obturator externus und Quadratus femor. e. p. hom.

d) Umgekehrt: Muskeln des Menschen sind bei den Sauriern in mehrere Muskeln zerfallen:

Brustschultergürtel: Cucullaris hom. in den hintern Theil des 1) Sterno-cleido-mastoideus saur. und in 2) Cucullaris saur.

Oberarm: Pectoralis major hom. in 9) Pectoralis major saur. und 10) Clavi-humeralis saur.

Vorderarm: Anconaeus longus hom. in 21) Scapulo- und Coraco-ulnaris des Triceps saur.

Oberschenkel: Pyriformis in 6 u. 7) Coccygo-femoralis longus et brevis, Pectineus in 10 u. 11) Ileopectineo-femoralis longus et brevis saur.

Unterschenkel: Rectus femoris hom. in Rectus internus et externus saur.

e) Verhältnissmässig viel grösser sind bei den Sauriern:

18) Gracilis.

f) Verhältnissmässig viel kleiner sind bei den Sauriern:

Brustschultergürtel: 7) Serratus anticus major.

Oberarm: 14) Acromio-humeralis s. Deltoideus. 17) Scapulo-humeralis s. Teres major.

Unterschenkel: 15) Ileo-fibularis s. Glutaeus maximus.

g) In Ursprung oder Ansatz sind sehr abweichend:

Brustschultergürtel: 5) Levator scapulae (Urspr.).

Oberarm: 15) Coracó-humeralis internus s. Coraco-brachialis.

Vorderarm: 20) Coraco-humero-radialis.

Oberschenkel: 5) Ileo-femoralis s. Glutaeus medius (Ans.).

Unterschenkel: 13) Ileo-fibularis s. Glutaeus maximus (Ans.). 16) Puboischio-tibialis subl. post. 19) Ileopectineo-tibialis prof. 20) Puboischio-tibialis prof.

h) Nicht wesentlich sind verschieden:

Oberarm: 10) Dorso-humeralis s. Latissimus dorsi. 19) Subscapulo-humeralis s. Subscapularis.

Unterschenkel: 21) Vastus externus und internus.

19. Die am Rumpfe liegenden Muskeln des Brustschulter- und Beckengürtels und der Extremitäten sind bei den schlangenähnlichen Sauriern und Amphisbaenen um so weniger selbstständig, je mehr die Extremitäten rudimentär sind. Zugleich findet ein immer innigerer Anschluss an die Rumpfmuskeln statt. Die Verkümmerung bewirkt hier ähnliche Verhältnisse, wie sie die niedrigsten Stufen der Extremitätenbildung einiger Urodelen (Proteus, Menobranchus) zeigen. Mit

---

Ad 19. Th. II, Cap. V.

Zugrundelegung der OWEN-MÜLLER'schen Wirbel- und der MÜLLER'schen Rumpfmuskel-Theorien lässt sich eine Ableitung der einzelnen Muskeln aus den Rumpfmuskeln geben. Und zwar lassen sich ableiten:

1) Aus dem Systeme der Seitenrumpfmuskeln:

a) Vom *Ileocostalis* der Cervici-submaxillaris, der Dorso-clavicularis s. Cucullaris, der Dorso-humeralis s. Latissimus dorsi, der Collo-scapularis s. Levator scapulae, der Costo-subscapularis s. Serratus anticus major.

b) Vom *Caudalis inferior* der Ileococcygeus, der Ischiococcygeus, der Coccygo-femoralis longus s. Pyriformis, der Coccygo-femoralis brevis s. Subcaudalis.

2) Aus dem Systeme der Intercostalmuskeln:

Vom *Rectus abdominis* der Episterno-cleido-hyoideus subl., der Episterno-hyoideus profundus.

3) Aus dem Systeme der Seitenbauchmuskeln:

a) Vom *Obliquus externus sublimis* der Costo-episterno-humeralis s. Pectoralis major.

b) Vom *Obliquus externus profundus* der Sternocosto-scapularis und Costo-sternalis proprius.

c) Vom *Transversus abdominis* der Sterno-coracoideus internus, der Sphincter cloacae und Ileopectineo-trochantineus internus.

Der *Sterno-cleido-mastoideus* kann mit keinem dieser Systeme in Zusammenhang gebracht werden, lässt sich aber mit grosser Wahrscheinlichkeit aus dem Hautmuskelsysteme ableiten.

Erklärung der Abbildungen.[1]

Auf Tafel I—IV sind die Knochentheile weiss, die Knorpeltheile blau, die zum Theil verkalkten Knorpel blau mit schwarzen Punkten, die Bänder gelb gemalt.

Tab. I. Knochen des Brustschultergürtels.

Abkürzungen:

st: Sternum. — ep: Episternum. — stc: Sternocostalleiste. — sc: Scapula. — ss: Suprascapulare. — cor: Pars coracoidea. — pr: Procoracoid. — cl: Clavicula.

lig. ep. cl: Ligamentum episterno-claviculare. — lig. ep. st: Lig. episterno-sternale. — lig. st. cl: Lig. sterno-claviculare.

Fig. 1 (Seite 7). Brustschultergürtel von Euprepes carinatus.
Fig. 2 (S. 7). » » » Gongylus ocellatus, vergr.
Fig. 3 (S. 9). » » » Seps tridactylus, vergr.
Fig. 4 (S. 11). » » » Ophiodes striatus, vergr.
Fig. 5 (S. 12). » » » Pygopus lepidopus, vergr.
Fig. 6 (S. 13). » » » Lialis Burtonii, vergr.
Fig. 7 (S. 12). » » » Pseudopus Pallasii.
Fig. 8 (S. 14). » » » Ophisaurus ventralis, vergr.
Fig. 9 (S. 14). » » » Anguis fragilis, vergr.
Fig. 10 (S. 15). » » » Acontias niger, vergr.
Fig. 11 (S. 15). » » » Acontias meleagris, vergr.
Fig. 12 (S. 16). » » » Typhlosaurus aurantiacus, vergr.
Fig. 13 (S. 74). » » » Chirotes annulatus, vergr.
Fig. 14 (S. 75). » » » Amphisbaena fuliginosa, vergr.

Fig. 8 ist Copie nach Duméril et Bibron, nach Rathke's Angaben verbessert, Fig. 10. u. 12 Copie nach Peters, Fig. 13 nach J. Müller.

Tab. II. Knochen der vorderen Extremität.

Abkürzungen:

h: Humerus. — T. min: Tuberculum minus. — T. maj: Tuberculum majus. — Cond. i: Condylus internus. — Cond. e: Condylus externus.

u: Ulna. — r: Radius.

ca: Carpus. — sc: Scaphoideum s. Os radiale. — tr: Triquetrum s. Os ulnare. — c: Os centrale. — p: Os pisiforme. — I: Carpale I. s. Multangulum majus. — II: Carpale II. s. Multangulum minus. — III: Carpale III. s. Capitulum. — IV: Carpale IV. s. Pars prima ossis hamati. — V: Carpale V. s. Pars secunda ossis hamati. —

mc: Metacarpus. — 1. 2. 3. 4. 5: Metacarpale 1. 2. 3. 4. 5.

ph: Phalanges.

[1] Die Abbildungen sind, wo nicht das Gegentheil bemerkt ist, nach der Natur gezeichnet.

Fig. 15 (Seite 8). Rechte vordere Extremität von Euprepes carinatus, Streckseite, vergr.
Fig. 16 (S. 8). » » » » Gongylus ocellatus, vergr.
Fig. 17 (S. 10). » » » » Seps tridactylus, vergr.
Fig. 18 (S. 9). Carpus und Metacarpus von Euprepes carinatus, sehr vergr.
Fig. 19 (S. 9). » » » » Gongylus ocellatus, s. vergr.
Fig. 20 (S. 10). » » » » Seps tridactylus, s. vergr.
Fig. 21 (S. 13). Coracoid, Scapula und Humerusrudiment der rechten Seite von Pseudopus Pallasii, s. vergr.

Tab. III. Knochen des Beckengürtels.

Abkürzungen:

ip: Os ileopectineum. — s. ip: Symphysis ileopectinea. — sp. ip: Spina ossis ileopectinei. — il: Os ilei. — sp. il. a: Spina ossis ilei anterior. — pi: Os puboischum. — s. p: Symphysis pubica. — t. i: Tuber ischii. — ac: Acetabulum.

lig. ip. pi. m: Ligamentum puboischio-ileopectineum medium. — lig. ip. pi. l: Lig. puboischio-ileopectineum laterale. — lig. il. isch: Lig. ileo-ischiadicum.

for. cord: Foramen cordiforme.

Fig. 22 (Seite 32). Becken von Euprepes carinatus, von unten.
Fig. 23 (S. 32). » » » » von der rechten Seite.
Fig. 24 (S. 32). » » Gongylus ocellatus, von unten, vergr.
Fig. 25 (S. 32). » » » » von der rechten Seite, vergr.
Fig. 26 (S. 37). » » Seps tridactylus, von unten, vergr.
Fig. 27 (S. 37). » » » » von der rechten Seite, vergr.
Fig. 28 (S. 38). » » Ophiodes striatus, von unten, vergr.
Fig. 29 (S. 38). » » » » von der rechten Seite, vergr.
Fig. 30 (S. 38). » » Pygopus lepidopus, von unten, vergr.
Fig. 31 (S. 38). » » » » von der rechten Seite, vergr.
Fig. 32 (S. 39). Becken, hintere Extremität und Os postcloacale von Lialis Burtonii, vergr.

Abkürzungen: p. c. ip: Os pubis cum ileopectineo. — o. pcl: Os postcloacale.

Fig. 33 (S. 39). Os postcloacale von Lialis Burtonii von der Innenseite, vergr.
Fig. 34 (S. 40). Wirbelsäule, Becken und hintere Extremität von Pseudopus Pallasii, von aussen.
Fig. 35 (S. 40). Becken von Pseudopus Pallasii, von innen.
Fig. 36 (S. 43). Wirbelsäule und Becken von Ophisaurus ventralis.
Fig. 37 (S. 42). Becken von Anguis fragilis, vergr.
Fig. 38 (S. 42). » » Anguis fragilis juv., sehr vergr.
Fig. 39 (S. 43). » » Acontias meleagris, vergr.
Fig. 40 (S. 43). » » Acontas niger.
Fig. 41 (S. 33). Hinterer Theil des medianen Beckens von Lacerta agilis juv., s. vergr.

Abkürzungen: p: Ramus horizontalis ossis pubis. — p': R. decendens o. pubis. — i: R. descendens o. ischii. — i': R. ascendens o. ischii. — for. obt: Foramen obturatorium.

Fig. 42 (S. 76). Beckenrudiment von Lepidosternon microcephalum, vergr.
Fig. 43 (S. 76). » » Amphisbaena fuliginosa, vergr.
Fig. 44 (S. 85). Becken und hintere Extremität von Cylindrophis rufus, vergr.
Fig. 45 (S. 85). » » » » » Ilysia scytale, vergr.
Fig. 46 (S. 82). » » » » » Boa constrictor.
Fig. 47 (S. 82). » » » » » Stenostoma macrolepis, von der linken Seite, vergr.
Fig. 48 (S. 82). » » » » » » » von unten, vergr.
Fig. 49 (S. 81). Becken von Onychocephalus dinga, vergr.
Fig. 50 (S. 81). » » Typhlops lumbricalis, vergr.
Fig. 51 (S. 81). » » Typhlops ruficauda, vergr.

Fig. 36 ist Copie nach J. Müller, Fig. 40, 47—50 nach W. Peters, Fig. 44—46 nach C. Mayer.

Tab. IV. Knochen der hinteren Extremität.

Abkürzungen:

f: Femur. — tr. min: Trochanter minor (Trochantin). — tr. maj: Trochanter major (Trochanter).

tb: Tibia. — fb: Fibula.

t: Tarsus. — a: Astragalus, als Karpalknochen auftretend. — a': Mit der Tibia verwachsener Theil des Astragalus. — c: Selbständiger Calcaneus. — c': Mit der Fibula verwachsener Theil des Calcaneus. — cun' I: Mit Metatarsus I. verwachsenes Os cuneiforme I. — cun' II: Mit Met. II. verwachsenes Os cuneiforme II. — cun III: Selbstständiger Theil des Os cuneiforme III. — cun' III: Mit Met. III. verwachsener Theil des Os cuneiforme III. — cub: Selbständiger Theil des Os cuboideum. — cub': Mit Met. IV. verwachsener Theil des Os cuboideum.

mt: Metatarsus. — 1. 2. 3. 4. 5: Metatarsale 1. 2. 3. 4. 5. — 5' Theil des Metatarsale 5.

ph: Phalanges.

Fig. 52 (Seite 35). Hintere Extremität von Euprepes carinatus.
Fig. 53 (S. 35). » » » Gongylus ocellatus.
Fig. 54 (S. 37). » » » Seps tridactylus, vergr.
Fig. 55 (S. 38). » » » Ophiodes striatus, vergr.
Fig. 56 (S. 38). » » » Pygopus lepidopus, vergr.
Fig. 57 (S. 36). Tarsus und Metatarsus von Euprepes carinatus, sehr vergr.
Fig. 58 (S. 36). » » » » Gongylus ocellatus, s. vergr.
Fig. 59 (S. 37). » » » » Seps tridactylus, s. vergr.
Fig. 60 (S. 39). » » » » Ophiodes striatus, s. vergr.
Fig. 61 (S. 38). » » » » Pygopus lepidopus, s. vergr.

Tab. V. Muskeln des Brustschultergürtels und der vorderen Extremität von Euprepes carinatus (S. 16 f.)

Abkürzungen, gültig für Tab. V—Tab. XII:

O. h: Os hyoideum. — cost: Rippe. — Die übrigen Abkürzungen für die Knochen siehe oben.

ic: Ileocostalis. — o. e. s: Obliquus externus sublimis. — o. e. pr: Obliquus externus profundus. — R: Rectus abdominis. — i. e: Intercostalis externus. — L. d: Longissimus dorsi. — Sp: Spinalis. — s. c: Subcutaneus colli. — c. s: Cervici-submaxillaris. — D. m: Depressor maxillae.

1: Sternocleidomastoideus.[1] — 2: Dorso-clavicularis s. Cucullaris. — 3: Episterno-cleido-hyoideus sublimis. — 4: Episterno-hyoideus profundus. — 5: Collo-scapularis s. Levator scapulae. — 6: Sternocosto-scapularis. — 7: Costo-subscapularis s. Serratus anticus maj. — 8: Sterno-coracoideus internus.

9: Costo-episterno-humeralis s. Pectoralis major. — 10: Clavi-humeralis s. Pars antica pect. maj. — 11: Coraco-humeralis primus. — 12: Coraco-humeralis secundus. — 13: Coraco-humeralis tertius. — 14: Acromio-humeralis s. Deltoideus. — 15: Coraco-humeralis internus. — 16: Suprascapulo-humeralis s. Infraspinatus et Supraspinatus. — 17: Dorso-humeralis s. Latissimus dorsi. — 18: Scapulo-humeralis posticus s. Teres major. — 19: Subscapulo-humeralis s. Subscapularis.

20: Coraco-humero-radialis s. Biceps brachii. — 21: Scapulo-coraco-humero-ulnaris s. Triceps br. — 22: Epicondylo-radialis s. Supinator. — 23: Epitrochleo-radialis s. Pronator teres. — 24: Ulno-radialis s. Pronator quadratus.

25: Epicondylo-carpalis radialis s. Extensor carpi r. — 26: Epicondylo-metacarpalis ulnaris s. Extensor c. ulnaris. — 27: Epicondylo-metacarpalis medius s. Extensor digitorum communis longus. — 28: Carpo-digitalis dorsalis communis s. Extensor digitorum communis brevis. — 29: Ulno-pollicialis dorsalis s. Abductor pollicis longus. — 30: Epitrochleo-carpalis radialis s. Flexor c. rad. — 31: Epitrochleo-carpalis ulnaris s. Flex. c. uln. — 32: Epitrochleo-ulno-digitalis s. Flexor digitorum communis longus. — 33: Carpo-digitalis ventralis communis s. Flexor digitorum communis brevis. — 34: Radio-digitalis s. Flexor profundus. — 35: Tendini-digitales s. Lumbricales. — 36: Carpo-pollicialis. — 37. Carpo-digitalis ulnaris. — 38: Interossei.

Fig. 62. Linke Seite nach Wegnahme der Haut.
Fig. 63. Bauchseite, entsprechend Fig. 62.
Fig. 64. Linke Seite nach Wegnahme des Subcutaneus colli (s. c) und des Cervici-submaxillaris (c. s).
Fig. 65. Bauchseite, entsprechend Fig. 64.
Fig. 66. Linke Seite nach Wegnahme des Sterno-cleido-mastoideus (1) und Cucullaris (2).

[1] Die Zahlen stimmen mit denen im Texte überein.

Fig. 67. Bauchseite, entsprechend Fig. 66.
Fig. 68. Linke Seite nach Wegnahme des Latissimus dorsi (17), Episterno-cleido-hyoideus sublimis (3) und Pectoralis major (9).
Fig. 69. Bauchseite, entsprechend Fig. 68.
Fig. 70. Linke Seite nach Wegnahme der Ligamente des Brustschultergürtels und der Muskeln Episterno-hyoideus profundus (4), Levator scapulae (5) und Suprascapulo-humeralis (16).
Fig. 71. Bauchseite, entsprechend Fig. 70.
Fig. 72. Linke Seite nach Wegnahme des Sternocosto-scapularis (6), Scapulo-humeralis post. s. Teres major (18), Acromio-humeralis s. Deltoideus (14) und Clavi-humeralis (10).
Fig. 73. Bauchseite, entsprechend Fig. 72.
Fig. 74. » nach Wegnahme des Coraco-humeralis l. (11).
Fig. 75. Linke Seite. Nach Durchschneidung und Ablösung des Costo-scapularis s. Serratus (7) ist der Schultergürtel nach unten geklappt, so dass dessen innere Seite sichtbar wird.

Abkürzung: c. st. sc: Eigenthümlicher sehnig-muskulöser Costo-sterno-scapularis.

Fig. 76. Linke vordere Extremität von der inneren (Beuge-)Seite.
Fig. 77. » » » » » äusseren (Streck-)Seite.
Fig. 78. Tiefe Muskeln des Vorderarms und der Hand von der äusseren Seite.
Fig. 79. » » » » » » » » » inneren Seite.
Fig. 80. Muskeln der Hand von der Beugeseite.

Tab. VI. Muskeln des Brustschultergürtels und der vorderen Extremität von Seps tridactylus (Seite 22 f.)

Fig. 81. Rechte Seite nach Wegnahme der Haut.
Fig. 82. Bauchseite, entsprechend Fig. 81.
Fig. 83. Rechte Seite nach Wegnahme des Subcutaneus colli (s. c).
Fig. 84. Bauchseite, entsprechend Fig. 83.
Fig. 85. Rechte Seite nach Wegnahme des Cervici-submaxillaris (c. s).
Fig. 86. Rückenseite, entsprechend Fig. 85.
Fig. 87. Rechte Seite nach Wegnahme des Sterno-cleido-mastoideus (1).
Fig. 88. Bauchseite, entsprechend Fig. 87.
Fig. 89. Rechte Seite nach Wegnahme des Cucullaris (2).
Fig. 90. Bauchseite, entsprechend Fig. 89.
Fig. 91. Rechte Seite nech Wegnahme des Latissmus dorsi (17), Episterno-cleido-hyoideus sublimis (3) und Episterno-hyoideus profundus (4), vergr.
Fig. 92. Bauchseite, entsprechend Fig. 91, vergr.
Fig. 93. » nach Wegnahme des Pectoralis (9) und Clavi-humeralis (12), vergr.
Fig. 94. Brustschultergürtel und Muskeln der vorderen Extremität von der Aussenseite, s. vergr.
Fig. 95. » » » » » » » » » Innenseite, s. vergr.

Tab. VII. Muskeln des Brustschultergürtels von Anguis fragilis (Seite 29 f.)

Abkürzungen: 2. 17: Cucullaris und einem Theil des Latissimus dorsi homologe Fasern. — 9: Dem Pectoralis major homologe Fasern.

Fig. 96. Rechte Seite nach Wegnahme der Haut.
Fig. 97. Bauchseite, entsprechend Fig. 96.
Fig. 98. Rechte Seite nach Wegnahme des Subcutaneus colli (s. c).
Fig. 99. Bauchseite, entsprechend Fig. 98.
Fig. 100. Rechte Seite nach Wegnahme des Cervici-submaxillaris (c. s).
Fig. 101. Bauchseite, entsprechend Fig. 100.

Fig. 102. Rechte Seite nach Wegnahme des Sterno-cleido-mastoideus (1) und Cucullaris cum Latissimo dorsi (2 u. 17).
Fig. 103. Bauchseite, entsprechend Fig. 102.
Fig. 104. Rechte Seite nach Wegnahme des Episterno-cleido-hyoideus subl. (3), Obliquus abdomini externus sublimis (o. e. s) und seiner dem Pectoralis homologen Fasern (9).
Fig. 105. Bauchseite, entsprechend Fig. 104.

Tab. VIII. Muskeln des Brustschultergürtels von Pygopus lepidopus (Seite 26 f.)

Abkürzung: 40: Costo-sternalis.

Fig. 106. Rechte Seite nach Wegnahme der Haut.
Fig. 107. Bauchseite, entsprechend Fig. 106.
Fig. 108. Rechte Seite nach Wegnahme des Subcutaneus colli (s. c).
Fig. 109. Bauchseite, entsprechend Fig. 108.
Fig. 110. Rechte Seite nach Wegnahme des Cervici-submaxillaris (c. s), Cucullaris (2) und Obliquus externus sublimis (o. e. s).
Fig. 111. Bauchseite nach Wegnahme des Cervici-submaxillaris (c. s), Cucullaris (2) und Episterno-cleido-hyoideus sublimis (3).
Fig. 112. Rechte Seite nach Wegnahme des Sterno-cleido-mastoideus (1), Episterno-cleido-hyoideus sublimis (3) und Depressor mandibulae (D. m).
Fig. 113. Bauchseite nach Wegnahme des Sterno-cleido-mastoideus (1), Episterno-hyoideus profundus (4) und Sternocosto-scapularis (6).

Tab. IX. Muskeln des Brustschultergürtels von Lialis Burtonii (Seite 30 f.)

Fig. 114. Rechte Seite nach Wegnahme der Haut.
Fig. 115. Bauchseite, entsprechend Fig. 114.
Fig. 116. Rechte Seite nach Wegnahme des Subcutaneus colli (s. c) und Cervici-submaxillaris (c. s).
Fig. 117. Bauchseite, entsprechend Fig. 116.
Fig. 118. Rechte Seite nach Wegnahme des Sterno-cleido-mastoideus (1), Cucullaris (2) und Obliquus externus sublimis (o. e. s).
Fig. 119. Bauchseite, entsprechend Fig. 118.
Fig. 120. Rechte Seite nach Wegnahme des Episterno-cleido-hyoideus sublimis (3) und Obliquus externus profundus (o. e. pr).
Fig. 121. Bauchseite, entsprechend Fig. 120.

Tab. X. Muskeln des Brustschultergürtels von Acontias meleagris (Seite 31).

Fig. 122—Fig. 127 sind nach dem schulterlosen, Fig. 128 und Fig. 129 nach dem mit Schulterrudiment versehenen Exemplare gezeichnet.

Abkürzung: sc: Schulterrudiment (vielleicht Scapula cum Coracoideo).

Fig. 122. Rechte Seite nach Wegnahme der Haut.
Fig. 123. Bauchseite, entsprechend Fig. 122.
Fig. 124. Rechte Seite nach Wegnahme des Subcutaneus colli (s. c) und Cervici-submaxillaris (c. s).
Fig. 125. Bauchseite, entsprechend Fig. 124.
Fig. 126. Rechte Seite nach Wegnahme des Sterno-cleido-mastoideus (1) und Episterno-cleido-hyoideus sublimis (3).
Fig. 127. Bauchseite, entsprechend Fig. 126.
Fig. 128. » nach Wegnahme des Subcutaneus colli (s. c) und Cervici-submaxillaris (c. s).
Fig. 129. » » » » Sterno-cleido-mastoideus (1).

Tab. XI. Muskeln des Brustschultergürtels von Pseudopus Pallasii (Seite 27).

Fig. 130. Linke Seite nach Wegnahme der Haut.
Fig. 131. Bauchseite, entsprechend Fig. 130.
Fig. 132. Linke Seite nach Wegnahme des Subcutaneus colli (s. c).
Fig. 133. Bauchseite, entsprechend Fig. 132.
Fig. 134. Linke Seite nach Wegnahme des Cervici-submaxillaris (c. s).
Fig. 135. Bauchseite, entsprechend Fig. 134.
Fig. 136. Linke Seite nach Wegnahme des Sterno-cleido-mastoideus (1), Cucullaris (2), Episterno-cleido-hyoideus sublimis (3) und Obliquus externus sublimis (o. e. s).
Fig. 137. Bauchseite nach Wegnahme des Episterno-hyoideus profundus (4), Longissimus abdominis (39) und Obliquus externus profundus (o. e. pr).

In Fig. 137 liegen der Sterno-coracoideus internus (8) und Transversus abdominis (Tr) unter dem Brustschultergürtel und scheinen auf der Zeichnung durch denselben hindurch.

Tab. XII. Muskeln des Brustschultergürtels von Ophiodes striatus (Seite 25).

Fig. 138. Linke Seite nach Wegnahme der Haut.
Fig. 139. Bauchseite, entsprechend Fig. 138.
Fig. 140. Linke Seite nach Wegnahme des Subcutaneus colli (s. c).
Fig. 141. Bauchseite, entsprechend Fig. 140.
Fig. 142. Linke Seite nach Wegnahme des Depressor mandibulae (D. m), Sterno-cleido-mastoideus (1), Cucullaris cum Latissimo dorsi (2 u. 17).
Fig. 143. Bauchseite, entsprechend Fig. 142.
Fig. 144. Linke Seite nach Wegnahme des Sterno-cleido-hyoideus subl. (3), Levator scapulae (5) und Pectoralis major (9).
Fig. 145. Bauchseite, entsprechend Fig. 144.

Tab. XIII. Muskeln des Brustschultergürtels von Amphisbaena fuliginosa (Seite 75),

Abkürzungen:

sp. st: Sternalaponeurose. — sc: Scapula.
L. d: Longissimus dorsi. — I. c. s: Ileocostalis superior. — I. c. i: Ileocostalis inferior.
1: Cervicalis. — 2: Sterno-cleido-mastoidei. — 3: Obliquus abdominis externus sublimis. — 4: Obliquus abdominis externus profundus. — 5: Rectus abdominis. — 6: Sterno-hyoideus. — 7: Levator scapulae.

Fig. 146. Bauchseite nach Wegnahme der Haut und des Hautmuskels.
Fig. 147. » » » » Sterno-cleido-mastoidei (2).
Fig. 148. Rechte Seite, entsprechend Fig. 147.

Tab. XIV. Muskeln des Beckengürtels und der hinteren Extremität von Euprepes carinatus (Seite 44 f.)

Abkürzungen, gültig für Tab. XIV—Tab. XVII (die bis No. 4 bis Tab. XXI).

I. e: Intercostalis externus. — O. e. pr: Obliquus abdominis extern. prof. — Tr: Transversus. — Sph. cl: Sphincter cloacae. — Caud. inf: Caudalis inferior.
1a: Ileocostalis. — 1b: Quadratus lumborum. — 2: Obliquus abdominis externus sublimis. — 3: Rectus abdominis. — 4a: Ileococcygeus. — 4b: Ischiococcygeus.
5: Ileo-femoralis s. Glutaeus medius. — 6: Coccygo-femoralis longus s. Pyriformis. — 6': Zum Cond. ext. tibiae verlaufende Zweigsehne des Pyriformis. — 7: Coccygo-femoralis brevis s. Subcaudalis. — 7': Von 7 abgelöste Sehne, die sich mit 29' (Epitrochleo-met. ventr. fibularis) verbindet.
8: Ileopectineo-trochantineus externus. — 9: Ileopectineo-trochantineus internus. — 10: Ileopectineo-femorales longi s. Pectineus. — 11: Ileopectineo-femoralis brevis. — 12: Puboischio-femoralis s. Adductor. — 13: Puboischio-trochanterius longus. — 14: Puboischio-trochanterius brevis.

15: Ileo-fibularis s. Glutaeus maximus. — 16: Ileoischiadico-tibialis. — 17: Puboischio-tibialis sublimis posterior. — 18: Ileopectineo-puboischio-tibialis s. Gracilis. — 19: Ileopectineo-tibialis profundus. — 20: Puboischio-tibialis profundus. — 21: Ileopectineo-ileo-bifemoro-tibialis s. Quadriceps femoris. — 21a: Rectus internus. — 21b: Rectus externus. — 21c: Vastus externus. — 21d: Vastus internus. — 22: Fibulo-tibialis superior s. Popliteus. — 23: Fibulo-tibialis inferior.

24: Tibio-metatarsalis dorsalis longus. — 25: Epicondylo-metatarsalis dorsalis medius. — 26: Fibulo-metatarsalis dorsalis. — 27: Tibio-metatarsalis dorsalis brevis. — 28: Fibulo-tarso-digitalis dorsalis. — 29: Epitrochleo-tibio-metatarsalis ventralis. — 29′: Epitrochleo-metatarsalis ventralis fibularis. — 30: Tibio-metatarsalis ventralis. — 31: Epicondylo-metatarso-digitalis ventralis sublimis s. Flexor perforatus. — 32: Epicondylo-fibulo-tarso-digitalis ventralis profundus s. Flexor perforans. — 33: Tendini-digitales s. Lumbricales. — 34: Tarso-hallucialis ventralis. — 35: Tarso-digitalis ventralis medius. — 36: Tarso-digitalis ventralis fibularis. — 37: Interossei.

Die Abkürzungen für die Knochen siehe oben bei Tab. III. und Tab. IV.

Fig. 149. Bauchseite nach Wegnahme der Haut.

Fig. 150. » » » des Obliquus abdominis ext. subl. (2), Rectus (3) und eines Theiles des Ileocostalis (1).

Fig. 151. Bauchseite nach Wegnahme des Ileopectineo-trochantineus extern. (9), Sphincter cloacae (sph. cl), Gracilis (18) und einer zweiten Schichte des Ileocostalis, so dass das Becken (Os ilei) sichtbar wird.

Fig. 152. Bauchseite nach Wegnahme des Ileopectineo-trochantineus int. (9), Pectinei (10. 11), Rectus internus und externus (21a und 21b), Puboischio-tib. subl. post. (17), Ileofibul. s. Glut. max. (15), Ileoischiad.-tibialis (16) und Epitrochleo-tibio-metatarsalis ventralis (29).

Fig. 153. Linke Seite, entsprechend Fig. 149.

Fig. 154. » » » Fig. 150.

Fig. 155. » » » Fig. 151.

Fig. 156. » » » Fig. 152.

Fig. 157. Unterschenkel und Fussmuskeln, innere (Beuge-)Seite,

Fig. 158. » » » » » » nach Abnahme des Epicondylo-metatarsalis digitalis s. flexor perforatus (31).

Fig. 159. Unterschenkel und Fussmuskeln, innere Seite, nach Wegnahme des Epicondylo-fibulo-tarso-digitalis ventralis s. Flexor perforans (32), Fibulo-metatarsalis dorsalis (26), Tibio-metatarsalis dors. long. (24), Epicondylo-metatarsalis dorsalis medius (25), Tibio-metatarsalis dorsalis brevis (27), Lumbricales (33) etc.

Fig. 160. Unterschenkel- und Fussmuskeln von der äusseren (Streck-)Seite, entsprechend Fig. 157, nach Wegnahme des Epitrochleo-metatarsalis ventralis fibularis (29′) und 7′.

Tab. XV. Muskeln des Beckens und der hinteren Extremität von Ophiodes striatus (Seite 54 f.)

Fig. 161. Linke Seite nach Wegnahme der Haut.

Fig. 162. Bauchseite, entsprechend Fig. 161.

Fig. 163. Linke Seite nach Wegnahme der oberen Schichte des Ileocostalis (1), Obliquus externus (2), Rectus (3) und Sphincter cloacae (sph. cl).

Fig. 164. Bauchseite, entsprechend Fig. 163.

Fig. 165. Linke Extremität, vergr.

Tab. XVI. Muskeln des Beckens und der hinteren Extremität von Seps tridactylus (Seite 50 f.)

Fig. 166. Linke Seite nach Wegnahme der Haut des Obliquus externus sublimis (2) und Rectus (3), vergr.

Fig. 167. Bauchseite, entsprechend Fig. 166.

Fig. 168. Linke Seite nach Wegnahme des Sphincter cloacae (Sph. cl), Ileopectineo-trochantineus externus cum Pectineis (8 und 10) und Ileopectineo-trochantineus internus (9), vergr.

Fig. 169. Bauchseite, entsprechend Fig. 168.
Fig. 170. Linke hintere Extremität von der Beugeseite, sehr vergr.
Fig. 171. » » » » » Streckseite, s. vergr.

Tab. XVII. Muskeln des Beckens und der hinteren Extremität von Pygopus lepidopus (Seite 52 f.)

Fig. 172. Linke Seite nach Wegnahme der Haut.
Fig. 173. Bauchseite, entsprechend Fig. 172.
Fig. 174. Linke Seite nach Wegnahme des Obliquus externus sublimis (2), Rectus (3) und Sphincter cloacae (sph. cl).
Fig. 175. Bauchseite, entsprechend Fig. 174.
Fig. 176. Innere Seite der rechten Beckenhälfte und Streckseite der hinteren Extremität.
Fig. 177. Aeussere Seite der rechten Beckenhälfte und Beugeseite der hinteren Extremität.
Fig. 178. Innere Seite des Beckens und Streckseite der hinteren Extremität nach Wegnahme des Ileopectineo-trochantineus internus (9) und Pectineus (10).
Fig. 179. Aeussere Seite des Beckens und Beugeseite der hinteren Extremität nach Wegnahme des Ileopectineo-trochantineus externus (9) und Gracilis (18).

Tab. XVIII. Muskeln des Beckens und der hinteren Extremität von Lialis Burtonii (Seite 55).

Abkürzungen: 5: Ileo-femoralis s. Glutaeus c. Recto femoris. — 6: Puboischio-femoralis s. Gracilis cum Pectineo et Adductore.

Fig. 180. Linke Seite nach Wegnahme der Haut.
Fig. 181. Bauchseite, entsprechend Fig. 180.
Fig. 182. Linke Seite nach Wegnahme des Obliquus externus sublimis (2), Rectus (3) und Sphincter cloacae (Sph. cl).
Fig. 183. Bauchseite, entsprechend Fig. 182.
Fig. 184. Linke Beckenhälfte und Extremität von aussen, vergr.

Tab. XIX. Muskeln des Beckens von Anguis fragilis (Seite 57).

Fig. 185. Linke Seite nach Wegnahme der Haut.
Fig. 186. Bauchseite, entsprechend Fig. 185.
Fig. 187. Linke Seite nach Wegnahme des Obliquus externus sublimis (2), Rectus (3) und Sphincter cloacae (sph. cl).
Fig. 188. Bauchseite, entsprechend Fig. 187.

Tab. XX. Muskeln des Beckens und der hinteren Extremität von Pseudopus Pallasii (Seite 56).

Abkürzungen: 5: Ileo-femoralis s. Glutaeus. — 6: Ileopectineo-femoralis s. Rectus femoris. — 7: Puboischio-femoralis s. Gracilis cum Pectineo et Adductore.

Fig. 189. Linke Seite nach Wegnahme der Haut.
Fig. 190. » » » » des Rectus (3), Obliq. ext. subl. (2) und Sphincter cloacae (sph. cl).
Fig. 191. Bauchseite, entsprechend Fig. 189.
Fig. 192. » » Fig. 190.

Tab. XXI. Muskeln des Beckens von Acontias meleagris (Seite 57).

Fig. 193. Linke Seite nach Wegnahme der Haut.
Fig. 194. Bauchseite, entsprechend Fig. 193.

Fig. 195. Linke Seite nach Wegnahme des Obliquus externus (2), Rectus abdominis (3) und Sphincter cloacae (sph. cl).
Fig. 196. Bauchseite, entsprechend Fig. 195.

Tab. XXII. Muskeln des Beckens der Amphisbaenoiden (Seite 77).

Abkürzungen: 1: Obliquus abdominis externus sublimis. — 2: Transversus. — 3: Sphincter cloacae. — 4: Ischiococcygeus.

Fig. 197. Bauchseite von Amphisbaena fuliginosa nach Wegnahme der Haut, des Hautmuskels, der Präanaldrüsen, und der oberen Schichte des Sphincter cloacae (sph. cl).
Fig. 198. Bauchseite von Lepidosternon microcephalum nach Wegnahme des Hautmuskels und der Präanaldrüsen.

XXIII. Muskeln des Beckens und der hinteren Extremität von Stenostoma macrolepis und Typhlops ruficauda (Seite 86 f.)[3]

Fig. 199—Fig. 202 enthält die Muskeln von Stenostoma, Fig. 203 die von Typhlops.

Abkürzungen:

p: Os pubis. — subc: Subcutaneus. — o. e: Obliquus externus. — I. c: Ileocostalis. — Tr. abd: Transversus abdominis.

Fig. 199. Bauchseite nach Wegnahme der Haut.
Fig. 200. » » » des M. subcutaneus.
Fig. 201. Rechte Seite, entsprechend Fig. 200.
Fig. 202. Bauchseite nach Wegnahme der oberflächlichen Schwanzmuskelmasse und des die Extremitätenrudimente einhüllenden Bindegewebes.
Fig. 203. Bauchseite von Typhlops ruficauda.

Nachtrag.

Die Dissertatio inauguralis von Ph. Fr. Sicherer „Seps tridactylus" (Tübingen 1825), die ich unterdessen kennen gelernt, enthält die Osteologie von Seps, während die Myologie nicht behandelt ist. Die Beschreibung der Extremitäten stimmt im Wesentlichen mit der unsern überein („ossa carpi et tarsi ob exilitatem non exquirebantur"). Von den Knochen des Brustschultergürtels bezeichnet Sicherer das Episternum als Anterior pars sterni und die Pars coracoidea als Clavicula, während er die beiden Claviculae zu einem unpaaren Knochen („avium furculae comparandum") verschmilzt. Von den Beckenknochen lässt er die Ossa pubis (ileopectinea G.) unter stumpfem Winkel sich vereinigen; betreffs des Mangels einer Symphysis ischiadica (pubis G.) stimmen seine Beobachtungen mit denen der andern Anatomen überein:

---

[3] Zur genaueren Kenntniss der Muskulatur der Ophidier verweisen wir auf d'Alton's treffliche Abbildungen von Python bivittatus. Siehe Müller's Archiv 1834 a. a. O.

Berichtigungen der Druckfehler.

Seite 1 Zeile 2 d. T. v. u. anst. Meer lies Merr.
» 3 » 7 d. A. v. o. » Hemicryis l. Hemiergis.
» 6 » 6 d. T. v. o. » ventiales l. ventralis.
» 9 » 10 d. T. v. u. » Pflanzen l. Phalangen.
» 22 » 17 d. T. v. o. » Metatorsalknochen l. Metatarsalknochen.
» 32 » 17 d. T. v. o. » bei den l. beiden.
» 33 » 6 d. T. v. u. » knorplig l. knochig.
» 36 » 11, 12, 13 d. T. v. o. anst. Metacarpale l. Metatarsale.
» 37 » 1 d. A. u. f. anst. Meyer l. Mayer.
» 38 » 6 d. T. v. u. » Mittelhandknochen l. Mittelfussknochen.
» 41 » 8 d. T. v. o. » Finger l. Zehen.
» 45 » 4 d. T. v. u. » Coocygo l. Coccygo.
» 48 » 12 d. T. v. o. » Fibio l. Tibio.
» 49 » 5 d. T. v. u. » Epicondylo-fibulo-tarso-digitalis l. Epicondylo-fibulo-tibio-digitalis.
» 53 » 19 d. T. v. o. » Ileo-ischiadica tibialis l. Ileoischiadico-tibialis.
» 57 » 4 d. A. v. u. » begibt weder; l. begibt; weder.
» 62 » 3 d. T. v. o. » sie l. es.
» 78 » 1 d. A. v. u., S. 80 Z. 1 d. T. v. o., S. 88 Z. 4 d. A. v. u. anst. Typhline l. Typhlosaurus.

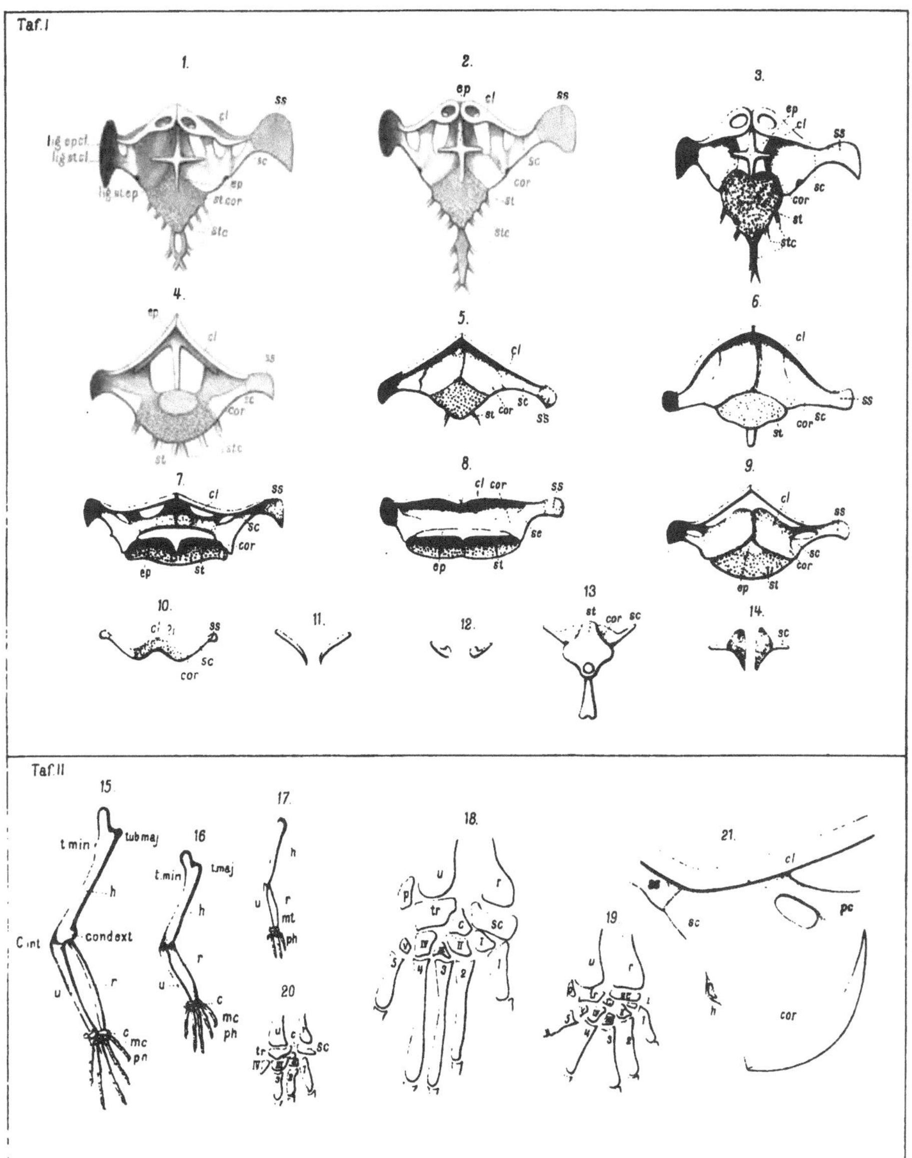
Taf. I
lig. epcl.
lig. st cl.
lig. st. ep
ep
cl
ss
sc
cor
st
stc
Taf. II
t. min
tub. maj
t. maj
h
C. int
cond. ext
u
r
c
mc
ph
mt
p
tr
sc
pc

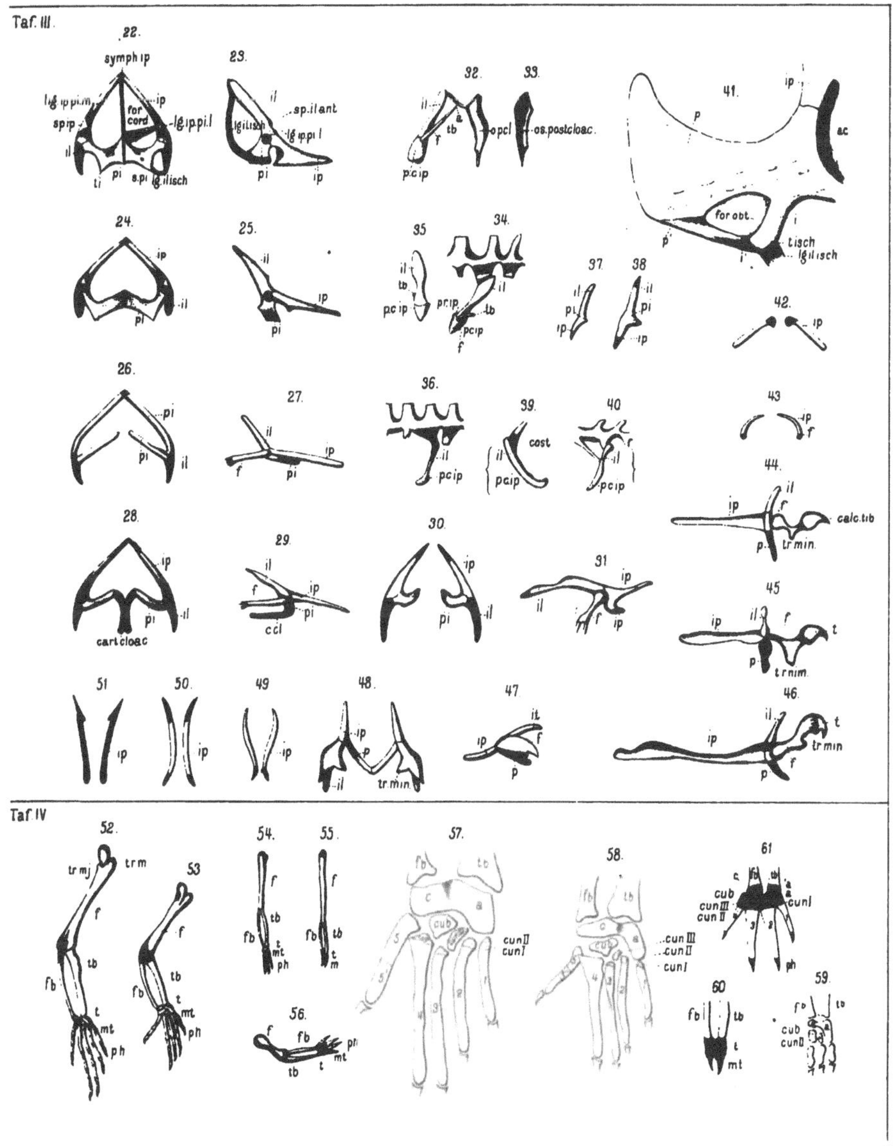

Taf. III.
22.
symph ip
lg ip pi m
sp ip
il
ip
for cord
lg ip pi l
ti
pi
s. pi
lg il isch
23.
il
sp. il ant
lg il isch
lg ip pi l
pi
ip
32.
33.
il
a
tb
f
pcl
os. postcloac.
p.c ip
41.
ip
p
ac
for obt.
i
t isch
lg il isch
24.
25.
35
34.
37
38
42.
26.
27.
36.
39.
40
43
44.
calc. tib
tr min.
28.
29.
30.
31
45
cart cloac
ccl
tr nim.
51
50.
49
48.
47
46.
tr min
Taf. IV
52.
53
54.
55.
57.
58.
61
tr mj
trm
f
tb
fb
t
mt
ph
56.
cun II
cun I
cun III
cub
60
59.

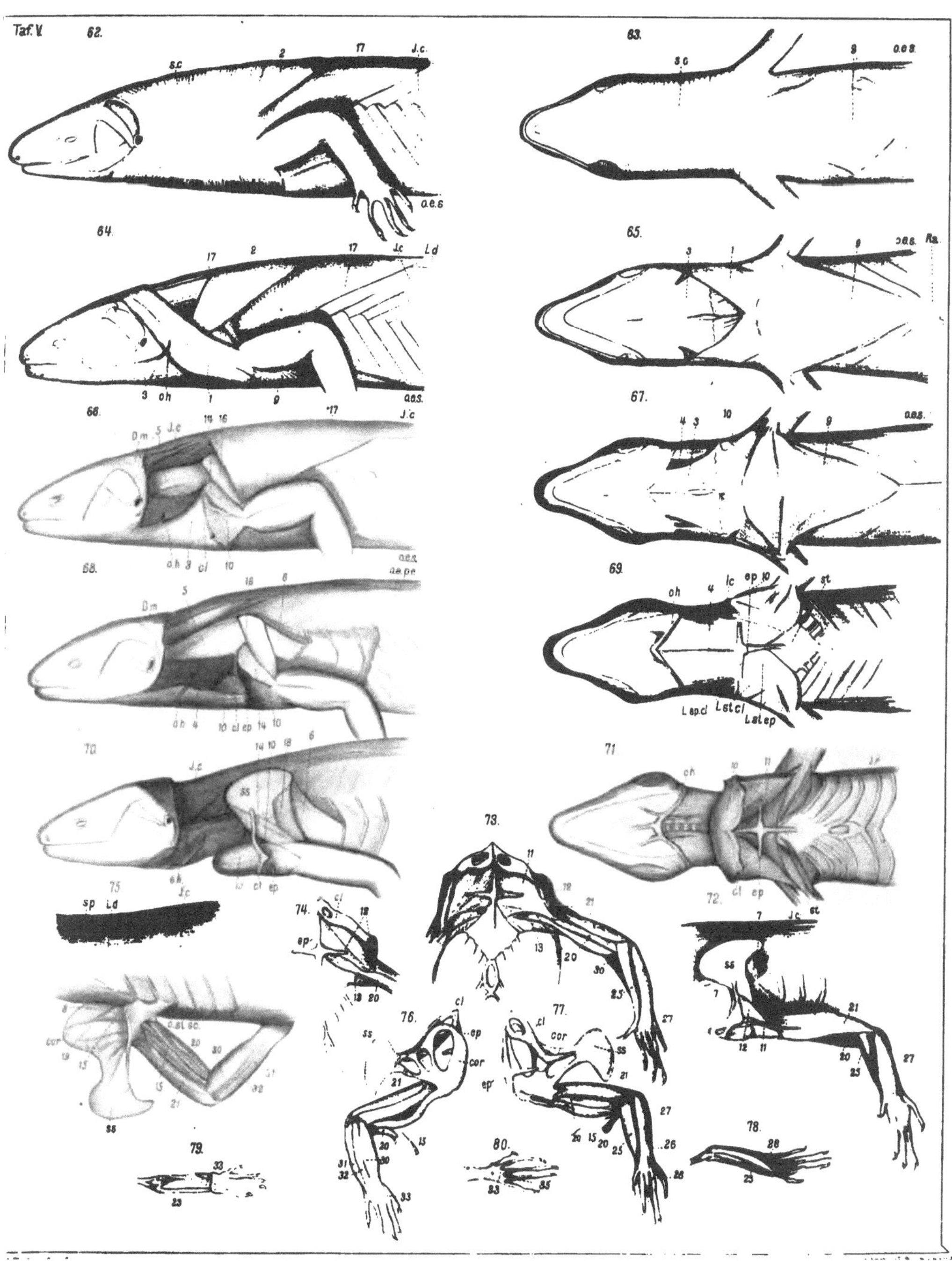
Taf. V.

81. 82 83 84 85 86 87 88 89 90 91 92 93 94 95

VII

96 97 98 99 100 101 102 103 104 105

Taf VIII

106 107 108 109 110 111 112 113

Taf IX

114 115 116 117 118 119 120 121

Taf X

122 123 124 125 126 127 128 129

…inger gez.

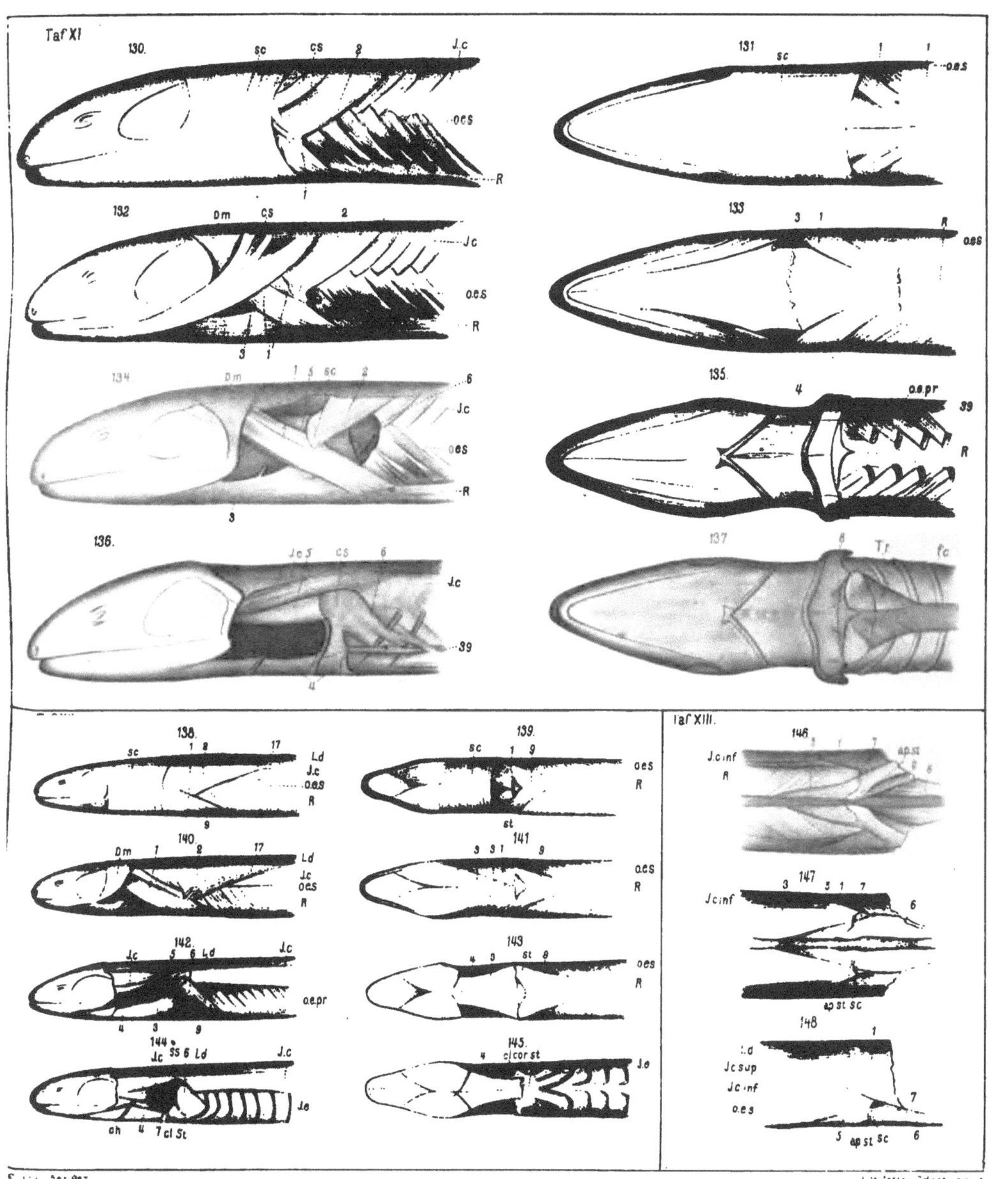
Taf XI
130.
sc
cs
2
J.c
oes
R
1
131
sc
1
1
o.e.s
132
Dm
cs
2
J.c
o.e.s
R
3
1
133
3
1
R
o.es
134
Dm
1
5
sc
2
6
J.c
oes
R
3
135.
4
o.e.pr
39
R
136.
J.c.5
cs
6
J.c
39
4
137
8
Tr
fc
138.
sc
1
8
17
Ld
J.c
o.e.s
R
9
139.
sc
1
9
oes
R
st
140
Dm
1
2
17
Ld
J.c
oes
R
141
3
3
1
9
oes
R
142.
J.c
5
6
Ld
J.c
o.e.pr
4
3
9
143
4
5
st
8
oes
R
144
J.c
3S
6
Ld
J.c
J.e
ch
4
7 cl St
145.
4
cl cor st
J.e
Taf XIII.
146
J.c.inf
R
7
ap.st
6
147
3
5
1
7
J.c inf
6
ap st sc
148
1
Ld
J.c sup
J.c inf
o.e.s
7
5
ap st
sc
6

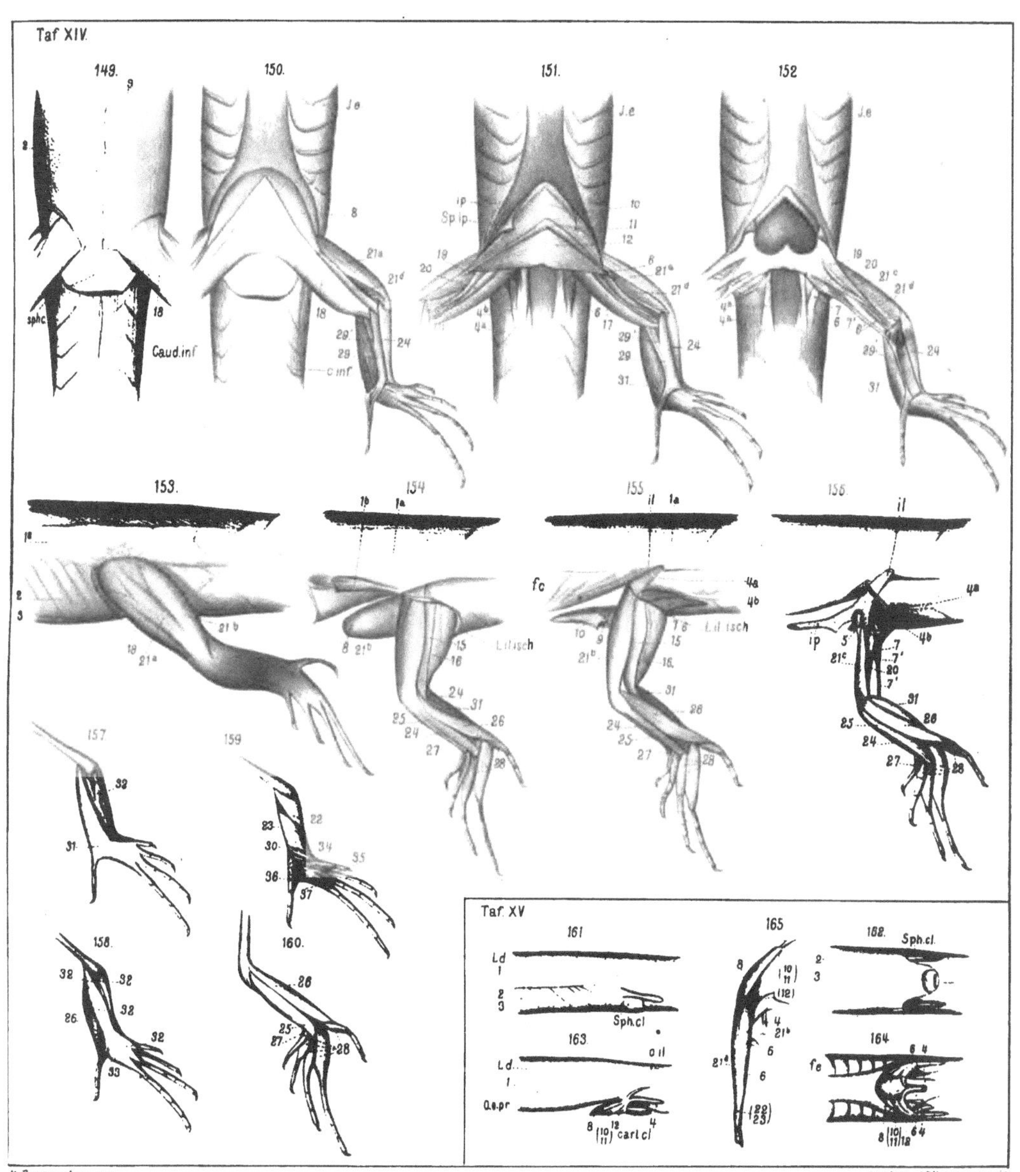

M. Fürbringer gez.

Lith.Anst.v. J.G.Bach, Leipzig

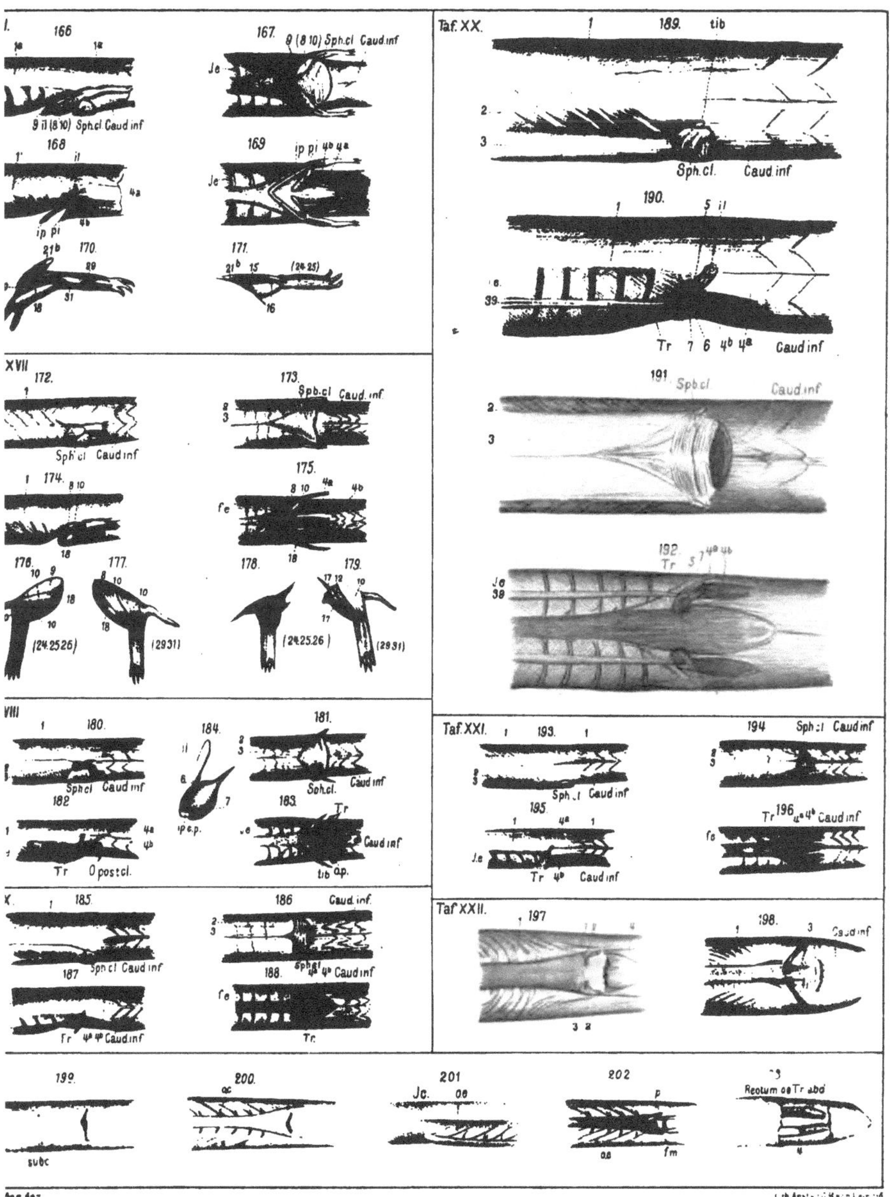

ger. gez.

Lith Anstalt v. E. A. Funke, Leipzig

Zeitfracht Medien GmbH
Ferdinand-Jühlke-Straße 7
99095 Erfurt, Deutschland
produktsicherheit@kolibri360.de